大学化学实验

主 编：安 琼 王兵威

副主编：魏 明 陈 琪 张 明

编 委（以姓氏笔画为序）：

陈冬梅 宋家胜 赫 帅

薛小旭

东南大学出版社

·南京·

图书在版编目(CIP)数据

大学化学实验 / 安琼,王兵威主编. —南京：东南大学出版社,2022.8(2024.7重印)

ISBN 978-7-5766-0138-1

Ⅰ.①大… Ⅱ.①安… ②王… Ⅲ.①化学实验-高等学校-教材 Ⅳ.①O6-3

中国版本图书馆 CIP 数据核字(2022)第 098408 号

责任编辑:李婧 责任校对:韩小亮 封面设计:顾晓阳 责任印制:周荣虎

大学化学实验

DAXUE HUAXUE SHIYAN

主 编	安 琼 王兵威
出版发行	东南大学出版社
出 版 人	白云飞
社 址	南京四牌楼 2 号 邮编:210096 电话:025-83793330
网 址	http://www.seupress.com
电子邮件	press@seupress.com
经 销	全国各地新华书店
印 刷	广东虎彩云印刷有限公司
开 本	787 mm×1092 mm 1/16
印 张	14.25
字 数	347 千字
版 印 次	2022 年 8 月第 1 版 2024 年 7 月第 3 次印刷
书 号	ISBN 978-7-5766-0138-1
定 价	39.80 元

东大版图书若有印装质量问题,请直接与营销部联系。电话(传真):025-83791830

前　言

　　化学是一门以实验为基础的学科,化学中的理论源于实验,又为实验所验证。开设化学实验课不仅有助于化学教学,还可以培养学生的科研素养以及求实创新的精神。

　　本教材涵盖了实验室基本知识和基本操作、定量分析与标准溶液的配制、化合物的分离、纯化与干燥、实验室小型仪器的使用、基本实验以及拓展实验等内容。本教材重视化学实验知识,同时把实验安全放在首位,旨在培养学生的实验安全意识,促使其养成良好的实验习惯;重视学生的实验操作,同时力求加强学生的数据处理能力;立足于基本实验,同时也重视综合实验与拓展实验。

　　本教材编写人员包括安琼、王兵威、魏明、陈琪、张明、陈冬梅、宋家胜、赫帅、薛小旭。由于编者水平有限,教材中如有错误和不妥之处敬请读者批评指正。

编者

2022 年 6 月

目　　录

绪　　论

教育部高等教育司负责人曾提出:高等学校教育,特别是本科教育要适当增负,适当减少本科教育学生学时总分数,但要大幅度提高课程的挑战度、难度,让学生不仅在课堂上学,还要在课下自主学习。这样的课程越多,培养的人才质量才能越高。本教材便是在此前提下编写的,希望学生通过学习本教材逐步养成并提高对化学实验的兴趣,认真完成每个实验,了解实验室常用的各种仪器的结构、使用方法及注意事项,开阔视野,丰富自身知识和实践能力。

一、大学化学实验的目的

化学是一门以实验为基础的学科,化学中的定律和学说都源于实验,同时又为实验所验证。化学实验课是一门重要的基础课,其目的是让学生学习化学实验的基本知识、基本操作、常用仪器的使用方法,以及如何运用误差理论正确处理实验所得数据。在化学实验中,学生可以经由实践、观察、发现、追溯等过程而习得发现问题、分析问题、解决问题的独立工作能力,同时养成求实、求真、创新、存疑、协作、好学、勤奋的科学品德和精神。

二、大学化学实验的学习方法

首先,应认真预习实验内容,掌握实验目的及原理,查阅相关资料,明了实验所需仪器的使用方法,基本了解实验涉及的所有化学试剂的理化性质及其使用过程中需要注意的事项,包括可能出现的安全隐患及其防范和处置措施,清晰地列出实验流程,在此基础上独立思考,完成预习报告。

其次,课堂上仔细观摩老师(或视频)的操作示范,不可急于粗糙地完成实验,须掌握操作要领和注意事项,力求操作的规范化和准确性。按照实验步骤进行,细心观察实验现象,现场记录实验条件、操作步骤和实验数据,记录要求准确和真实并能存留,原始数据不得任意删改,记录出现错误时可将错误值划杠并保留,再将正确值写在旁边。实验中须认真思考和分析,努力独立解决问题,疑难问题请任课老师指导。在实验现象或结果与预期不一致时,不可急躁,要冷静思考和仔细分析原因,检查实验条件和操作步骤是否正确,必要时可以经任课老师同意后重复进行实验。

再次,实验完成后,剖析实验现象和所得数据,结合理论知识把直接的感性认识归纳提升为理性认识。认真独立地完成实验报告,对实验中观察到的现象用化学术语进行解释,写出相应的反应化学方程式,根据不同类型实验的需要对所得数据进行分析处理,包括计算、统计、图像及误差表达等。在此基础上可以讨论实验现象及实验结果出现偏差、误差的原因。

最后,完成实验报告,要求字迹端正,文字描述简明准确,实验步骤表述清晰,数据可用图表示。实验报告通常包括:预习部分(实验前完成),含实验目的、原理、步骤等;现场记录,含实验条件、现象、测定数据;结果与分析讨论,含实验现象的解释、实验原始数据的处理方法、误差分析、结论及其相关讨论。

不同类型实验的实验报告格式有所不同,本书中有详细要求。

三、化学实验的考核内容及成绩评定依据

1. 对实验原理、实验目的的理解和掌握的程度;
2. 能否严格遵守实验室相关规定和守则;
3. 实验中基本操作规范、正确,实验方法掌握程度;
4. 实验结果翔实可靠(实验预习报告和现场原始记录完整),数据处理正确,表达准确(反映了学生的科学态度和科学精神);
5. 对实验结果的讨论,拓展思维(反映了学生的综合能力)。

四、化学实验室安全守则

为了保证实验室正常运转,实验室实施安全准入制度,学生只有通过实验室安全知识考核方可进入实验室学习。为了培养良好的实验室作风和科学素质,学生必须遵守下列实验室规则:

1. 实验前认真预习实验内容,明确实验目的,了解实验的基本原理、操作流程和实验方法,了解实验所需用的化学试剂的理化性质及使用过程中的注意事项。对于危险化学品,除了解其理化性质外,还需明确其使用中存在的风险,做好个人防护,掌握应急处理措施。

2. 遵守课堂纪律,不得迟到、早退,不要喧哗,不要交谈与实验无关事宜,不得在实验室内饮食,绝不可在实验室吸烟,不得将实验室内的任何器材、化学试剂或产物携带出实验室。

3. 做好个人防护,须穿工作服进入实验室,必要时须戴工作帽、口罩、防护手套和护目镜或防护面罩。遵守实验室一切规章制度,保证安全第一。女性师生若留有长发,应将长发扎起,避免接触化学药品。为了防止工作服上残留的药品挥发污染环境,严禁将工作服穿至实验室以外的公共场所,如食堂、教室等,且工作服要定期清洗。为了自身安全,切勿携带食物、饮料进入实验室。实验过程中应遵守实验室守则,不得做与实验无关的事情,发现安全隐患应及时向任课教师汇报。

4. 进入实验室后首先了解实验室水电和通风设备的阀门、开关位置及使用方式,熟悉各种消防器材放置位置及使用方法,了解各种化学废弃物收集容器及其放置位置。

5. 认真操作,勤于思考,仔细观察,严格按照操作规范完成实验的每一步骤;完整、真实

地记录实验现象和原始数据,原始记录不可随意更改和涂抹。根据原始记录处理数据,完成实验报告。

6. 实验过程中应保持安静和遵守纪律,不得擅自离开实验现场。取用化学试剂时须集中注意力,小心谨慎,尤其是使用易燃、易爆炸、易腐蚀等危险化学品时。在做好防护的前提下进行实验,使用易挥发试剂或产生毒害气体的实验须在通风橱中进行。

7. 实验完毕,应清洗玻璃仪器,试剂和各种实验器材使用完毕后应放回原处,保持实验台面整洁。打扫并整理实验台面,关闭电源。如有实验仪器损坏,须及时登记以便办理换领手续。

8. 化学实验产生的所有废液、废渣,包括用过的滤纸、试纸、纤维、纸张等都须放入指定回收容器内,不可倒入水池或随意丢弃于垃圾桶。

9. 不得做未经检查的危险性实验,因为由此引发事故的概率很大。如果学生对实验有新的见解和要求,必须在老师的指导下进入实验室操作。

10. 实验结束后,值日生应负责整理公用器材,打扫实验室,确定水电阀门关闭,关好门窗,确保实验室安全。

五、实验室安全及常见事故的处置

实验室安全是学生完成学习任务的重要保障,实验室管理人员和参与实验的师生是维护实验室安全的主体,一旦安全事故发生,其后果相当严重,不仅财产受损,甚至会威胁实验人员的生命安全,必须高度重视。

学生在使用化学试剂尤其是危化品时,首先要充分了解其特性并掌握意外状况的防范措施,然后在老师指导下方可进行实验。通常使用易燃、易爆试剂时须远离火源、热源;量取易挥发试剂和产生有毒有害气体的实验须在通风橱内进行,易挥发试剂用后应及时关闭瓶塞;使用强腐蚀性试剂如强酸、强碱时,应小心操作,避免将其洒到皮肤和衣物上。错误量取的化学试剂不可倒回原瓶中,以避免倒错试剂瓶,在瓶内发生化学反应造成爆炸等危险,或使试剂受到污染而引进杂质,导致下一个使用这瓶试剂的人实验失败。

通常实验室易发生的安全事故有着火、触电、割伤、燃烧、中毒、化学品灼伤等,不同类型事故的处置方法不一。一旦发生意外事故应及时采取应急措施,并立即报告教师处理。

实验室防火基本措施:使用易燃、易爆试剂时应远离火源,当周围有易燃溶剂时切勿点火;勿将易燃试剂放置于敞开的容器内;勿直接加热低沸点易燃化合物,应使用水浴、电热套或蒸汽浴;不可加热一个密封的实验装置(即使装有冷凝管),因为加热会使体系内压力增加而导致爆炸,后果极为严重;不得把带有火星的火柴梗或纸条等乱丢,亦不可将其丢入废物缸中,以免引起意外事故。

触电:首先应切断电源,立即就地进行抢救,如果触电者停止呼吸或脉搏停跳,要立即进行人工呼吸或胸搏外心脏按压,不可中断,并立即送医院救治。

割伤:实验中手部被玻璃割伤后,应先做清创,伤口用75%酒精或碘伏消毒,而后用创可贴或无菌纱布包扎。割伤创口较深且出血量大,应在伤口上端按压止血,立即去医院处置。

燃烧:实验室燃烧起因不同,灭火方法也不同。若乙醚、乙醇、苯等有机物着火,应立即用湿布、灭火毯、细沙或泡沫灭火器等扑灭,同时将一切可燃物移至安全区域,此类火灾严禁用水扑灭。若电器设备着火,必须先切断电源,再用二氧化碳灭火器灭火,不能使用泡沫灭火器。如果衣物着火,切勿奔跑,可用浸湿的工作服将着火部位裹起来,或直接用水冲淋灭火。

烫伤:切勿用水冲洗,轻度烫伤者可在伤处擦上烫伤药膏或万花油,严重烫伤者应立即送医院急救。

强酸腐伤:大量水冲洗后,再用饱和碳酸氢钠溶液或稀氨水冲洗,最后用水冲洗,擦干后涂抹凡士林护肤即可。

强碱腐伤:大量水冲洗后,再用2%醋酸溶液或3%硼酸溶液冲洗,最后用水洗,擦干后涂抹凡士林护肤即可。

若酸碱溅入眼内,立即用大量蒸馏水连续冲洗,然后送医院检查治疗。

实验中不慎吸入刺激性气体,应立即停止实验,到室外呼吸新鲜空气。

实验室里均有简单的外用药品以备急用,但伤势较重者应立即送医院医治,不可耽误。

六、实验室中的绿色化学

绿色化学倡导人、原美国绿色化学研究所所长、耶鲁大学教授 P. T. Anastas 在 1992 年提出的"绿色化学"定义是"减少或消除危险物质的使用和产生的化学品和过程的设计"(chemical products and processes that reduce or eliminate the use and generation of hazardous substances)。世界上很多国家已把绿色化学作为新世纪化学进展的主要方向之一。

实验室环境不仅与师生的健康息息相关,也能反映学生的科学素养和环保意识水准。实施实验室绿色化学,首先要从实验室管理着手,通过分类处理化学实验废弃物和改进实验教学,使用尽量少的并且无毒或毒性低的化学试剂进行实验,优化实验方法、条件和步骤,充分利用原材料,且力求产物能循环使用。

同时,在实验室教学中应倡导绿色化学的理念,让学生养成严谨而规范的实验操作习惯,强化环保意识,自觉地回收实验产生的各类废弃物。

思 考 题

一、选择题:

1. 把玻璃管或温度计插入橡皮塞或软木塞时,它们常常会折断而使人受伤。下列不正确的操作方法是（ ）

A. 可在玻璃管上沾些水或涂上甘油等作润滑剂,一手拿着塞子,一手拿着玻璃管一端(两只手尽量靠近),边旋转边慢慢地把玻璃管插入塞子中

B. 如果不容易插进去,可以使用打孔器适当扩大孔径

C. 无须润滑,且操作时无须注意双手距离

D. 如果出现折断情况,可向教师寻求帮助,不要自行操作

2. 如不慎发生意外，下列哪个操作是正确的？（　　）

A. 如果不慎将化学品弄洒或污染，立即自行回收或者清理现场，以免对他人造成危险

B. 任何时候见到他人洒落的液体应及时用抹布抹去，以免发生危险

C. pH 中性即意味着液体是水，自行清理即可

D. 如不慎将化学试剂弄到衣物和身体上，立即用大量清水冲洗 10～15 min

3. 以下物质中，哪些应该在通风橱内操作？（　　）

A. 氢气　　　　　　B. 氮气　　　　　　C. 氦气　　　　　　D. 氯气

4. 大量试剂应放在什么地方？（　　）

A. 试剂架上　　　　　　　　　　　B. 实验室内试剂柜中

C. 实验台下柜中　　　　　　　　　D. 试剂库内

5. 化学药品存放室除了要有防盗设施，保持通风之外，试剂应怎样存放？（　　）

A. 按不同类别分类存放　　　　　　B. 将大量危险化学品存放在实验室

C. 可以存放在走廊上　　　　　　　D. 危化品只要量少就无须报备

二、判断题：

1. 存有易燃、易爆物品的实验室内禁止使用明火，如需加热可使用封闭式电炉、电热套或可加热磁力搅拌器。（　　）

2. 实验中产生的废液、废物应集中分类处理，不得随意排放；对未知废料不得随意混合。酸、碱或有毒试剂溅落时，应及时清理及除毒。（　　）

3. 玻璃器具在使用前要仔细检查，避免使用有裂痕的仪器。特别是玻璃器具用于减压、加压或加热操作的场合，更要认真进行检查。（　　）

4. 实验中如遇到一般烫伤和烧伤，不要弄破水泡，在伤口处用 95% 的酒精轻涂伤口，接着涂上烫伤膏或涂一层凡士林油，再用纱布包扎。（　　）

5. 接触化学危险品、剧毒药品以及致病微生物等的仪器设备和器皿，必须有明确而醒目的标记。使用后应及时清洁，特别是维修保养或移至其他场地前，必须进行彻底净化。（　　）

第一部分 实验室基本知识和基本操作

化学实验离不开各种实验仪器和设备。正确认识、选择和使用仪器是开展实验、提升实践能力的基本要求。因此,学习过程中须熟悉常用仪器的名称、规格、使用注意事项。

一、实验室消防安全

实验室出现严重火情时,应尽快向安全出口方向离开火源,迅速转移到安全地区;只有在确认没有重大危险发生时,才可试图灭火。灭火时自己要面向火而背向消防通道,必要时可及时由通道撤离。火情中须保持镇静,不要惊慌,找到合适的灭火器材(灭火器、灭火毯等)灭火。灭火器要拔掉保险栓,对准火源,按下压把喷射灭火。在可能的情况下,移走火源附近的可燃物,断电并关闭各种气体阀门;火势比较大时,迅速撤离现场并拨打火警电话"119"报警,告知发生火情的详细地址、起火部位、燃烧物质、火势大小、有无爆炸危险、是否有人被困及报警电话和报警人姓名,并到路口迎候消防车。撤离现场时,采用低姿势靠墙疏散,一路关闭所有背后的门;切勿使用电梯;当疏散通道着火不能安全及时撤离时,应采用一切措施进行自救;在任何情况下,在没有得到上级部门有关安全的信息时,不得擅自返回火情发生地;在逃离火场时遇到浓烟,要俯卧爬行迅速离开现场,并用一块湿布捂住口鼻。若不幸被浓烟困在房内不能逃走时,要采取以下措施:① 将房门关闭,尽快到容易获救的地方;② 坐在窗口旁呼吸新鲜空气;③ 设法向窗外求救,但不可试图从窗户跳下求生。

二、实验室常用器皿

表1-1列出了部分器皿,这些器皿是实验室常用的,学生需要掌握这些器皿的用途和使用方法、洗涤及干燥注意事项。

表 1－1　实验室常用器皿

仪器	规格	用途及注意事项
试管	一般用外径(mm)×长度(mm)来表示；离心管以容积(mL)来表示	试管一般用来进行少量药品的反应,常用于性质实验,也可以加热；离心管用于离心分离,一般放置于离心机中使用,不能加热
烧杯	以容积(mL)来表示,有不同的规格	用于溶解、反应、重结晶等操作,烧杯在化学实验中经常用到,根据所需选择不同规格,如需加热须垫石棉网
量筒和量杯	以量取的最大容积来表示,有多种规格：2 000 mL、1 000 mL、500 mL、250 mL、100 mL、50 mL、25 mL、20 mL、10 mL、5 mL	量取一定体积的液体,不能加热,不能用来作反应容器
洗瓶	一般为塑料材质。常用规格为 500 mL	盛放蒸馏水、洗涤液等
滴管	由尖嘴玻璃管与橡皮乳头构成	① 吸取或滴加少量液体； ② 吸取沉淀的上层清液以分离沉淀。 注意： ① 滴加时应保持垂直,避免倾斜,更不能倒立； ② 管尖不可接触其他物体,以免沾污
滴瓶	有无色和棕色之分。规格以容积表示：125 mL、60 mL	盛放每次只需使用数滴的液体试剂。 ① 见光易分解的试剂要用棕色瓶盛放； ② 碱性试剂要用带橡皮塞的滴瓶盛放； ③ 使用时切忌滴头与瓶身张冠李戴； ④ 其他使用注意事项同滴管
表面皿	一般为玻璃材质。规格以口径(mm)来表示	pH 试纸检测酸碱性时使用、防止喷溅等
蒸发皿	一般为陶瓷材质。规格以口径(mm)来表示	用于蒸发,可进行加热(使用石棉网)

续表

仪器	规格	用途及注意事项
坩埚	一般为陶瓷材质。规格以容积(mL)来表示	用于灼烧,一般置于马弗炉中进行灼烧,配合坩埚钳使用
普通漏斗	玻璃材质。分为长颈漏斗和短颈漏斗两类	过滤,长颈漏斗可用于添加液体
布氏漏斗	一般为陶瓷材质。规格以容积(mL)或者口径(mm)表示	用于减压过滤
锥形瓶	以容积(mL)来表示	常用于滴定操作
圆底烧瓶	以容积(mL)来表示。包括单口、两口、三口圆底烧瓶等;常用的口径有 10 mm、12 mm、14 mm 等	常用作反应容器,可以加热(于电热套内加热)
容量瓶	以容积(mL)来表示,有多种规格	用于配制溶液,只有一个刻度,单个容量瓶只能配制相应体积的溶液
吸量管与移液管	以能量取的最大体积表示。移液管只有一个刻度	准确移取一定量的液体
称量瓶	以外径(mm)×高(mm)来表示。有扁形和长形两种	一般用于差减称量法,也可盛放少量固体样品

仪器	规格	用途及注意事项
滴定管	一般为玻璃材质；一般为无色，也有棕色。规格以盛放液体的最大体积(mL)来表示	分为酸式滴定管和碱式滴定管两类，用于滴定操作
分液漏斗	以容积(mL)来表示	用于分离，一般用于萃取操作
试剂瓶	一般为玻璃和塑料材质，分为细口和广口两类，颜色有无色和棕色。规格以容积表示：1 000 mL 500 mL、250 mL、125 mL	广口瓶用于盛放固体试剂，细口瓶用于盛放液体试剂。 ① 不能加热； ② 取用试剂时，瓶盖应倒放在桌上； ③ 盛碱性物质要用橡皮塞或塑料瓶； ④ 见光易分解的物质用棕色瓶盛放
冷凝管	有球形、直形冷凝管，也有空气冷凝管	一般用于冷凝回流
蒂勒(Thiele)管	一般以口径(mm)来表示	一般用于熔点测定

三、玻璃仪器的洗涤

为了得到准确的结果，每次实验前和实验后必须将实验仪器洗涤干净。尤其对于久置变硬不易洗掉的实验残渣和对玻璃仪器有腐蚀作用的废液，一定要立即清洗干净。洗涤方法如下：

1. 倒掉玻璃容器内的物质后,可向容器内加入 1/3 左右的自来水冲洗,选用合适的刷子,用洗衣粉刷洗。再依次用自来水、蒸馏水涮洗,直至干净。

2. 用普通水洗方法无法洗净的污垢,需根据污垢的性质选用适当的试剂,通过化学方法除去。

重铬酸盐洗液的具体配法是:将 25 g 重铬酸钾固体在加热的条件下溶于 50 mL 水中,然后向溶液中加入 450 mL 浓硫酸,边加边搅拌。切勿将重铬酸钾溶液加到浓硫酸中。重铬酸盐洗液可反复使用,直到溶液变为绿色而丧失去污能力。

王水为一体积浓硝酸和三体积浓盐酸的混合液。因王水不稳定,所以使用时应现用现配。

3. 度量仪器洗净程度要求较高,有些仪器形状又特殊,不宜用毛刷刷洗,常用洗液洗涤。

四、移液管和吸量管的使用

移液管和吸量管都可叫作吸管,移液管也称单标线吸管,吸量管也称分度吸管。移液管用于准确移取一定体积的溶液,移液管上部只有一条刻度线(标线),所以移液管只能移取固定体积的溶液。移液管常见的规格有 10 mL、20 mL、50 mL。吸量管也可以叫作带有分刻度的移液管,可以用来准确移取不同体积的溶液。移液管两头细长,中间膨大,标线部分管径很小,这样就会减小误差,准确度较高;吸量管读数的刻度部分管径大,导致读数时误差稍大,所以吸量管相对于移液管准确度稍差。应根据实验所需选择使用移液管或者吸量管。一般量取整数体积的溶液时,常用相应大小的移液管,而在需要配制系列溶液时用吸量管比较多。

1. 移液管和吸量管的洗涤

移液管和吸量管洗涤前应首先检查是否破损,尤其管尖处(吸管在使用和存放过程中管尖容易破碎)。无破损的完整吸管首先可以用自来水冲洗,然后用铬酸洗液洗涤,然后使用自来水冲洗,接着再用蒸馏水洗涤 3 次。移液管和吸量管洗好的标准是内壁与外壁的下部完全不挂水珠。洗好的吸管应放在干净的吸管架上。

2. 移液管和吸量管的操作

使用移液管或者吸量管移取所需溶液前,应首先使用干燥洁净的洗耳球吹掉移液管和吸量管内残留的水分,接着用滤纸擦去移液管和吸量管管尖的水分,随后进行润洗。移液管润洗操作如下:右手持移液管,左手持洗耳球,首先左手挤出洗耳球内空气,然后再将洗耳球对准移液管管口,吸取溶液至"大肚子"处,此时立即用右手手指堵住移液管管口以防溶液倒流回试剂瓶而稀释试剂浓度。接着倾斜横放移液管并控制平衡,然后转动移液管,用吸取的试剂充分润洗移液管内部,润洗结束后将管内试剂从管尖放出。润洗完成后可进行移取溶液操作,移液管管尖插入液面下 1~2 cm 即可,管尖不应插入试剂液面太深,防止移液管外壁黏附较多的试剂,当然也不能插入试剂液面太浅,防止操作过程中试剂液面下降后吸空而不得不重新进行吸取操作。操作过程中,移液管管内液面会因为洗耳球吸出空气形成压强差而慢慢上升,仔细观察移液管,管内液面升高到环形标线以上(不宜过多,防止试剂进入洗耳球)时移去洗耳球并迅速用右手食指堵住移液管管口,将移液管提出液面。保持移液管竖直,紧盯凹液面,同时稍松右手食指使压力减少以使试剂缓慢平稳流出(可使用拇指、中指相互配合轻轻捻转移液管,使液面缓慢平稳下降),当观察到移液管内试剂凹液面的最低点与环形标线相切的时候(整个过程中要保持自身视线和环形标线始终处在一水平面上),立即停止转动操作并同时使用食指堵住移液管口(如果移液管管尖处有附着的水滴,可将移液管管尖处液滴轻靠试剂瓶内壁,让附着液滴流下)。取出移液管(可用吸水纸擦去管外壁的溶液),然后立即转移到锥形瓶或者其他接收容器中,保持移液管垂直,接收容器大约倾斜45°,管尖轻靠接收容器内壁,松开食指,让移液管内溶液自然沿内壁流下,其间不要使用洗耳球吹(如果移液管标有"吹"字,则可以使用洗耳球吹),停靠约 30 s,然后将管身旋转一周后拿出。

吸量管操作方法与移液管相同。

五、容量瓶的使用

容量瓶是化学实验室用于配制溶液的一种常见仪器,其形状为细颈、梨形、平底,瓶颈上只有一个刻度线,所以一个容量瓶只能配特定体积的溶液,而不能多配或者少配。容量瓶有多种规格,小的有 5 mL、25 mL、50 mL、100 mL,大的有 250 mL、500 mL、1 000 mL、2 000 mL 等。

下面重点介绍容量瓶的使用方法及使用注意事项。

第一步:检漏。

容量瓶在使用之前一定要检查磨口塞是否漏水,步骤如下:

1. 向容量瓶中倒入大约半瓶水,然后塞紧玻璃瓶塞,右手食指按紧玻璃瓶塞,左手托住容量瓶瓶底,然后转动,使容量瓶倒立,大约 2 min 后使用干燥的滤纸沿着瓶口仔细检查是否有水渗出。

2. 若上述操作后不漏水,则直立容量瓶然后旋转瓶塞180°,重复前述操作步骤,同样倒立 2 min 后仍不漏水则可使用。

第二步:洗涤。

对检查合格的容量瓶进行洗涤,先用洗液洗,再用自来水冲洗,最后用蒸馏水洗涤干净(内壁不挂水珠为洗涤干净)。

第三步:计算、溶解和引流。

配制溶液首先一定要结合需要配制的溶液量和浓度以及具体规格的容量瓶进行计算,算出具体的溶质质量。

1. 使用分析天平准确称取所需的固体溶质(这里要结合溶质的特点来选择使用直接称量法或差减称量法,易潮解的溶质要选择差减称量法),将称量好的溶质放在干净的烧杯中溶解(切忌直接倒入容量瓶),并且要结合溶质的量以及容量瓶的规格来加入溶剂溶解(如溶质溶解放热,一定要冷却到室温,烧杯还要进行淋洗操作)。

2. 转移操作:将烧杯中的溶液转移到容量瓶中。烧杯中的溶液不要直接倒入容量瓶,要使用大小合适的玻璃棒进行引流。操作如下:将玻璃棒一端靠在容量瓶颈内壁上,注意不要让玻璃棒其他部位触及容量瓶口,防止液体流到容量瓶外壁上。

第四步:淋洗。

因为在溶解操作中烧杯会残留溶质,所以为保证准确性,要用溶剂少量多次洗涤烧杯,并把洗涤溶液全部转移到容量瓶里。转移操作同样要用玻璃棒引流。

第五步:定容。

上述操作完成后,进行定容操作:向容量瓶内加入溶剂,当液面距离刻度线比较近时,改用滴管向容量瓶中滴加溶剂直到凹液面与刻度标线相切。若此过程中液面不小心超过刻度标线,切忌倒出少量溶液以使液面回到刻度线,而是必须重新配制。

第六步:摇匀。

1. 定容完成后盖紧瓶塞,右手食指按紧瓶塞,左手托住容量瓶底部,然后将容量瓶旋转180°上下颠倒摇匀。

2. 摇匀后将容量瓶放置在水平桌面上静置,若发现溶液液面低于刻度标线,切忌进行加水操作,只要操作过程中无漏水现象,则所配制溶液浓度即为正确浓度。

注意事项:

1. 切忌在容量瓶里溶解溶质,应将溶质在烧杯中溶解后转移到容量瓶里。

2. 溶解操作中加入的溶剂的量以及淋洗操作中加入的溶剂的量要综合考虑,不能超过刻度标线,一旦超过必须重新配制。

3. 容量瓶和烧杯不同,不能用来加热,并且在整个操作过程中也要注意手掌的温度,手不要握容量瓶的瓶身;如果溶解放热,也要冷却到室温之后再进行转移操作。

4. 容量瓶只能用于配制溶液,不能用来长时间储存溶液,尤其是碱性溶液,会侵蚀玻璃使瓶塞粘住,难以打开。

5. 容量瓶使用结束后要洗涤干净,塞上瓶塞,此时注意在塞子与瓶口之间夹一纸条,防止瓶塞与瓶口粘连。

6. 容量瓶虽然只有一条刻度线,但是数据记录还是要保留相应的有效数字,比如记录溶液体积的时候一般是×××.0 mL。

7. 容量瓶也有棕色的,如果溶质见光分解,就要选择棕色容量瓶。

8. 容量瓶的读数:容量瓶瓶颈处只有一条刻度标线,读数时与量筒读数类似,视线平视凹液面,其凹液面要与刻度标线相切。

六、化学试剂的规格和取用

国际纯粹与应用化学联合会(IUPAC)将作为化学标准物质的化学试剂按纯度分为五个等级,分别为 A 级、B 级、C 级、D 级以及 E 级。A 级为相对原子质量标准试剂,B 级为基准物质标准试剂,C 级和 D 级为滴定分析标准试剂,E 级为一般试剂。表 1-2 列出了我国通用的化学试剂的等级、英文符号及其适用范围。

表 1-2　常用化学试剂分级

等级	一级试剂	二级(分析纯)试剂	三级(化学纯)试剂	四级试剂
英文符号	GR	AR	CP	LR
标签颜色	绿色	红色	蓝色	棕色
适用范围	精密分析	一般分析	定性分析	化学制备

化学试剂等级要根据需求来选用,并不是等级越高越好。

化学试剂的取用规则:

1. 化学试剂的取用在满足实验用量的条件下应遵循节俭原则,避免浪费,但也要注意不能回收的或者会造成试剂纯度等下降而引起实验误差的试剂不要回收。

2. 固体试剂一般使用相应的药匙取用,有的药匙两头都可以使用,根据所取用试剂量的不同选用大小不同的两端来取样。称取固体试剂可使用直接称量法和差减称量法,应根据具体情况来选择,比如称量易潮解的或有一定腐蚀性的固体试剂一般使用差减称量法。

3. 液体试剂在不精确量取的情况下可以直接使用倾注法,一般右手握住原试剂瓶,注意瓶上的试剂标签应朝向手心,以免污染试剂标签。定量取用液体试剂可以用量筒、吸量管、移液管和酸碱滴定管,也应根据实验情况来选用。

取用试剂药品的一般规则:

1. 在操作过程中,手不能接触试剂(条件允许的情况下尽量戴手套和护目镜),在不清楚试剂挥发性和毒性的情况下不要去嗅。

2. 工具使用要专一,不能用同一个取用工具(比如吸量管、移液管)取不同试剂。尤其在同一个实验需要用到多种试剂的情况下,一定要对吸量管或者移液管做好标记,以防混用。即使是同一种试剂,如浓度不同,也要遵照此规则。

3. 试剂(尤其是易挥发试剂)取用结束后,要及时盖上瓶盖。

七、pH 试纸的使用

(一) 原理

pH 试纸一般用于检测溶液的酸碱度。pH 试纸在遇到不同酸碱度的试剂或溶液时显示不同的颜色。这是由于 pH 试纸本身含有指示剂,指示剂在不同的酸碱度条件下显示不同的颜色,即我们理论课中讲的酸式色和碱式色。pH 试纸包括广泛 pH 试纸和精密 pH 试纸。广泛 pH 试纸测 pH 只能精确到整数,而精密 pH 试纸可以精确到小数点后一位。

(二) 操作步骤

器材:广泛 pH 试纸(或精密 pH 试纸)、玻璃皿、玻璃棒。

1. 用剪刀将 pH 试纸剪成小块,取一小块 pH 试纸放在干燥洁净的表面皿上。

2. 使用干燥洁净的玻璃棒蘸取少量待测液体滴在试纸的中间部分。

3. 时刻关注颜色变化,待颜色稳定后,拿标准比色卡进行仔细比对。如果使用广泛 pH 试纸,读数为整数;使用精密 pH 试纸则要读到小数点后一位。

八、加热和冷却

加热是实验室常见的操作之一。根据加热操作方式可分为直接加热和间接加热两种。

（一）直接加热

直接加热是使受热器皿与火焰或电热丝等热源直接接触而加热的方法。当被加热的液体在较高温度下稳定又不足以构成火灾危险时,可将液体放在烧杯、烧瓶、蒸发皿、坩埚、试管等能承受一定温度的器皿中,放在酒精灯、电炉或者电热板等热源上加热。

1. 酒精灯

酒精灯是实验室常用的热源,其火焰分为焰心、内焰和外焰三部分。外焰温度最高,可达 500 ℃左右,加热操作一般都使用外焰进行加热。

酒精灯使用注意事项:

（1）酒精灯的灯芯不要太短,一般浸入酒精后还要长 4～5 cm。若灯芯烧焦或不齐都应用剪刀修整为平头等长,用镊子调节灯芯高于瓷套管 0.3～0.5 cm。

（2）使用酒精灯之前,灯壶内酒精的体积应在总体积的 1/4～2/3。补充酒精时要使用漏斗,禁止向燃着的酒精灯添加酒精。

（3）点燃酒精灯要使用火柴或打火机,绝不能用燃着的酒精灯去点火,以防酒精洒出引起火灾。

（4）加热时一般使用酒精灯外焰加热器皿。被加热的器皿绝不允许用手直接拿着,可用铁圈、坩埚钳、试管夹等夹持。

（5）熄灭燃烧的酒精灯时,必须用灯帽盖灭,绝不允许用嘴吹灭。若是玻璃灯帽,盖灭后将灯帽提起一下再盖上,这样操作可以让空气进入灯帽且促进热量散发,以免产生负压使灯帽打不开;若是塑料灯帽,则不用盖两次,因为塑料灯帽密封性不好。

（6）酒精灯在加热过程中,万一有酒精洒出在桌上燃烧起来,不用慌张,应立刻用湿抹布、消防毯或者消防沙盖住。

2. 电热板

电热板也叫加热板,利用电流的焦耳效应将电能转化为热能以加热物体（图 1-1）。电热板平而大,适用于加热平底的能加热的容器,如烧杯、蒸发皿。电热板的板面材质通常有不锈钢、铝合金、特氟龙涂层、陶瓷等,电热板还带有智能控温系统,可以精确调节和控制温度。

图 1-1 电热板

电热板使用注意事项:

（1）设备放置在干燥、无水的地方,加热时严禁用手触碰电热板。

（2）电热板周边不能摆放易燃、易爆物品，也勿将加热的溶剂溅在电热板上，以免损坏电热板。

（3）使用前应检查接线是否正常，使用过程中必须有人看管，使用完毕及时断开电源。

（二）间接加热

间接加热是将热源的热能通过传热介质传递给被加热的物质，其优点是热量传递均匀，升温平稳，较为安全。用于传热的介质通常有空气、水、有机溶液、熔融盐和金属。

1. 空气浴

空气浴是利用热空气间接加热，沸点在 80 ℃以上的液体均可采用此法，实验室常见的半圆形电热套就属于此类。电热套的玻璃纤维能隔绝明火，在加热溶剂的过程中不易起火，使用比较安全。电热套的容积要与加热容器容积相匹配，加热容器外壁与电热套内壁应保持 1～2 cm 距离。

2. 水浴

加热温度在 80 ℃以下时，可以以水为加热介质。实验室常见的水浴设备是恒温水浴锅（图 1-2），它可以精确地控制加热温度。为了达到较好的加热效果，水浴锅中的水位应稍高于加热容器中溶液的高度。加入的水量不可少于锅容积的 1/2，也不可太多，以免水温高的时候水溢出锅外。

图 1-2 恒温水浴锅

3. 油浴

加热温度在 80～250 ℃时可使用油浴。油浴使用的设备和水浴相同，只是加热介质不同。油浴所能达到的温度取决于使用的油的种类，一些常见油浴液如表 1-3 所示。

表 1-3 常用的油浴液

油浴液	极限加热温度/℃	油浴液	极限加热温度/℃
甘油	150	液状石蜡	200
硅油	250	二甲基硅油	300

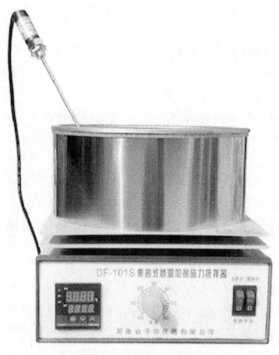

图1-3 加热磁力搅拌器

实验室常用集加热和搅拌于一体的加热磁力搅拌器(图1-3)。它的使用方法如下:

(1) 向最上面的不锈钢容器中加入适量的加热介质,将温度传感器探头插入加热介质中并固定好,一定不能触碰加热圈和容器底部。

(2) 开启电源开关,指示灯亮,开启温控开关,设定所需温度,再将调速旋钮沿顺时针方向慢慢旋转,调节到需要的转速为止。

(3) 加热完毕后,将调速旋钮调至起始位,关闭温控开关和电源,稍冷后将加热容器悬置在加热介质(油浴液)上方片刻,待加热容器外表面的加热介质(油浴液)滴完后,再用纸或干布擦干。

使用注意事项:

(1) 温度传感器不能悬空,不能贴着锅底或接触加热棒。

(2) 容器中没有加入加热介质或没有连接温度传感器,一定不能开启控温开关。

(3) 若发现搅拌磁子出现跳动现象,先将搅拌调速旋钮调至起始位,慢慢旋转搅拌调速旋钮,调节磁子至恰当的搅拌速度。

(4) 不能将油浴液外的水或溶剂溅入不锈钢容器内,当油浴液冒烟时,应立即停止加热,以免发生火灾。

(三) 冷却

在日常实验中,有时必须将体系的温度控制在较低的状态,才能较好地进行反应、分离提纯等。实验室中,冰水混合物是最常见的冷却剂,可以将体系冷却至 0 ℃。若需要更低的温度,可采用冰和盐按照一定比例制成制冷范围不同的冷却剂(见表1-4)。

表1-4 常用的冷却剂体系

盐类	每100 g 冰加入盐的量/g	可达到的最低温度/℃
NaCl	25	−15
KCl	30	−11
NH_4NO_3	45	−16
$NaNO_3$	50	−18
$CaCl_2 \cdot H_2O$	143	−55

干冰(固体二氧化碳)与乙醇或丙酮的混合物最低温度可以达到−78 ℃,液氮可冷却

至－198 ℃。当温度低于－38 ℃时候,水银会凝固,因此不能用水银温度计,而要采用内装少许有机溶剂(如乙醇、甲苯、正戊烷)的温度计测量温度。

　　低温恒温槽(图1－4)又称为低温恒温反应浴、低温浴槽、低温反应浴、低温槽、冷阱等。该仪器适用于生物、物理、医药、化工等科研单位进行低温恒温实验。可以在低温恒温槽底部加装磁力搅拌器,磁力搅拌器工作时,可以使槽内介质溶液流动,以达到槽内温度更均匀、温度控制更精确的效果。市售的低温恒温槽可以做到－90～100 ℃精确控温。若制备的化合物要长期保持低温,还可以采用防爆冰箱或者冷柜。

图1－4　低温恒温槽示意图

九、实验的预习、记录和报告

(一) 实验预习

　　实验预习的基本内容包括实验目的、实验原理、实验内容(此处须加强与理论课相关知识的联系,做到融会贯通)、试剂及仪器、操作步骤。① 明确实验中需要测量的量,以及影响该量的因素,在实验操作中加以避免以保证实验数据准确。② 要注重相关实验仪器的正确操作方法,熟悉实验仪器的测量原理。③ 注意安全,熟悉实验中所用到的试剂的毒性和其他危险性,以及仪器的安全操作方法,不了解或者存在疑问的情况下务必求助教师。

　　实验课是理论课相关知识得以实践和验证的最好平台,学生一定要利用好,坚持理论联系实践,不仅掌握各实验具体要求,也要从更大的层面去领悟自然科学规律以及提升基础科研素质。实验预习是学好化学实验课非常重要的环节,很多学生容易忽视实验预习的重要性,从多年教学经验来看,很多学生对实验预习的态度仅仅是应付。对此,本书特提出加强对实验预习的考查要求:① 认真做好实验预习报告,并全部上交,教师检查;② 实验前指导教师提问抽查相关实验预习内容。

(二) 数据记录

　　数据记录一定要注意实验条件,实验条件一般包括温度、压强等;实验所需试剂的来源、浓度,实验仪器的型号、规格也都要记录。

　　要知晓原始实验数据的重要性,第一时间记录原始数据,实验室如没有电脑等设备,要用碳素笔记录实验数据和相应的实验条件。数据记录要结合具体实验要求、实验仪器等来确定有效数字的位数。对原始数据,要保证其完整性和准确性,不得更改、伪造。

(三) 实验报告

　　实验报告包括实验目的、实验原理(本书着重基础,此部分内容扩充了与理论课知识衔接的内容)、实验试剂及仪器、实验步骤、数据记录处理及结果讨论、思考题(此部分内容包含实验总结)。

十、误差与数据处理

测定结果与真实值之间的差值即分析结果的误差(error)。误差可以分为系统误差、偶然误差两类。

(一) 系统误差

1. 方法误差:由实验设计不当或方法不当导致。
2. 仪器误差:实验仪器有问题而导致。
3. 试剂误差:由试剂不纯或蒸馏水含有微量杂质导致。

特点:单向性、大小相同、重复性。

消除办法:① 校正仪器;② 增加空白对照实验。

(二) 偶然误差

偶然误差(随机误差)即由某些偶然的原因所造成的误差,也称为不可测误差。减少偶然误差的方法为增加平行实验。

(三) 准确度与误差

准确度(accuracy):指测定值与真实值接近的程度。

绝对误差:表示测定值与真实值之差。多次平行测量取平均值 $\bar{x}$,μ 为真实值,δ 代表绝对误差,则有 $\delta = \bar{x} - \mu$。

相对误差:绝对误差在真实值中所占的比例,可用百分率表示:$E_R = \dfrac{\delta}{\mu} \times 100\%$ 或 $E_R = \dfrac{\bar{x} - \mu}{\mu} \times 100\%$ 。

在分析数据准确度时,用相对误差比用绝对误差更准确。当测量绝对误差一定时,测定的试样量(或组分含量)越高,相对误差就越小,准确度越高;反之,则准确度越低。因此对常量分析的相对误差应要求小些,而对微量分析的相对误差可以允许大些。例如:用重量法或滴定法进行常量分析时,允许的相对误差仅为千分之几;而用光谱法、色谱法等仪器分析方法进行微量分析时,允许的相对误差可为百分之几甚至更高。

(四) 精密度与偏差

精密度(precision)是指平行测量的实验值之间相互接近的程度。各测量值间越接近,测量的精密度越高。偏差(deviation)可用来衡量精密度的高低。偏差表示数据的离散程度:偏差越大,说明数据越分散,精密度越低;反之,偏差越小,说明数据越集中,精密度越高。

(五) 准确度与精密度的关系

准确度与精密度的概念不同,从不同侧面反映了分析结果的可靠性。准确度表示测量结果的正确性,而精密度表示测量结果的重复性或重现性。精密度高不一定准确度高,但准确度高一定要以精密度高为前提。精密度是保证准确度的先决条件。因此,测定结果的可靠性要同时用准确度和精密度说明。

(六) 提高分析结果准确度的方法

1. 消除测量中的系统误差

(1) 选择恰当的分析方法;

(2) 减小测量误差;

(3) 校准仪器;

(4) 增加空白实验。

2. 减小偶然误差的影响

根据偶然误差的分布规律,在消除系统误差的前提下,平行测量次数越多,平均值越接近真值。因此,增加平行测定次数可以减小偶然误差对分析结果的影响。

十一、有效数字及运算规则

(一) 有效数字

有效数字(significant figure)指在分析工作中实际上能测量到的数字。在记录有效数字时,只允许保留一位可疑数(欠准位)。

我们在化学实验中记录数据时要注意有效数字位数,使用不同的仪器测量,记录的数据有效数字位数是不一样的。比如同是测量体积,滴定管测量结果保留小数点后两位,而量筒测量结果保留小数点后一位。举例:滴定管测量结果为 9.66 mL,量筒测量结果为 9.7 mL。

所以关于有效数字,要注意:

(1) 实验中的数字含义与数学中的数字不同:数学中 $6.36=6.360=6.3600$,而实验中 $6.36 \neq 6.360 \neq 6.3600$。

(2) 有效数字既表示数值的大小,又反映了仪器的精度。

(3) 进行单位的换算不应改变有效数字的位数。实验中要求尽量使用科学计数法表示数据。

(4) pH、pK 等对数数值,其有效数字仅取决于小数部分数字的位数,而整数部分只说明该数的幂次。

(5) 常量分析结果一般要求保留 4 位有效数字,以表明分析结果的准确度是千分之一。

(二) 有效数字的运算规则

加减法:以小数点后位数最少的数为依据。

乘除法:以有效数字位数最少的数为依据。

（三）有效数字的修约规则

1．"四舍六入五留双"

多余尾数的首位为 5 时，若 5 后数字不为 0，则进位；若 5 后数字为 0，则根据 5 前的数字，采用"奇进偶舍"。

2．禁止分次修约，要一次到位。

3．修约标准偏差：

（1）修约结果应使准确度降低；

（2）一般取两位有效数字。

十二、化学实验常用计算机软件简介

（一）实验目的

1．初步掌握软件 ChemDraw 17、OriginPro 2019b 的基本操作。

2．能利用 ChemDraw 17 软件进行图形绘制。

3．能利用 OriginPro 2019b 软件进行简单的数据处理。

（二）软件介绍

1．ChemDraw 软件介绍

ChemDraw 软件是剑桥公司推出的 ChemBioOffice 全套软件的一部分，是一个化学结构绘图软件，可绘制和编辑高质量的化学结构图，识别和显示立体结构，进行部分物理特性计算，将结构和名称进行转换。

医药等相关专业学生在本科阶段的第一年都要系统地学习无机化学（基础化学）、有机化学等课程，这些课程最大的特点就是知识具有抽象性和概括性。本科一年级的新生在面对这些课程时，总是表现得很茫然，感觉无从下手，例如，无机化学中的原子结构、电子云的图形、共价键的形成，有机化学中有机分子的空间几何结构等。利用 ChemDraw 软件能够轻松地绘制出复杂的化学分子内部结构图，将这些复杂、立体、抽象的图形生动地展示给学生，并给学生留下深刻印象，提高教学的效果。

2．OriginPro 2019b 介绍

OriginPro 2019b 是 OriginLab 公司 2019 年推出的广泛用于理工类学科科学研究的专业函数绘图软件。Origin 软件具有两大主要功能：数据分析和绘图。Origin 软件的数据分析功能主要包括统计、峰值分析和曲线拟合等各种完善的数学分析。准备好数据后，进行数据分析时，只需选择所要分析的数据，然后再选择相应的菜单命令即可。Origin 软件的绘图是基于模板的，OriginPro 2019b 提供了数十种绘图模板，如基础 2D 图（散点图、气泡图、折线图等）、统计图（箱线图、直方图等）、3D 图（3D 散点图、瀑布图）等。绘图时，只需录入数据，选择所需模板，即可完成图形的初步绘制。

（三）实验软件

ChemDraw 17、OriginPro 2019b。

（四）实验内容

1. ChemDraw 17 的软件界面介绍

ChemDraw 17 的软件界面如图 1－5 所示。

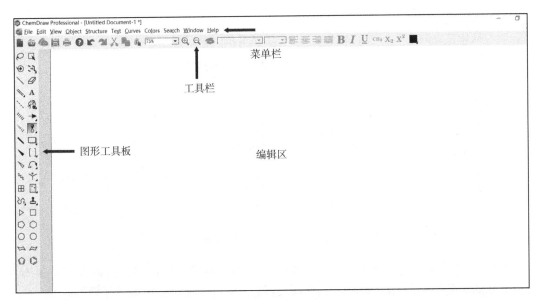

图 1－5　ChemDraw 软件的工作界面

菜单栏的功能：

File(文件)：用于打开、保存、另存、打印等；

Edit(编辑)：用于剪切、复制、选择、清除、插入等；

View(查看)：显示标尺、图形工具板、分子的相对分子质量、物理性质等；

Object(对象)：对齐、添加标签,改变分子的编辑状态等；

Structure(结构)：查看并改变化学键性质、原子性质等；

Text(文本)：改变字体、字号等；

Curves(曲线)：改变化学键为单键、双键等；

Colors(颜色)：改变编辑区的颜色；

此外,菜单栏中还有 Online(联机)、Window(窗口)、Help(帮助)等菜单项。

备注：快捷键与 Microsoft Office 中常用的快捷键相同,如 Ctrl＋C 代表复制。

点击"View"→"Show Main Tools"命令显示图形工具栏,或者在编辑区右键选择"Show Main Tools"也可以出现如图 1－6 所示的图形工具栏。

2. 二维分子结构式模型的绘制

利用 ChemDraw 17 绘制有机物分子结构模型有两种方法：可以通过输入分子采用官方命名规则命名的英文名称,得到分子结构式；也可以通过在编辑区直接绘制所需的分子模型,此法主要用于系统命名方式复杂的分子。现以绘制乙酸分子结构式为例：

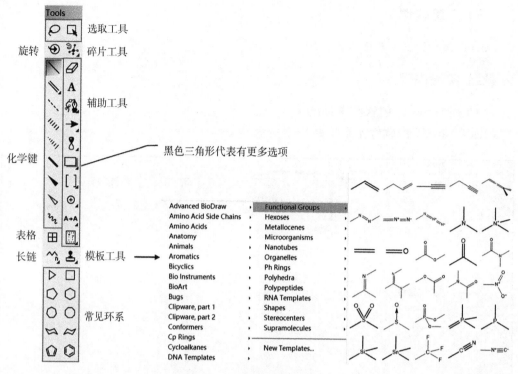

图 1-6　图形工具栏示意图

方法一:单击菜单栏"Structure"→"Convert Structure to Name"命令,输入分子采用官方命名规则命名的英文名称"acetic acid",即得到如图 1-7 所示的乙酸分子模型。

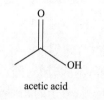

acetic acid

图 1-7　乙酸分子结构

方法二:在编辑区直接绘制。

首先绘制单键结构,点击工具栏中的，在编辑区绘制单键结构，蓝色的光标代表可编辑,再次点击得到锯齿形的两条单键。绘制单键也可以通过点击左侧图形工具栏选择，根据需求选择锯齿。然后绘制双键,选择图形工具栏中的图标，点击编辑区蓝色光标,得到结构式。最后添加元素符号,可以点击"View"→"Show Periodic Table Window"命令,显示元素周期表,选择相应的元素符号点在编辑区内的蓝色光标处,也可以点击 **A**,输入元素符号。

绘制结束后,点击"View"菜单下的"Show Analysis Window"命令,记录其分子式、相对分子质量以及 C、H 的相对含量;点击"Structure"菜单下的"Predict [1] H-NMR Shifts"命令,记录各个 H 的位移。然后保存该文件至指定位置,点击"File"→"Save"进行保存,保存的文件类型常选择 ChemDraw 软件可编辑的"＊.cdx"格式,也可以保存为图片格式,应用于更多途径和多平台。同时可以采用选取工具选取图形,粘贴复制至 Word、PowerPoint 等 Microsoft 软件内,如果需要修改图形,则双击图形,将自动打开 ChemDraw 软件。

3. 反应式的绘制

参考二维分子结构式模型绘制的方法,绘制如图 1-8 所示的反应式,重点注意箭头的画法、文本框的添加、上下脚标的标注等相关内容。必要时可以点击"View"菜单下的"Crosshair"命令,在编辑多种分子结构式时编辑区出现标尺,方便对齐,利于美观。也可以选中待对齐的分子结构式后,点击右键菜单中的"Align",根据需求选择水平居中对齐、竖直居中对齐、左对齐、右对齐、顶对齐、底对齐等。也可在菜单栏点击"View"→"Show Object Table"找到如图 1-9 所示的"对齐方式"工具栏,选择合适的对齐方式。

图 1-8 反应式图例

图 1-9 对齐方式工具栏

4. OriginPro 2019b 软件界面介绍

OriginPro 2019b 的软件界面如图 1-10 所示。

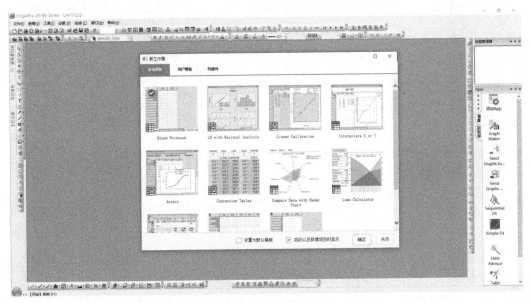

图 1-10 OriginPro 2019b 软件操作界面

它类似于 Office 的多文档界面,主要包括以下几个部分:

菜单栏:位于顶部,一般可以实现大部分功能;

工具栏:位于菜单栏下面,一般最常用的功能都可以通过此实现;

绘图区:位于中部,所有工作表、绘图子窗口等都在此;

项目管理器:位于下部,类似资源管理器,方便切换各个窗口等;

状态栏:位于底部,显示当前的工作内容以及鼠标指到某些菜单按钮时的说明。

5. 数据的录入与图像美化

(1) 线性拟合

打开 OriginPro 2019b,选择"Blank Workbook",以线性拟合为例,在工作表中输入以下数据:

x	0.000	0.200	0.400	0.600	0.800	1.000
y	1.423 6	1.414 0	1.405 2	1.395 8	1.385 6	1.375 2

在工作簿相应的位置内输入数据,输入过程类似于 Excel 中的编辑过程。存在倍数关系的数列,可以输入部分数字,选中后再将鼠标移至选中数字的右下角,此时鼠标变为十字符号,按住左键向下拉,可快速输入文字,如图 1-11 所示。选中"A(X)""B(Y)"两列工具栏或者数字,菜单中右键选择"绘图"→"散点图(S)"→"散点图(S)",编辑区出现对应数据的散点图,如图 1-12 所示。这里需要强调的是,如果选择两列工具栏得到图表,后续增减数据时图表处会相应变化;而只选择数字得到的图表,后续增减数据只能重新画图处理。

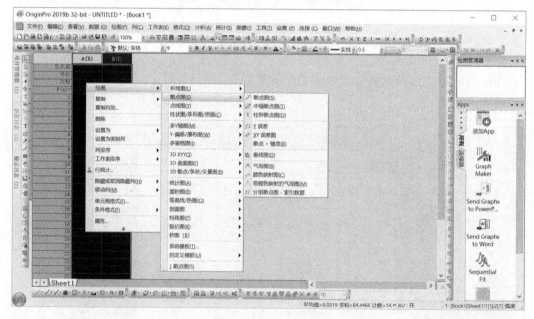

图 1-11 录入数据

双击坐标轴,弹出"编辑"对话框,在弹出的对话框中进行刻度、轴线等的编辑,如轴线粗细调整为 4,显示上边框与右边框等,如图 1-13 所示。学生可以自行尝试修改其他选项,最后修改横纵坐标名称。

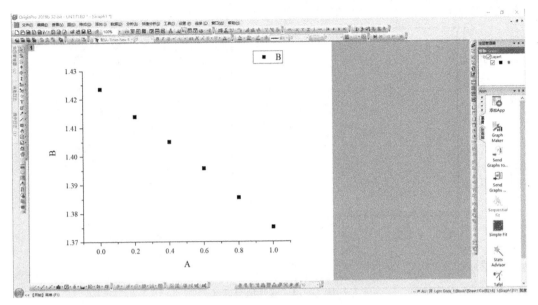

图 1-12 录入数据所对应的散点图

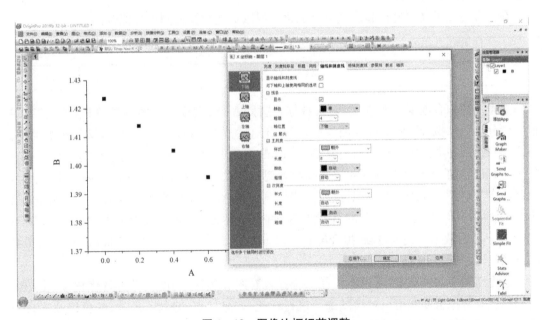

图 1-13 图像边框细节调整

依次点击菜单栏"分析"→"拟合"→"线性拟合",完成散点图的拟合。记录拟合的截距和斜率,得到直线方程,如图 1-14 所示。

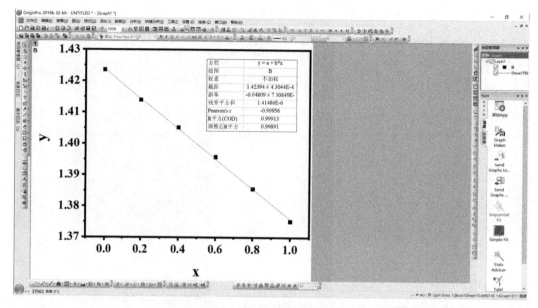

图 1-14 线性拟合曲线

文件的保存:将文件以"＊.opju"格式保存至指定路径。

图像的输出:点击"File"→"Export Graphs",选择"＊.tif"格式输出图像。

(2)非线性曲线拟合

在很多情况下需要进行非线性拟合优化。现以下列数据为例进行拟合:

x	0	2	4	6	8	10	12
y	7.197 0	6.672 2	6.254 8	5.983 1	5.666 5	5.429 8	5.243 2

参考线性拟合数据输入方式,输入数据,选择"A(X)""B(Y)"两列工具栏,点击"菜单栏"→"分析"→"拟合"→"非线性曲线拟合"打开对话框。在该对话框内可以选择函数类别、公式、参数等,在类别中选择对数函数 Logarithm,函数选择"Log3P1",此过程是对数据拟合的预估,根据拟合效果最佳选择相应的函数类型和公式。选择参数,将 a、b、c 的值均改为 1,最后点击"拟合"。非线性曲线拟合过程如图 1-15 至图 1-19,表单"FitNL1"中的统计表格中的"R 平方(COD)"和"调整后的 R 平方"这两个数值反映数值的离散程度,越接近 1 或者 0.99 以上说明数据相关度越高,拟合越好。双击表单"FitNL1"中的"拟合曲线图"即可得到拟合曲线,如图 1-19 所示。

为提高图表的美观度,可参考线性拟合过程对图表边框、刻度线等进行优化;双击图内的坐标点或者拟合曲线可以对绘图细节进行优化,如坐标点的形状、尺寸、颜色以及连接方式等;也可通过这个途径选择工作簿重新回到数据部分(如图 1-20 所示),选择图表上横纵坐标数字后在上方工具栏中调整数字的字体、字号等。最终得到如图 1-21 所示的非线性拟合曲线,可参考线性拟合部分的保存文件方式进行保存,也可以右键单击 Origin 软件空白页面,在菜单中选择"Copy Page"将图粘贴于 Word、PowerPoint 等 Microsoft 软件内。采用后一种方式粘贴复制可在 Word 等软件内保留该图表的原始数据,双击文档内图表可以重新打开 Origin 软件并弹出原图表,实现再次编辑。

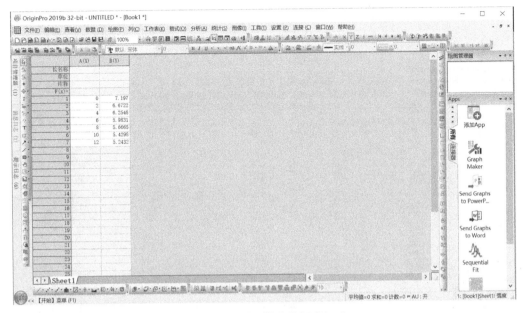

图 1-15　非线性曲线拟合(一)

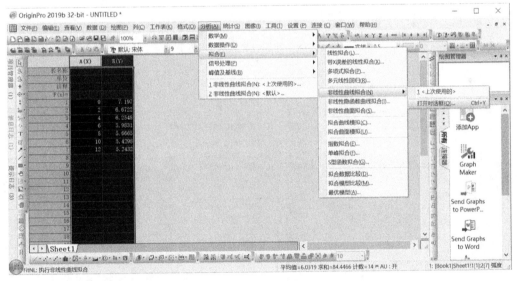

图 1-16　非线性曲线拟合(二)

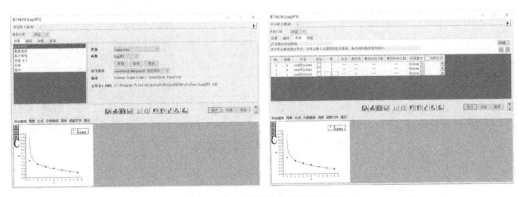

图 1-17　非线性曲线拟合(三)

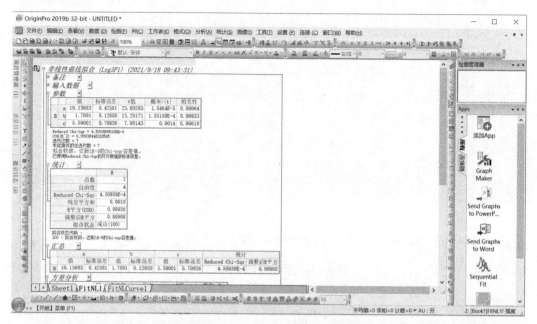

图 1-18　非线性曲线拟合（四）

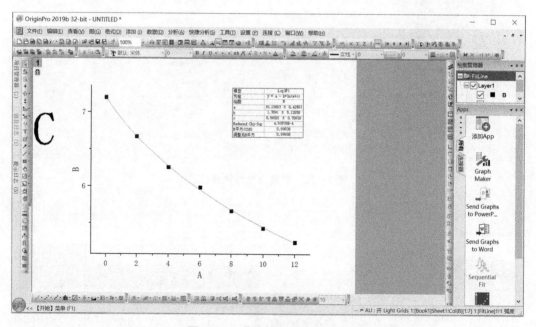

图 1-19　非线性曲线拟合（五）

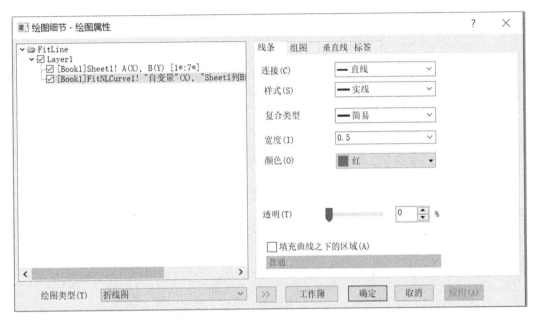

图 1-20　坐标点优化

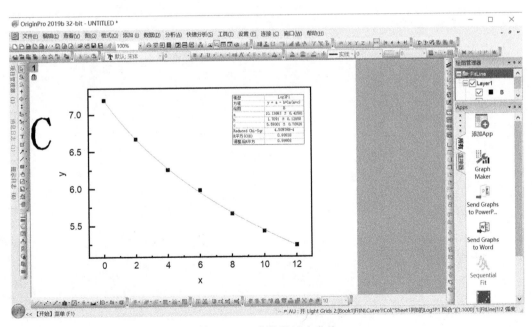

图 1-21　非线性拟合曲线

思 考 题

1. 用 ChemDraw 软件绘制以下两个有机物结构式,熟悉相关操作。

2. 自主找一组数据(基本符合线性),用 Origin 软件进行图形绘制、方程拟合与输出。

第二部分 定量分析与标准溶液的配制

一、滴定分析

（一）概述

滴定分析法是将一种已知准确浓度的标准溶液滴加到待测溶液中，直到待测物质刚好反应完全，即化学反应按计量关系完全作用为止，然后根据所用标准溶液的浓度和体积计算出待测物质含量的分析方法。

化学计量点：标准溶液与待测组分根据化学反应的定量关系恰好反应完全时即为化学计量点，亦称为滴定反应的理论终点。

滴定终点：滴定至指示剂颜色变化那一点称为滴定终点。滴定终点与化学计量点往往不完全一致，由此造成的误差称滴定误差。

（二）滴定分析法的特点和主要方法

1. 酸碱滴定法

即以质子传递反应为基础的滴定分析方法。

可用碱标准溶液测定酸性物质，也可用酸标准溶液测定碱性物质。滴定反应的实质可用简式表示如下：

强酸（碱）滴定强碱（酸）：$H_3O^+ + OH^- \Longrightarrow 2H_2O$

强酸滴定弱碱：$A^- + H_3O^+ \Longrightarrow HA + H_2O$

强碱滴定弱酸：$HA + OH^- \Longrightarrow A^- + H_2O$

2. 配位滴定法

即以配位反应为基础的滴定分析方法。可用于测定多种金属离子的化合物。

以目前广泛使用的氨羧酸配位剂作滴定剂，其基本反应是：

$$M^{n+} + Y^{4-} \Longrightarrow MY^{n-4}$$

3. 氧化还原滴定法

即以氧化还原为基础的滴定分析方法。

可利用氧化剂作为标准溶液测定还原性物质，也可以利用还原剂做标准溶液测定氧化性物质。根据所选用的标准溶液的不同，氧化还原滴定法又可分为碘量法、高锰酸钾法、亚硝酸钠法、溴酸钾法和溴量法等类型。

如碘量法的基本反应是：

$$I_2 + 2S_2O_3^{2-} = 2I^- + S_4O_6^{2-}$$

4. 沉淀滴定法

即以沉淀反应为基础的滴定分析方法。银量法是应用最广泛的沉淀滴定法，主要用于滴定含有 Ag^+、Cl^-、Br^-、I^- 和 SCN^- 等的离子化合物。

其基本反应是：

$$Ag^+ + X^- = AgX\downarrow$$

5. 非水滴定法

这是一大类在非水溶剂中进行的滴定分析方法。此法广泛应用于有机弱酸、弱碱和水分等的测定。

（三）滴定管

滴定管是分析化学中常见的一种基础的滴定仪器，常用于容量分析。它的主要结构包括玻璃管、刻度、控制开关。根据滴定管刻度可以准确读出流出的酸液或碱液等的体积，可以估读到 0.01 mL，并且要求由滴定管读出的数据必须估读到 0.01 mL。

常用的滴定管的量程为 25 mL 或者 50 mL。根据分析化学理论课知识，滴定管在读数时会有误差，因为每次滴定会有两次读数，每次读数都需估读，每次估读有 0.01 mL 的误差，所以一次滴定有 ±0.02 mL 的误差。根据相对误差计算公式，为使相对误差控制在 0.1% 以内，每次滴定需要至少滴出 20 mL 的标准溶液。

滴定管分为两种：

1. 酸式滴定管：关键区分特点为带有玻璃两通旋转塞，左手通过控制玻璃两通旋转塞来进行滴定，并控制滴定速率。酸式滴定管在使用前要首先检查玻璃两通旋转塞是否旋转自如以及密封性是否良好，操作方法如下：取出旋转塞并用滤纸拭干，在玻璃两通旋转塞的两端抹一薄层凡士林作润滑剂（不要堵孔），然后将玻璃两通旋转塞插入并旋转几下，使凡士林分布均匀，再在玻璃两通旋转塞尾端套一橡皮圈加强固定。酸式滴定管一般用来盛放酸性溶液或者氧化性溶液。因碱性溶液会与玻璃发生反应，容易导致堵塞，所以酸式滴定管不能盛放碱性溶液。

① 向酸式滴定管里装入约 1/3 的自来水，倾斜并控制其平衡，然后转动酸式滴定管，用自来水洗涤酸式滴定管内部，再换用蒸馏水同样操作进行洗涤，洗涤 3 次。

② 向酸式滴定管里装满蒸馏水，然后将其垂直固定在滴定管架上静置约 3~5 min。观察酸式滴定管下端是否有水滴并且同时观察玻璃两通旋转塞缝隙处是否有水渗出。如都无渗水，则将玻璃两通旋转塞再旋转半圈，同样静置约 3~5 min，再次观察是否有漏水、渗水现象。两次检查过程中如发现漏水或渗水，那么酸式滴定管须重新进行密封操作或者换新的酸式滴定管。

③ 上述操作完成后取下玻璃两通旋转塞，然后用干燥滤纸擦拭干净。在玻璃两通旋转塞的两端抹一薄层凡士林作润滑剂（不要堵孔），然后将玻璃两通旋转塞插入并旋转几下使凡士林分布均匀，再在玻璃两通旋转塞尾端套一橡皮圈加强固定。

④ 右手握试剂瓶将标准溶液直接倒入酸式滴定管(注意试剂瓶标签应向着手心,以防止倒出试剂过程中污染标签;酸式滴定管适当倾斜以使标准酸溶液沿着酸式滴定管内壁流下),倒入标准溶液至酸式滴定管约 1/3 即可,倾斜并控制其平衡,然后转动酸式滴定管,用标准溶液润洗酸式滴定管内部(润洗要彻底),润洗结束后从下端放出标准溶液。

⑤ 首先关闭酸式滴定管下端玻璃两通旋转塞,接着手持酸式滴定管上端没有刻度的地方并适当倾斜,右手握试剂瓶将标准溶液直接倒入酸式滴定管(注意试剂瓶标签应向着手心,以防止倒出试剂过程中污染标签;酸式滴定管适当倾斜以使标准酸溶液沿着酸式滴定管内壁流下),倒入标准溶液的量要超过 20 mL(以 25 mL 规格的酸式滴定管为例),但液面要在刻度范围内。

⑥ 第一次读数(也可直接调整液面在零刻度处),读数一定要估读一位,记录 V_1;接着左手控制玻璃两通旋转塞,无名指和小指自然弯曲并指向手心,拇指面向自己,同时食指和中指在后并保持手指自然弯曲不要用力,自然轻松向内扣住两通玻璃旋转塞,手心空握,用拇指、食指和中指控制转动旋转塞,整个过程要诀在于自然轻松(在整个滴定过程中,左手一直不能离开旋转塞任溶液自流)。

⑦ 右手摇动锥形瓶,保持锥形瓶瓶口小范围活动,但锥形瓶内溶液要充分摇动以使滴进去的溶液快速反应,注意勿使溶液溅出,也勿使瓶口碰到滴定管口,整个过程中手腕用力,进行圆周摇动而不是晃动(不要前后晃动、左右晃动以及上下振动)。

⑧ 滴定前可进行简单计算,估算出大约需要滴定的量,在滴定前段(距滴定终点较远,或者观察滴进去时颜色变化迅速),滴定速度可稍快,约 4～5 滴/s。临近终点时,应改为滴 1 滴,摇几下。等到必须摇 2～3 次后颜色才变化时,表示离滴定终点已经很近。滴半滴的操作如下:微微转动玻璃旋转塞,滴出的标准溶液悬在出口管嘴上形成半滴,此时用锥形瓶内壁去靠,让液滴留在锥形瓶内壁上,然后使用洗瓶将液滴吹下,接着摇匀溶液,观察颜色,判断是否达到滴定终点。如此反复,直到刚刚出现达到终点时应出现的颜色而又不再消失为止。一般 30 s 内不再变色即到达滴定终点。滴定完毕,弃去滴定管内剩余溶液,不得倒回原瓶。

⑨ 滴定管读数:滴定开始前和滴定终了都要读取数值。读数时可将滴定管夹在滴定管夹上;也可以将滴定管从滴定管夹上取下,用右手拇指和食指捏住滴定管上部无刻度处,使管自然下垂。两种方法都应使滴定管保持垂直。滴定管中无色或浅色溶液的凹液面下缘比较清晰,易于读数。读数时,使凹液面的最低点与分度线上边缘的水平面相切,视线与分度线上边缘在同一水平面上,以防止视差。颜色太深的溶液如高锰酸钾、碘化物溶液等,凹液面很难看清楚,可读取液面两侧的最高点,此时视线应与该两点的连线在同一水平面上。(注意两次滴定管读数方式要保持一致,即滴定管放置形态和读法要一致。)

2. 碱式滴定管:关键区分特点为乳胶管内置玻璃珠,左手通过挤压玻璃珠来进行滴定,并控制滴定速率。

碱式滴定管是通过挤压乳胶管里的玻璃珠来控制滴定量的,准确度稍逊于酸式滴定管,但是碱性溶液会与玻璃发生反应,容易导致堵塞,所以酸式滴定管不能盛放碱性溶液,碱性溶液只能使用碱式滴定管盛放。在使用碱式滴定管盛放标准溶液前一定要检查乳胶管是否破裂老化同时查看乳胶管内的玻璃珠尺寸与乳胶管是否匹配,检查密封性后方可使用。

① 向碱式滴定管里装满蒸馏水,然后将其垂直固定在滴定管架上静置约 3～5 min。观

察碱式滴定管下端是否有水滴,发现漏液的碱式滴定管必须重新装配,直至不漏才能使用。

② 碱式滴定管内玻璃珠大小要合适。向检漏合格的碱式滴定管内装入约 1/3 的自来水,倾斜并控制其平衡,然后转动用自来水洗涤碱式滴定管内部,注意玻璃珠下方的洗涤,再换用蒸馏水同样操作进行洗涤,洗涤 3 次。

③ 滴定管中加入标准溶液,操作同酸式滴定管加入标准溶液的方法。碱式滴定管排气泡很重要,将其装满标准溶液,垂直地夹在滴定管架上,左手拇指和食指放在稍高于玻璃珠所在的部位,并使橡皮管向上弯曲,出口管斜向上,往一旁轻轻捏橡皮管,使溶液从管口喷出,再一边捏橡皮管,一边将其放直,这样可排除出口管的气泡,并使溶液充满出口管。

④ 排尽气泡后,加入溶液使之在“0”刻度以上,再调节液面在“0.00 mL”刻度处备用(如液面不在“0.00 mL”处,则要记下初读数)。

⑤ 使用碱式滴定管时,左边拇指在前,食指在后,捏住橡皮管中玻璃珠所在位置稍上的地方,向右方挤橡皮管,使其与玻璃珠之间形成一条缝隙,从而放出溶液。右手摇动锥形瓶,保持锥形瓶瓶口在小范围内活动,但锥形瓶内溶液要充分摇动以使滴进去的溶液快速反应。注意勿使溶液溅出,勿使瓶口碰滴定管口,整个过程中手腕用力,做圆周摇动而不是晃动(不要前后晃动、左右晃动或上下振动)。

⑥ 滴定前可进行简单计算,估算出大约需要滴定的量,在滴定前段(距滴定终点较远,或者观察滴进去时颜色变化迅速),滴定速度可稍快,约 4~5 滴/s。临近终点时,应改为滴 1 滴,摇几下。等到必须摇 2~3 次后颜色才变化时,表示离终点已经很近。碱式滴定管滴半滴操作比较简单:左手控制玻璃珠,让标准液悬在出口管嘴上形成半滴,此时用锥形瓶内壁去靠,让液滴留在锥形瓶内壁上,然后使用洗瓶将液滴吹下,接着摇匀溶液,观察颜色判断是否达到滴定终点。如此反复,直到刚刚出现达到终点时应出现的颜色而又不再消失为止。一般 30 s 内不再变色即到达滴定终点。在整个滴定过程中,左手一直不能离开玻璃珠。滴定完毕,弃去滴定管内剩余的溶液,不得倒回原瓶。

⑦ 读数:碱式滴定管读数操作同酸式滴定管。

二、分光光度法

(一) 概述

紫外-可见分光光度法是研究物质在紫外-可见光区分子吸收光谱的分析方法。

紫外-可见光区的波长范围:远紫外光区波长为 5~200 nm,近紫外光区波长为 200~400 nm,可见光区波长为 400~760 nm。

紫外可见吸收光谱的特点:

1. 属于分子吸收光谱。
2. 是分子中价电子跃迁形成的。
3. 光谱呈带状。

(二) 吸收光谱(吸收曲线)

1. 吸收峰:吸收曲线上吸收最大的地方,所对应的波长称最大吸收波长 λ_{max}。

2. 谷:峰与峰之间吸光度最小的部分,所对应的波长称最小吸收波长 λ_{min}。

3. 肩峰:在一个吸收峰旁边产生的一个曲折。

4. 末端吸收:在图谱短波端只呈现强吸收而不成峰形的部分。

5. 生色团:有机化合物分子结构中含有 $\pi \rightarrow \pi^*$ 或 $n \rightarrow \pi^*$,能在紫外-可见光范围内产生吸收带。

6. 助色团:含有非键电子的杂原子饱和基团。当它们与生色团或饱和烃相连时,能使该生色团或饱和烃吸收峰向长波方向移动(红移),并使吸收强度增加。

7. 红移(长移):吸收峰向长波方向移动。

8. 蓝移(短移):吸收峰向短波方向移动。

9. 增色效应:吸收强度增加。

10. 减色效应:吸收强度减弱。

定性分析的基础:不同物质吸收光谱的形状以及 λ_{max} 不同。

定量分析的基础:同一物质,浓度不同时,吸收光谱的形状相同,A_{max} 不同。

(三) 朗伯-比尔定律

朗伯-比尔定律是光吸收的基本定律,描述物质对单色光吸收的强弱与吸光物质的浓度和液层厚度间的关系。

透光率:$T = \dfrac{I_t}{I_0}$

吸光度:$A = -\lg T = \varepsilon c l$

吸光系数:在给定单色光、溶剂和温度等条件下,吸光系数是物质的特性常数。不同物质对同一波长的单色光可有不同的吸光系数。吸光系数越大,表明该物质的吸光能力越强。

摩尔吸光系数(ε):在波长(λ)一定时,溶液浓度(c)为 $1\ \text{mol} \cdot \text{L}^{-1}$、厚度($l$)为 $1\ \text{cm}$ 时的吸光度。

比吸光系数($E_{1\,\text{cm}}^{1\%}$):在波长(λ)一定时,溶液浓度(ρ)为 $1\ \text{g} \cdot 100\ \text{mL}^{-1}$、厚度($l$)为 $1\ \text{cm}$ 时的吸光度。

摩尔吸光系数与比吸光系数的关系:$\varepsilon = \dfrac{M}{10} \times E_{1\,\text{cm}}^{1\%}$

(四) 应用

1. 定性鉴别

(1) 依据:吸收光谱的特征——形状、波长、峰数目、强度、吸光系数。

(2) 方法:对比法(标准物质或标准谱图)。

① 对比吸收光谱特征数据:ε 或 $E_{1\,\text{cm}}^{1\%}$。

② 对比吸光度或吸光系数的比值(有两个以上的吸收峰):如维生素 B_{12} 的鉴别实验中

$\dfrac{A_{361}}{A_{278}} = 1.70 \sim 1.88$,$\dfrac{A_{361}}{A_{550}} = 3.15 \sim 3.45$。

2. 定量分析

单组分样品的定量分析：

（1）依据：朗伯-比尔定律。

（2）溶剂的选择：组分的测定波长不能小于溶剂的截止波长。

（3）定量方法：

① 吸光系数法；

② 校正曲线法；

③ 标准曲线法。

（五）分光光度计操作步骤

1. 接通电源，按开机开关，然后让仪器预热至少 20 min，仪器会自动校正。

2. 选择最大波长（根据所测溶液结合理论知识选择一个合理范围，然后用同一参比溶液测出不同波长下的吸光度或者透光率，作出吸收光谱图，即可找出最大波长）。

3. 把参比溶液和要测定的溶液各自倒入比色皿中后，打开样品盖，把盛着溶液的比色皿插入比色皿槽中，盖好盖子（比色皿有毛面和光滑面，不能触及光滑面）。

4. 空白校正：把参比溶液拉到光路中，按住"100％T"键，这时的显示器会显示出"100％T"或者是"0.000A"。

5. 将待测溶液拉到光路中，显示器即会显示吸光度或者透光率。

6. 分光光度计使用完毕后，关上电源，取出比色皿洗净，将样品室用软布或软纸擦净。

（六）分光光度计的使用注意事项

1. 每测一次吸光光度，一定要用参比溶液校正。

2. 分光光度计应放在干燥的房间内，使用时应放置在坚固平稳的工作台上，室内照明不宜太强。天热时不能用电扇直接向仪器吹风，防止灯泡灯丝发亮不稳定。

3. 分光光度计使用前，使用者应该首先了解分光光度计的结构和工作原理以及各个操纵旋钮的功能。在未接通电源之前，应该对仪器的安全性能进行检查，电源接线应牢固，通电也要良好，各个调节旋钮的起始位置应该正确，然后再接通电源。

三、EDTA 标准溶液的配制和标定

（一）实验目的

1. 掌握 EDTA 标准溶液的配制及标定方法。

2. 掌握配位滴定法的原理。

（二）实验原理

EDTA 是一种常用的螯合剂，能与大多数金属离子形成稳定的 1∶1 型的螯合物，在配位滴定中常用作配位剂。一般习惯用 $MgSO_4 \cdot 7H_2O$ 作基准物质来标定 EDTA，以铬黑 T（EBT）作指示剂。在 pH ≈ 10 的溶液中，EBT 与二价镁离子会形成稳定的酒红色螯合物，

故用 pH≈10 的氨性缓冲溶液控制滴定时的 pH。

而 EDTA 与镁离子可以形成更加稳定的无色螯合物。根据配位平衡移动原理,红色螯合物里的 EBT 会被 EDTA 替换而解离出来,因为游离的 EBT 在 pH=8 的溶液中呈蓝色,所以可以以此来判定滴定终点。

(三) 仪器与试剂

1. 仪器

酸式滴定管、容量瓶(100 mL)、移液管(20 mL)、锥形瓶(250 mL)、电子天平。

2. 试剂

0.1 mol·L^{-1} EDTA、$MgSO_4$·$7H_2O$ 基准试剂、NH_3-NH_4Cl 缓冲溶液(pH≈10.0)、铬黑 T 指示剂。

(四) 实验步骤

1. 配制浓度大约为 0.01 mol·L^{-1} 的 EDTA:取 50 mL 0.1 mol·L^{-1} 的 EDTA 于试剂瓶中,加水稀释至 500 mL,摇匀备用。

2. 配制浓度大约为 0.01 mol·L^{-1} 的硫酸镁溶液:使用差减称量法称取 $MgSO_4$·$7H_2O$ 的精确质量(范围为 0.25~0.3 g),加入 50 mL 去离子水进行溶解,然后转移到 100 mL 容量瓶中,并对烧杯进行两次润洗,润洗后的溶液转移到容量瓶中,定容摇匀,并根据实际加入的准确量计算硫酸镁溶液的准确浓度。

3. 标定:用移液管量取上述配好的标准硫酸镁溶液 20.00 mL 置于 250 mL 锥形瓶中,并加 5 mL pH≈10 的 NH_3-NH_4Cl 缓冲溶液,接着加入约 2 mL 铬黑 T 指示剂。使用上述配制好的 EDTA 标准溶液(装入酸式滴定管中)滴定至溶液由酒红色恰变为蓝色,即为滴定终点。平行测定 3 次,根据消耗的 EDTA 标准溶液的体积计算其浓度。

四、HCl 标准溶液的配制和标定

(一) 实验目的

掌握 HCl 标准溶液的配制与标定方法。

(二) 实验原理

由于浓盐酸易挥发,所以不能直接将其配制成标准溶液,只能先配制成近似浓度的溶液。然后用一级标准物质标定其准确浓度。可标定盐酸的一级标准物质有无水碳酸钠(Na_2CO_3)和硼砂($Na_2B_4O_7$·$10H_2O$)。

1. 采用无水碳酸钠为基准物质标定盐酸

(1) 实验原理

化学方程式:$2HCl + Na_2CO_3 =\!=\!= 2NaCl + H_2O + CO_2\uparrow$

根据化学方程式可解出计算方程:$c_{HCl}(mol\cdot L^{-1}) = 2\times \dfrac{m_{碳酸钠}}{106(V_{HCl}-V_{空白})}\times 1\,000$

37

（2）仪器及试剂

分析天平（感量/分度值 0.1 mg）、量筒、称量瓶、酸式滴定管（25 mL）、锥形瓶（250 mL）、工作基准试剂无水碳酸钠、浓盐酸（36%～38%）。滴定至反应完全时，溶液 pH 为 3.89，通常选用溴甲酚绿-甲基红混合液或甲基橙作指示剂。

（3）实验步骤

① 0.1 mol·L^{-1} 盐酸溶液的配制：用小量筒量取浓盐酸 9 mL，注入 1 000 mL 水中，摇匀。

② 盐酸标准滴定溶液的标定：取在 270～300 ℃ 干燥至恒重的基准无水碳酸钠约 0.2 g，精密称定 3 份，分别置于 250 mL 锥形瓶中，加 50 mL 蒸馏水溶解后，加 2～3 滴甲基橙作指示剂，用配制好的盐酸溶液滴定至溶液由黄色变为橙色，记下所消耗的标准溶液的体积，同时做空白实验（空白实验即在不加无水碳酸钠的情况下重复上述操作），测定 3 次，结果记录入表 2-1。

表 2-1　以碳酸钠溶液标定盐酸标准滴定溶液的结果记录

平行实验编号	$m_{无水碳酸钠}$/g	$V_{空白}$/mL	V_{HCl}/mL	c_{HCl}/(mol·L^{-1})	平均值
1					
2					
3					

2. 硼砂作为基准物质标定盐酸

（1）实验原理

硼砂和盐酸反应的化学方程式如下：

$$Na_2B_4O_7 \cdot 10H_2O + 2HCl = 2NaCl + 4H_3BO_3 + 5H_2O$$

在化学计量点时有：$n_{HCl} : n_{Na_2B_4O_7 \cdot 10H_2O} = 2 : 1$

据此可解出硼砂的质量分数计算方程：

$$c_{HCl} = \frac{2 \times m_{硼砂} \times 1\,000}{M_{硼砂} \times V_{HCl}} \tag{2-1}$$

式中，c_{HCl} 为滴定时所用的标准溶液 HCl 的浓度（mol·L^{-1}），V_{HCl} 为消耗的 HCl 标准溶液的体积（mL），$m_{硼砂}$ 为每次滴定中消耗的硼砂的质量（g），$M_{硼砂}$ 为硼砂的摩尔质量（381.37 g·mol^{-1}）。

用 HCl 标准溶液滴定基准物质硼砂溶液，滴定终点溶液 pH＝5.10，可以选用甲基红（变色 pH 范围为 4.4～6.2）作为指示剂。

根据滴定消耗 $Na_2B_4O_7 \cdot 10H_2O$ 的质量 $m_{Na_2B_4O_7 \cdot 10H_2O}$ 和所用 HCl 溶液的体积 V_{HCl}，可以计算出 HCl 标准溶液的准确浓度。

（2）仪器与试剂

仪器：分析天平、酸式滴定管（25 mL）、容量瓶（100 mL）、移液管（20 mL）×2、锥形瓶、烧杯、称量瓶、滴定管架、洗瓶、玻璃棒。

试剂：硼砂基准物质（AR）、盐酸、甲基红。

（3）实验步骤

HCl 标准溶液的标定：用分析天平精确称量基准物质 $Na_2B_4O_7 \cdot 10H_2O$ 0.36～

0.40 g,置于 250 mL 锥形瓶中,加入 50 mL 蒸馏水,搅拌至全溶。加甲基红指示剂 2 滴,用 HCl 标准溶液滴定至溶液由黄色恰变为橙色,即为滴定终点,记录滴定消耗 HCl 溶液的体积。平行操作 3 次,数据记入表 2-2,依据原理计算 HCl 溶液的浓度,测定结果相对平均偏差应不大于 0.2%。

表 2-2 以硼砂溶液标定盐酸标准滴定溶液的结果记录

平行实验编号	$m_{Na_2B_4O_7 \cdot 10H_2O}$/g	$V_{空白}$/mL	V_{HCl}/mL	c_{HCl}/(mol·L^{-1})	平均值
1					
2					
3					

五、NaOH 标准溶液的配制和标定

(一) 实验目的

1. 熟悉滴定操作和分析天平差减称量法。
2. 掌握 NaOH 标准溶液的配制与标定方法。

(二) 实验原理

由于 NaOH 会吸收空气中的 CO_2,所以长时间储存的 NaOH 溶液不纯,常常含有碳酸钠。所以实验室中使用的 NaOH 标准溶液常现用现配。实验室常用配制 NaOH 标准溶液的步骤如下:① 首先用氢氧化钠试剂配成饱和溶液,然后密封静置,待碳酸钠沉淀析出后,取上层清液待用。② 将蒸馏水煮沸冷却待用。③ 用冷却的蒸馏水稀释第①步待用的氢氧化钠饱和溶液至所需浓度。④ 对配制好的氢氧化钠溶液进行标定来确定其准确浓度。

标定 NaOH 标准溶液常用的基准物质为邻苯二甲酸氢钾(图 2-1)。因为邻苯二甲酸氢钾纯度较高,并且无结晶水、不潮解、相对分子质量较大、高温不易分解。滴定时发生的反应为:

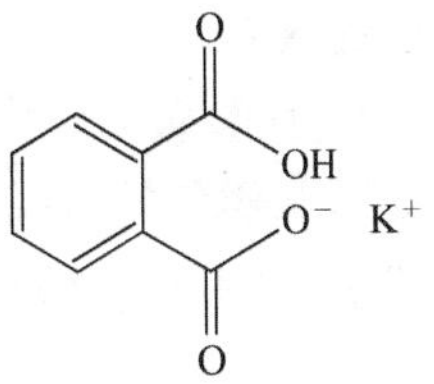

$$C_8H_5O_4K + NaOH \rightleftharpoons C_8H_4NaO_4K + H_2O$$

$C_8H_5O_4K$ 标定指示剂选择酚酞,因为邻苯二甲酸钠钾的水溶液呈弱碱性,化学计量点时的 pH 约为 9.0,因此选用酚酞作指示剂。指示剂的颜色随溶液 pH 的改变而变化,但是人眼对颜色的辨别能力有限,在一般情况下,当两种型体的浓度之比在 10 或者 10 以上时,我们看到的是浓度较大的那种型体的颜色,选择指示剂的原则是:指示剂的变色范围应全部或部分落在滴定突跃范围内。

图 2-1 邻苯二甲酸氢钾结构式

(三) 仪器和试剂

1. 仪器

量筒(10 mL、100 mL)、锥形瓶(250 mL)、分析天平、细口试剂瓶(1 000 mL)、碱式滴定管(50 mL)。

2. 试剂

氢氧化钠、$C_8H_5O_4K$(基准物质)、0.2% 酚酞乙醇溶液。

（四）实验步骤

1. 0.10 mol·L^{-1} NaOH 标准溶液的配制：常温下取过量的氢氧化钠溶入煮沸冷却后的蒸馏水中，边加热边搅拌，然后冷却至室温，连同过量的氢氧化钠转移至聚乙烯瓶中密封并静置数日，让碳酸钠结晶且过量的氢氧化钠沉底。取上清液待用。

2. 计算：配制约 0.10 mol·L^{-1} 的 NaOH 溶液 1 000 mL。不同温度溶解度不同，以 20 ℃为例，20 ℃时氢氧化钠的溶解度为 109 g，物质的量浓度为 20.28 mol·L^{-1}。根据溶质质量守恒，1 000 mL 0.10 mol·L^{-1} NaOH 溶液的溶质为 0.1 mol，需要饱和氢氧化钠溶液约 4.9 mL。

3. 配制：用干燥小量筒量取 4.9 mL 饱和氢氧化钠溶液上面的清液，倒入用蒸馏水洗涤干净的 1 000 mL 容量瓶中。然后用煮沸冷却后的蒸馏水定容，贴好标签备用。

4. 0.10 mol·L^{-1} NaOH 标准溶液的标定。精密称取邻苯二甲酸氢钾约 0.6 g(平行 3 份)。放入 250 mL 锥形瓶中，加入新煮沸放冷的蒸馏水 50 mL。固体溶解后加入 1～2 滴酚酞指示剂，用 0.1 mol·L^{-1} NaOH 溶液滴定至溶液呈粉红色，30 s 不褪色即达终点，记下读数，计算 NaOH 标准溶液的浓度。

（五）注意事项

1. 邻苯二甲酸氢钾基准物用前须 105～110 ℃烘至恒重。

2. NaOH 固体或浓溶液不能用玻璃容器存放，实验室盛放 NaOH 试液的瓶子要用橡皮塞而不能用玻璃塞，因为 NaOH 能与玻璃的主要成分 SiO_2 反应，生成 Na_2SiO_3，将瓶塞和瓶口粘在一起。

3. 在滴定过程中碱液可能溅在锥形瓶内壁上，此时要用洗瓶(盛放蒸馏水)冲下去，以免引起误差。

4. 在酸碱滴定中指示剂用量一般为 1～2 滴，不可多用。这是因为加入指示剂量的多少会影响变色的敏锐程度，一般指示剂少些变色明显。此外，酸碱指示剂本身一般为有机弱酸或弱碱，多加会消耗滴定液引起误差。

六、硫代硫酸钠溶液的配制与标定

（一）实验目的

1. 掌握 $Na_2S_2O_3$ 溶液的配制和标定方法。
2. 掌握间接碘量法。

（二）实验原理

$Na_2S_2O_3 \cdot 5H_2O$ 不纯也不稳定，不符合基准物质的条件，所以不能用直接法配制标准溶液,并且 $Na_2S_2O_3$ 溶液易受空气和微生物等的作用而分解。

1. $Na_2S_2O_3$ 与 CO_2 会发生反应

pH 对 $Na_2S_2O_3$ 溶液稳定性影响较大,当 pH < 4.6 时,溶液中会含有 CO_2,反应方程式如下: $Na_2S_2O_3 + H_2O + CO_2 = NaHCO_3 + NaHSO_3 + S\downarrow$。该分解反应在溶液配成后的最初 10 天内较容易发生。分解后 $NaHSO_3$ 可以与碘发生反应,但反应比为 1∶2,即 1 分子 $NaHSO_3$ 可以消耗 2 个碘原子,但是 1 分子 $Na_2S_2O_3$ 只能消耗 1 个碘原子。当 pH 在 9~10 之间时 $Na_2S_2O_3$ 最稳定,为使 pH 在该区间,常用方法是加入少量 Na_2CO_3。此外空气中的氧气和微生物也会使 $Na_2S_2O_3$ 变质。并且微生物是其中一个主要原因,为减少微生物分解,我们在配制溶液时应用新煮沸冷却后的蒸馏水。日光也能促进 $Na_2S_2O_3$ 溶液的分解,所以 $Na_2S_2O_3$ 溶液应贮存于棕色试剂瓶中,放置于暗处。标定 $Na_2S_2O_3$ 溶液的基准物质可选择 $K_2Cr_2O_7$。

2. 反应原理

先取一定质量的 $K_2Cr_2O_7$ 与过量的 KI 反应,析出 I_2: $Cr_2O_7^{2-} + 6I^- + 14H^+ = 2Cr^{3+} + 3I_2\downarrow + 7H_2O$,再用 $Na_2S_2O_3$ 溶液滴定,最终反应物质的量之比为 1∶6,即 $n_{K_2Cr_2O_7}$∶$n_{Na_2S_2O_3} = 1∶6$。

(三) 仪器与试剂

1. 仪器

碱式滴定管、移液管(25 mL)、容量瓶(250 mL、500 mL)、烧杯(500 mL、100 mL 各 1 个)、量筒(10 mL、50 mL 各 1 个)、洗耳球、碘量瓶(250 mL)×3、玻璃棒、滴管、洗瓶、电子天平。

2. 试剂

$Na_2S_2O_3 \cdot 5H_2O$、KI、$K_2Cr_2O_7$、Na_2CO_3、3 mol·L^{-1} H_2SO_4、0.5% 淀粉溶液。

(四) 实验内容

1. 计算

以配制 500 mL 约 0.01 mol·L^{-1} 的 $Na_2S_2O_3$ 溶液为例:① 首先计算出所需 $Na_2S_2O_3 \cdot 5H_2O$ 的质量: $m_{Na_2S_2O_3 \cdot 5H_2O} = 248$ g·mol^{-1} × 0.5 L × 0.01 mol·L^{-1} = 1.24 g。② 使用差减称量法称取所需 $Na_2S_2O_3 \cdot 5H_2O$ 的量(称取的质量近似 1.24 g 即可),并记录准确数值。③ 向称取好的溶质中倒入适量的蒸馏水(煮沸并冷却的蒸馏水),随后加入少量(约 0.1 g)Na_2CO_3。④ 转移至 500 mL 的容量瓶并定容,然后贮藏在棕色细口瓶中,并置于暗处。

2. 标定

(1) 使用差减称量法精确称取已经干燥过的 $K_2Cr_2O_7$(约 12 g),加入已经煮沸并冷却的蒸馏水进行溶解,随后转移到 250 mL 容量瓶中,定容摇匀。

(2) 用 25 mL 移液管移取上述 $K_2Cr_2O_7$ 溶液 25.00 mL 3 份,分别置于碘量瓶中,每个碘量瓶加 2 g KI、5 mL 3 mol·L^{-1} H_2SO_4,摇匀并盖好塞子,置于暗处约 5 min。

(3) 取出碘量瓶,加约 50 mL 已煮沸并冷却的蒸馏水,摇匀,将之前配好的 $Na_2S_2O_3$ 溶液倒入碱式滴定管,然后用 $Na_2S_2O_3$ 溶液滴定到该溶液呈浅黄色,加 2 mL 淀粉溶液,接着继续滴入 $Na_2S_2O_3$ 溶液,直至蓝色刚刚消失,即为终点。

第三部分　化合物的分离、纯化与干燥

一、化合物的分离、纯化

（一）液固分离

实验室液体与固体的分离方法主要有三种：倾析法、过滤法和离心分离法。

1. 倾析法

若液体中的固体结晶颗粒较大或者密度较大，短时间静置后易沉降至容器底部，可用倾析法分离。用干净的玻璃棒引流，将上层清液慢慢地倾倒入另一个容器中。若需洗涤沉淀，向盛有沉淀的容器内加入少量洗涤溶剂，搅拌均匀，静置沉降后再倾析，如此重复操作 3 次以上，即可洗净沉淀。

2. 过滤法

过滤法是液固分离常用的方法之一，包括常压过滤、减压过滤、热过滤等。溶液和沉淀的混合物通过过滤器（如滤纸）时，沉淀（滤饼）留在过滤器上，分离得到的溶液称为滤液。

（1）常压过滤

滤纸折叠方法如图 3-1 所示，把一圆形滤纸对折两次成扇形，展开使之成锥形，适当改变所折滤纸的角度以确保滤纸边缘略低于漏斗边缘。用少量滤液润湿滤纸，再用玻璃棒轻压滤纸四周，赶走滤纸和漏斗壁间的气泡，使滤纸与漏斗壁紧密贴合。过滤时，将漏斗放在漏斗架上，保证漏斗尖端紧靠接收容器的内壁，先用玻璃棒引流溶液，后转移沉淀。如果沉淀需要洗涤，待溶液转移完毕后，再将少量洗涤液倒在沉淀上，用玻璃棒充分搅动，静置，待前一次洗涤液完全滤出后，再重复该洗涤操作 2～3 遍，最后把固体转移到表面皿中。

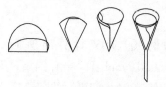

图 3-1　滤纸的折叠方法

常压过滤注意事项：

① 滤纸边缘要低于漏斗边缘，过滤过程中滤液的液面要低于滤纸的边缘。

② 折好的滤纸放在漏斗内，需用溶液润湿，保证其紧密贴在漏斗壁上，无气泡。

③ 待过滤的液体要通过玻璃棒引流，玻璃棒下端靠在三层滤纸一边，漏斗的颈部紧靠接收滤液的接收器内壁。

（2）减压过滤

减压过滤又称抽滤或者吸滤，是采用抽气泵（真空泵、隔膜泵或循环水真空泵）抽气产生压差而快速过滤的方法。减压过滤装置由布氏漏斗、抽滤瓶和抽气泵三部分组成（图 3-2）。减压过滤不宜用于过滤胶状沉淀和颗粒太细的沉淀。因为颗粒太细的沉淀易穿透滤纸，胶状沉淀在减压过程中会在滤纸上形成一层紧密结实的沉淀,使溶液不易透过,降低过滤速率。

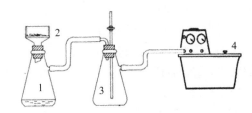

1—抽滤瓶;2—布氏漏斗;3—安全瓶;4—循环水真空泵

图 3-2　减压过滤装置图

减压过滤的操作过程:

① 取一张大小合适的滤纸,在布氏漏斗上轻压一下,然后沿压痕剪成圆形,剪好的滤纸应略小于漏斗底面,将漏斗的磁孔全部盖严。

② 用溶液润湿滤纸,然后把布氏漏斗安装在抽滤瓶上,打开抽气泵,关闭安全瓶活塞,抽气使滤纸紧贴在漏斗的瓷板上。

③ 使用倾析法将上层溶液沿玻璃棒倒入漏斗,然后打开抽气泵,布氏漏斗中滤液过滤完毕后再转移沉淀。最后,用少量溶剂将容器中的沉淀洗出,继续抽气。

④ 过滤完毕,先慢慢打开安全瓶的活塞,再关闭抽气泵。

⑤ 将少量溶剂均匀滴在滤饼上,使全部固体刚好被溶剂浸润,用玻璃棒轻轻翻动固体,等待 30~60 s,打开抽气泵,关闭安全瓶活塞,抽去溶剂,重复操作两次。

⑥ 将布氏漏斗取下,倒放在表面皿上,在漏斗的边缘轻轻敲打,使滤纸和沉淀分离。滤液从抽滤瓶的上口倒入干净的容器中,不可从侧面支管处倒出。

注意事项:

① 滤纸应将布氏漏斗所有小孔覆盖住,直径应略小于布氏漏斗底部。

② 布氏漏斗下端斜口正对着抽滤瓶支管,检查漏斗和抽滤瓶之间连接是否紧密、抽气泵连接口是否漏气。

③ 过滤过程中,倾入布氏漏斗中滤液体积不宜超过漏斗总体积的 3/4。

④ 过滤完成后,先打开安全瓶的活塞,再拔掉抽滤瓶接管,最后关闭抽气泵。

⑤ 滤饼从布氏漏斗上面移出,滤液从抽滤瓶上口倒出。

（3）热过滤

为了提纯化合物,可以对样品进行重结晶。重结晶过程中若用活性炭脱色,或者高温溶解后溶液中有难溶性固体颗粒存在,需要使用热滤漏斗进行过滤操作。过滤前,按照图 3-3 搭建实验装置,铜制的热滤漏斗内装有不超过漏斗总体积 3/4 的热水,玻璃漏斗经烘箱 80 ℃预热后使用,滤纸按照图 3-4 折叠,热滤漏斗的把手用酒精灯持续加热以维持热滤漏斗内热水的温度。

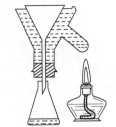

图 3-3　热过滤装置

热过滤用的菊花形滤纸的折叠方法如图 3-4 所示。即:滤纸(1)沿直径 1-1′对折得(2),再沿 0-2 对折得 4 等份的(3)〔注:此处所说的等份是指整个滤纸分成的等份数,后同〕;在(3)中,1′,1 表示 1′在 1

的上面,后同]。把 0-1′立起,与 0-1 垂直,得(4)。把 0-1′沿 0-2 轻轻压下,即把 0-2-1′的左右两面均分,得到带折痕 0-3、0-3′的(5)。把 0-3 的边沿 0-1′折向 0-3′(6),再把 0-3′折向 0-1 所在的平面下,再把 0-1 立起,即得(7)。把 0-1 的边轻轻压下,得到 8 等份的(8)。把 0-4′立起(9),把 0-4′压下,得新增折痕 0-5、0-5′的(10)。把 0-5 折向 0-5′(11),0-3 折向 0-3′(12),再把 0-3′立起(13),轻轻压下,得到新增折痕 0-6、0-6′的(14),重复(11)至(14)的动作,直至得到 16 等份的(15)。重复(8)以后操作得到 32 等份的(16),打开(16)就得到了菊花形滤纸(17)。

折叠的要点是:把大的部分放到中间压下[(4)、(7)、(9)],压下后,把左边的新折边折向右边[(6)、(11)],把右边底下的一边折向左边(12),立起左边上面的边,再压下,直至折叠完成。

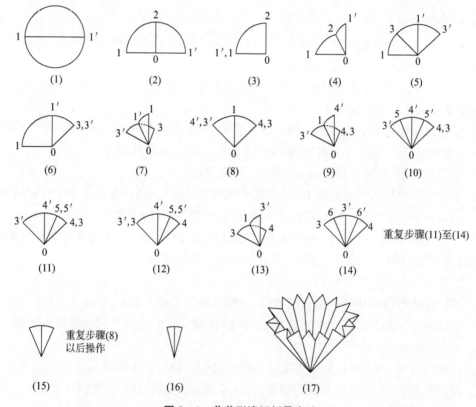

图 3-4　菊花形滤纸折叠方法

过滤操作时,用烘箱 80 ℃ 预热后的玻璃棒引流,接收滤液的容器内壁不要紧贴漏斗颈,以免滤液迅速冷却析出的晶体堵塞漏斗下口。热过滤的操作要领是准备充分、动作迅速。

（4）离心法

当体系中出现胶体沉淀、颗粒太细的沉淀,或者沉淀量很少时,我们可以采用离心法进行沉淀分离,该操作简单迅速。实验室常用的电动离心机如图 3-5 所示。

使用前,将装待分离样品的离心管放在离心机的套管中,要保证同等质量的离心管放在对称位置上。若只有一只样品管,则对称位置上用装等质量水的离心管代替。启动离心机

图 3-5　电动离心机

时,应先盖上离心机顶盖,开机,设置操作参数,再启动离心机。待机器完全停止运转后,方可取出离心管进行分离。

离心后的沉淀聚集在离心管的底端或者管壁上,上方的溶液通常是清澈的,可用滴管小心地取出上方清液。若需要洗涤沉淀,可以加入少量的洗涤液,盖上离心管的塞子,充分摇晃,再进行离心,如此反复操作3次即可。

(二) 液液分离

1. 常压蒸馏

蒸馏是分离液体、纯化液体的常用操作,常压的蒸馏装置如图3-6所示,主要由汽化装置、冷凝装置和接收装置三部分组成。汽化装置的加热设备可以用酒精灯、电炉、油浴锅、电热套等。若蒸气的温度高于140 ℃,用空气冷凝管;蒸气温度低于140 ℃,用直形冷凝管。接收装置可以用圆形烧瓶、锥形瓶、梨形瓶,不可用烧杯等广口器皿。

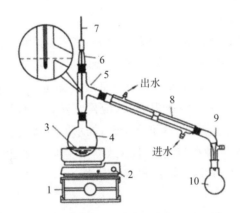

1—升降台;2—电磁搅拌器;3—加热浴;4—蒸馏瓶;5—蒸馏头;
6—温度计套管;7—温度计;8—冷凝管;9—接引管;10—接收瓶

图3-6　蒸馏装置

常压蒸馏操作方法及注意事项:

(1) 按照从左到右、从下到上的顺序搭建如图3-6所示的仪器装置。保证温度计的水银球上端与蒸馏头侧管的下限在同一水平线上。冷凝水从下口流进,上口流出,上端出口应朝上,整个装置不能密封。

(2) 加入待分离的液体,其体积一般是蒸馏瓶体积的1/2～2/3,再加入几粒沸石或加入磁子,以防液体暴沸。

(3) 先通冷凝水,再调节加热速度,控制蒸馏速度(以每秒1～2滴为宜)。

(4) 收集馏分时,接引管应保持与大气畅通。温度未达到物质沸点范围,滴入接收瓶的是沸点较低的前馏分,当温度上升至物质沸点范围且恒定时,更换接收瓶收集产物,当温度超过沸点范围时,停止接收。

(5) 拆装置的顺序与安装顺序相反。

2. 水蒸气蒸馏

用水蒸气蒸馏时,被提纯的物质应具备以下条件:不溶或难溶于水,与水沸腾时不发生化学反应,在100 ℃左右时有一定的蒸气压。水蒸气蒸馏装置(图3-7)由水蒸气发生器和简单蒸馏装置共同组成。

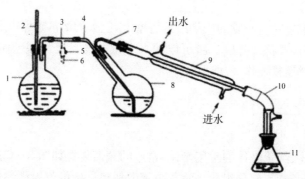

1—水蒸气发生器;2—安全管;3—三通玻璃管;4—水蒸气导入管;5—螺旋夹;6—短乳胶管;
7—水蒸气蒸馏馏出液导出管;8—长颈圆底烧瓶;9—直形冷凝管;10—真空接收管;11—锥形瓶

图3-7 水蒸气蒸馏装置

水蒸气蒸馏操作注意事项:

(1)水蒸气发生器中加入液体的总体积≤2/3蒸馏瓶体积。装置接口要紧密,以防漏气;连接的软管要尽量短和保持水平,以防蒸气冷凝成水,影响蒸馏效率。

(2)安全管放在液面以下,在蒸馏过程中时刻观察安全管中的水位变化。若水位迅速升高,说明某个部位阻塞导致体系内压力太大,应停止蒸馏,排除安全隐患后再重新开始。若蒸馏瓶中水即将蒸干,应停止蒸馏,取下安全管,加水后重新蒸馏。

(3)调节好加热强度和冷凝水的流速,保证蒸气在直形冷凝管中完全冷却下来。

(4)结束蒸馏操作时,先打开螺旋夹,再移开热源。

3. 减压蒸馏

有些液体有机化合物沸点高或受热易分解、变质,为了在浓缩过程中不改变这些物质化学性质,实验室常常采用减压蒸馏操作。在减压过程中,物质的沸点与压强直接相关,选择加热的温度可以参考图3-8。例如,某化合物在760 mmHg的压强下沸点是200.0 ℃(B

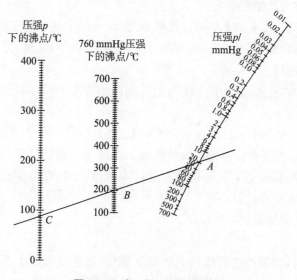

图3-8 常、减压温度换算图

点),若在减压条件下的压强为 20.0 mmHg(A 点),在常、减压换算图中,将 A、B 两点用直线相连接,延长至 C 点,这时候的 C 点所对应的温度就是 20.0 mmHg 压强下该物质的沸点。

实验室中,通常采用旋转蒸发仪完成减压蒸馏操作。旋转蒸发仪(图 3-9)使用循环水真空泵使蒸发烧瓶内处于负压状态,连续大量蒸馏易挥发性溶剂。尤其适用于对萃取液进行浓缩和色谱分离时对接收液进行蒸馏。

图 3-9　旋转蒸发仪

使用过程及注意事项:

(1) 在开始减压蒸馏之前,应先调整好水浴锅的位置,使茄形瓶能恰当被均匀加热,然后将样品装入茄形瓶中(样品总体积不能超过茄形瓶体积的 3/4),将茄形瓶与旋转蒸发仪端口连接好。

(2) 先开启旋转按钮,检查一下旋转是否灵活,还需看茄形瓶中样品的液面是否在水浴锅的水液面下,这样才能保证减压蒸馏效率。

(3) 关闭通气阀门,开启水泵,进行减压蒸馏。减压过程中要调整好水浴锅内水的温度,使其与所蒸馏的样品的沸点相适应。

(4) 在减压蒸馏接近结束时,应先打开通气阀门,使旋转蒸发仪内外气压一致,然后关闭旋转开关,取下茄形瓶。

4. 萃取

萃取又称溶剂萃取,是利用物质在溶剂中溶解度或分配系数的不同,使溶质从一种溶剂内转移到另外一种溶剂中的方法。萃取操作经常用在化学实验中。该操作是物理过程,在萃取过程中不会造成被萃取物质化学成分的改变。萃取剂的选择遵照相似相容原理,图 3-10 是不同溶剂的互溶表。萃取包括液液萃取、固液萃取。实验室常用的液液萃取是用分液漏斗来进行的,萃取选用的分液漏斗应使加入液体的总体积不超过其容积的 3/4。

理想的萃取溶剂选择应遵循以下规则:

(1) 不与原溶剂混溶,不形成乳浊液。

(2) 不与溶质或原溶剂发生化学反应。

(3) 对溶质的溶解度尽可能大。

(4) 沸点较低,易于回收利用。

(5) 无毒或毒性很低,价廉易得。

分液漏斗的操作注意事项:

(1) 检漏:在分液漏斗中加入少量的水,观察旋塞的两端以及漏斗的下口处是否漏水,再将漏斗倒转过来,检查玻璃塞是否漏水,确认不漏水才能使用。若分液漏斗漏水,取下旋塞,用吸水纸吸干水,涂上一层薄薄的凡士林,向同一方向旋转使其均匀分布。

(2) 将待分离溶液和萃取溶剂依次自上口倒入分液漏斗中,玻璃塞上若有侧槽,必须将其与漏斗上端颈部上的小孔错开。

(3) 振摇分液漏斗时,要保持其倾斜一定角度,使其下口略向上。右手握住分液漏斗的上口颈部,右手掌压紧玻璃塞,防止其脱落。左手握住旋塞,大拇指和食指按住旋塞柄,中指

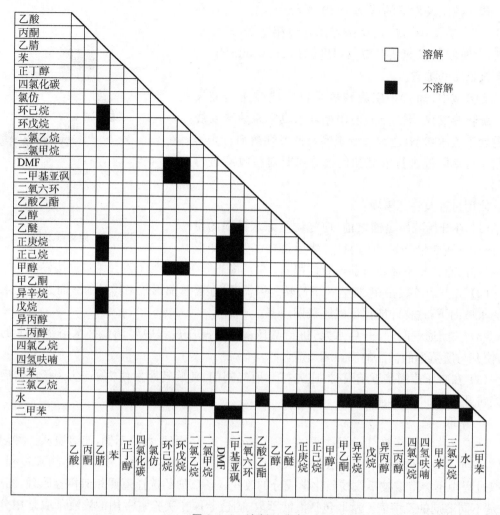

图 3-10 溶剂互溶表

点在塞座下,慢慢振摇(图 3-11 右图)。振摇几次后,保持分液漏斗下口向上倾斜,缓慢打开旋塞放气,漏斗下口不要对着自己和他人。

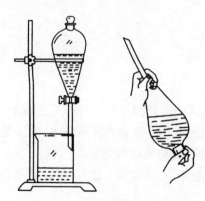

图 3-11 萃取装置图和振摇时操作手势

(4)振摇完毕,将分液漏斗如图 3-11 左图所示放置,静置分层。

(5)待两相液体分层界面清晰时,将分液漏斗的玻璃塞移开或旋转带侧槽的玻璃塞,使漏斗中的气体与大气相通。开启旋塞,将下层液体放出至适当的容器中。将上层液体从上端口倒出,收集在容器中。

(6)若一次萃取不能满足分离要求,可采用多次萃取的方法。根据溶质分配定律和经济原则,萃取操作一般进行 3~5 次为宜。萃取完成后合并萃取液,加入合适的干燥剂干燥,然后除去干燥剂,蒸去溶剂,即得到目标化合物。

（三）固固分离

重结晶方法利用固体混合物中各组分在某种溶剂中溶解度的不同而使其相互分离,是提纯固体物质常用的重要方法之一,适用于溶解度随温度变化有显著变化的化合物。进行重结晶的流程是先选择合适的重结晶溶剂,再将不纯固体物质溶解于适当的热的溶剂中制成接近饱和的溶液,脱色,趁热过滤,冷却滤液,使晶体自过饱和溶液中析出,过滤,洗涤,干燥,如纯度仍不符合要求可再次进行重结晶,直至符合要求为止。

1. 选择合适的重结晶溶剂

在试管中加入 0.1 g 研细的待重结晶物质,加入 1.0 mL 溶剂,振荡,观察溶质溶解情况。如冷时或者温热时能完全溶解,则溶剂的溶解度太大,不能使用。若室温下不溶,加热至沸腾且逐步加大溶剂量至 4.0 mL,仍不溶,则表明该溶剂溶解度太小,也不能使用。若 0.1 g 研细的待重结晶物质可以溶解在 1~4.0 mL 的沸腾溶剂中,冷却时能析出相当多的结晶,则此溶剂可以使用。

某些化合物在许多溶剂中溶解度不是太大就是太小,若找不到一种合适的溶剂,可考虑使用混合溶剂。样品易溶于其中一种溶剂,难溶于另一种溶剂,使用混合溶剂体系往往能得到较理想的结果。能制成混合溶剂的两种溶剂必须能混溶,如乙醇-水、丙酮-水、乙酸-水、二氯甲烷-甲醇、乙酸乙酯-石油醚等溶剂体系。

使用混合溶剂时,应先将待纯化样品溶于沸腾的易溶溶剂中,热过滤除去不溶性杂质后,再趁热慢慢加入难溶溶剂至溶液混浊,然后再加热使之变澄清,若不澄清,可再加入少量的易溶溶剂,使其刚好澄清,再将此热溶液放置冷却,等待结晶析出。

选择溶剂时一般遵循以下几个原则:

（1）不与被提纯物质发生化学反应。

（2）尽可能选择无毒或毒性很小的溶剂,以便于操作。

（3）在温度较高时能溶解较多的被提纯物质,而在室温或更低温度时只能溶解很少量的被提纯物质。

（4）溶剂的沸点不宜太低,也不宜过高。溶剂沸点过低时,制成热溶液和冷却结晶两步操作温差小,待提纯物溶解度改变不大,影响回收率。溶剂沸点过高时,附着于晶体表面的溶剂不易除去。

（5）能形成较好的结晶晶型。

（6）在几种溶剂都适用时,则应根据结晶的回收率、操作的难易程度、溶剂的毒性大小及是否易燃、价格高低等择优选用。

2. 热饱和溶液的制备与脱色

将待重结晶的物质装入圆底烧瓶中,加入搅拌磁子,加入比计算量略少的溶剂,加热回流,逐渐滴加溶剂至固体物完全消失后,再加入 20% 左右的过量溶剂。不纯的化合物常常含有有色杂质,可以向溶液中加入活性炭吸附这些杂质。操作方法:待沸腾的溶液稍冷后,一般加入待纯化样品质量 1%~5% 的活性炭,并持续搅拌 5~10 min 即可。

3. 热过滤

采用热水漏斗快速过滤,去除不溶性杂质和活性炭。

4. 滤液的冷却与析晶

将上述热的滤液在室温下自然降温至有固体出现。如没有固体析出,可以尝试以下的几种操作方式:① 静置在 0~5 ℃的冰箱中,② 加入磁子慢慢搅拌,③ 加入晶种,④ 用玻璃棒在液面附近的玻壁上稍用力摩擦。

5. 晶体的收集和洗涤

可以采用倾析法或过滤法。

6. 晶体的干燥

干燥晶体时,如果使用的溶剂沸点比较低,可在室温下使溶剂自然挥发达到干燥的目的。当使用的溶剂沸点比较高而产品又不易分解和升华时,可用烘箱烘干。但最后用乙醇、乙醚等易燃溶剂洗涤过的物质不能在烘箱中烘烤,以免爆炸。

二、化合物的干燥

干燥是除去固体、液体或者气体中水分的方法,是实验室最普遍、最常用的操作之一。物质的干燥可以采用自然晾干、烘干、真空干燥、分馏、共沸蒸馏等物理方法将水分带走。化学干燥方法是用干燥剂来脱水。干燥剂按其脱水作用可分为两类:第一类能与水可逆地结合生成水合物,如氯化钙、硫酸镁、硫酸钠等;第二类与水反应后生成新的化合物,如金属钠、五氧化二磷等。实验室应用较广的是第一类干燥剂。

(一) 液体干燥

液体的干燥方法通常有分馏、共沸蒸馏、干燥剂干燥等。

1. 利用分馏或共沸蒸馏除水

分馏即利用化合物的沸点不同,借助分馏柱使汽化、冷凝的过程多次进行,达到分离提纯的目的。当混合物蒸气进入分馏柱时,高沸点的组分容易冷凝变为液体,低沸点的蒸气进一步上升,继续上升的蒸气中所含的低沸点组分也相对增多。冷凝液在下降的过程中,遇到上升的蒸气,二者进行热交换,使冷凝液中低沸点的组分再次受热气化,低沸点的组分以气态上升,高沸点的组分仍是液态回流状态。通过这样连续多次的汽化和冷凝,可使沸点相近的互溶液体混合物分离并得到纯化。

共沸物是指两组分或多组分的液体混合物,在恒定压强下沸腾时,其组分与沸点均保持不变。共沸物是组分恒定的混合物,不可能通过常规的蒸馏或分馏手段加以分离。并非所有的二元液体混合物都可形成共沸物。任一共沸物都是针对某一特定外压而言的,在不同条件下,其共沸组分和沸点都将有所不同。常见的一些溶剂与水形成的二元共沸物详见表 3-1。

表 3-1　一些溶剂与水形成的二元共沸物(水沸点为 100 ℃)

溶剂	沸点/℃	共沸点/℃	含水量/%	溶剂	沸点/℃	共沸点/℃	含水量/%
氯仿	61.2	56.1	2.5	甲苯	110.5	85.0	20
四氯化碳	77.0	66.0	4.0	正丙醇	97.2	87.7	28.8

续表

溶剂	沸点/℃	共沸点/℃	含水量/%	溶剂	沸点/℃	共沸点/℃	含水量/%
苯	80.4	69.2	8.8	异丁醇	108.4	89.9	88.2
丙烯腈	78.0	70.0	13.0	二甲苯	137～140	92.0	37.5
二氯乙烷	83.7	72.0	19.5	正丁醇	117.7	92.2	37.5
乙腈	82.0	76.0	16.0	吡啶	115.5	94.0	42
乙醇	78.3	78.1	4.4	异戊醇	131.0	95.1	49.6
乙酸乙酯	77.1	70.4	8.0	正戊醇	138.3	95.4	44.7
异丙醇	82.4	80.4	12.1	氯乙醇	129.0	97.8	59.0
乙醚	35	34	1.0	二硫化碳	46	44	2.0
甲酸	101	107	26				

2. 使用干燥剂除水

常用干燥剂的种类很多,选用时必须注意下列几点:① 干燥剂与待干燥的有机物应不发生任何化学反应,对有机物亦无催化作用;② 干燥剂应不溶于有机液体;③ 干燥剂应干燥速度快,吸水量大,价格便宜。常用干燥剂的性能和应用范围详见表3-2。

表3-2　常用干燥剂的性能和应用范围

干燥剂	吸水作用	吸水容量	干燥效能	干燥速度	应用范围
氯化钙	形成 $CaCl_2 \cdot nH_2O$ ($n=1,2,4,6$)	0.97 (以 $CaCl_2 \cdot 6H_2O$ 计)	中等	较快,但吸水后表面为薄层液体所盖,故放置时间要长些	能与醇、酚、酰胺及某些醛、酮形成络合物。工业品中可能含氢氧化钙,故不能用来干燥酸类
硫酸镁	形成 $MgSO_4 \cdot nH_2O$ ($n=1,2,4,5,6,7$)	1.05 (以 $MgSO_4 \cdot 7H_2O$ 计)	较弱	较快	中性,应用范围广,可代替 $CaCl_2$,并可用于干燥酯、醛、酮、腈、酰胺等不能用 $CaCl_2$ 干燥的化合物
硫酸钠	$Na_2SO_4 \cdot 10H_2O$	1.25	弱	缓慢	中性,一般用于有机液体的初步干燥
硫酸钙	$2CaSO_4 \cdot H_2O$	0.06	强	快	中性,常与硫酸镁(钠)配合,作最后干燥之用
碳酸钾	$K_2CO_3 \cdot 1/2H_2O$	0.2	较弱	慢	弱碱性,用于干燥醇、酯、酮、胺及杂环等碱性化合物,不能用于干燥酸、酚及其他酸性化合物
氢氧化钾(钠)	溶于水	—	中等	快	强碱性,用于干燥胺、杂环等碱性化合物,不能用于干燥醇、酯、醛、酮、酸、酚等
金属钠	$Na + H_2O \Longrightarrow NaOH + 1/2H_2\uparrow$	—	强	快	限于干燥醚、烃类中痕量水分。用时切成小块或压成钠丝使用

续表

干燥剂	吸水作用	吸水容量	干燥效能	干燥速度	应用范围
氧化钙	$CaO + H_2O \longrightarrow Ca(OH)_2$	—	强	较快	适于干燥醇类和醚类
氢化钙	$CaH_2 + 2H_2O \longrightarrow Ca(OH)_2 + 2H_2 \uparrow$	—	强	较快	适于烃、醚、胺、酯、C_4 和更高级的醇,不适用于干燥醛和活泼羰基化合物
五氧化二磷	$P_2O_5 + 3H_2O \longrightarrow 2H_3PO_4$	—	强	快,但吸水后表面为黏浆覆盖,操作不便	适于干燥醚、烃、卤代烃、腈等中的痕量水分。不适用于干燥醇、酸、胺、酮等
分子筛	物理吸附	约 0.25	强	快	适用于各类有机化合物的干燥

干燥剂的用量可根据干燥剂的吸水容量和水在液体中的溶解度来估算。由于在萃取或水洗时,难以把水完全分净,因此一般情况下,干燥剂的实际用量都大于理论值。另外,对于极性物质和含亲水性基团的液体化合物,干燥剂需过量一些。但干燥剂的用量不宜过多,因干燥剂表面会吸附部分产品,干燥剂用量过多会造成产品损失。

液态有机化合物使用干燥剂干燥的常规操作:在干燥前,被干燥液体中不能有任何肉眼可见的水层。在干燥的锥形瓶中,把选定的干燥剂投入液体里,塞紧塞子,振荡片刻,静置观察。如果水分太多,或干燥剂用量太少,干燥剂会黏附在瓶壁或结成块状,应补加干燥剂。放置至少 0.5 h 后,再次振摇溶液,使干燥剂与溶液中的水充分接触反应,达到干燥目的。

(二) 固体干燥

固体物质的干燥,主要是除去结晶(或沉淀)收集过程中残留在固体上的少量低沸点溶剂,如水、乙醇、乙醚、丙酮和苯等。若某些固体物质有非常高的蒸气压,受热时不经过液态而直接汽化,蒸气遇冷后直接冷凝成固体的过程叫凝华,该操作常常用来除去不挥发性杂质。除此之外,固体干燥方法通常有如下几种:

1. 自然晾干

自然晾干是最简便的干燥方法,把待干燥的化合物在滤纸或表面皿上铺成薄层,再用另一张滤纸覆盖避免落灰,直到干燥为止。适用于热稳定性较差且不吸潮的固体物质,或吸附有易燃的挥发性溶剂的结晶。

2. 烘箱烘干

烘箱用于干燥无腐蚀性、不挥发、热稳定性较好、不易升华、熔点较高的化合物。加热时应控制好加热温度,以防样品变黄、熔化甚至分解、炭化。烘干时应经常翻动,以防结块。

3. 真空干燥箱干燥

真空干燥箱尤其适用于热敏性、易分解和易氧化物质的干燥。真空干燥箱即普通烘箱连接一套抽真空设备。

4. 干燥器干燥

易吸湿、易分解或易升华的固体不能加热干燥,可在干燥器内干燥,但干燥效率不高,需要较长时间。干燥时把干燥剂放在多孔瓷板的下面,上面盛放待干燥药品的器皿。

（三）气体干燥

干燥潮湿气体时要根据干燥剂和气体的性质选择干燥剂，其基本原则是干燥剂只吸收气体中的水分，不吸收被干燥的气体，具体表现在：

中性干燥剂，如无水氯化钙、无水硫酸铜等，可以干燥中性、酸性、碱性气体，如 O_2、H_2、CH_4 等。

酸性干燥剂，如浓硫酸、五氧化二磷、硅胶等，能够干燥酸性或中性的气体，如 CO_2、SO_2、HCl、H_2、Cl_2、O_2、CH_4 等。

碱性干燥剂，如生石灰、碱石灰、固体 $NaOH$ 等，可以用来干燥碱性或中性的气体，如 NH_3、H_2、O_2、CH_4 等。

（四）冷冻干燥

对于一些不宜用上述方法干燥的样品，常用冷冻干燥法来去除水分。此干燥法需要用到冷冻干燥机，实验室冻干机（图3-12)适用于少量样品冻干实验，可应用于细菌、病毒、血浆、血清、抗体、疫苗以及药品、微生物、酵母、生物研究用植物提取物等的干燥。冻干机冻干是将含水的物质先冻结成固态，而后使其中的水分从固态直接升华变成气态排出，以除去水分而保存物质的方法。

图 3-12　冻干机

冻干机的使用方法及注意事项：

1. 将待冻干的样品先在冷冻设备中冻成固态，同时应预先用封口膜或保鲜膜封好瓶口，并在封口膜或保鲜膜上扎好小孔。

2. 检查电源、真空泵等，合格后，打开电源总开关，按制冷键，仪器使用前制冷 0.5 h。

3. 将待冻干的样品放在冻干架上，扣上有机玻璃盖，检查密封是否良好，关上充气阀，密封仪器。

4. 按"真空计"键，真空度显示；再按"真空泵"键，真空泵工作。

5. 冻干后，先缓慢拧开充气阀，使空气缓慢进入，然后关闭真空泵，防止真空泵回油。最后关闭真空计、制冷按钮和主电源，取下有机玻璃盖，取出样品保存。

6. 干燥结束后要将冻干机冷阱内的冰块清理掉，方便下次使用。

第四部分　实验室小型仪器的使用

一、电子分析天平

（一）原理

电子天平的称量盘放在电磁铁上。在称量盘上放上试样，试样质量和重力加速度的作用使得称量盘向下运动。天平检测到这个运动并通过电磁铁产生一个与此力相对抗的作用力，此作用力与试样的质量成比例，因此可称得试样的质量。

（二）操作程序

1. 调整天平水平（水泡位于圆圈内）。观察水泡是否处在中央，如果是，表示天平处在平衡的位置，若位置偏移，则需调节左右水平支脚，使水泡位于水平仪中央。

2. 预热。天平在初次接通电源或长时间断电之后，至少需要预热 30 min。

3. 开机。开机前先检查天平框罩内外是否清洁，天平盘上是否有撒落的药品粉末。若天平较脏，应先用毛刷清扫干净，然后单击"⏻"，天平自动实现自检。

4. 校正。首次使用天平必须进行校正，长按"Tare"键，显示不带单位的砝码值"＋100.000 0"，放置所显示重量的砝码，显示带单位的砝码值"＋100.000 0 g"，取下砝码，显示"0.000 0 g"。

5. 称量。轻按天平面板上的"Tare"键，除皮清零，电子显示屏上出现闪动的"0.000 0"，待数字稳定后，可以进行称量。打开天平侧门，将称量物置于天平盘上（化学试剂应放置在已称量的、光洁的称量纸上或洁净的表面皿、烧杯等玻璃容器中）。关闭天平侧门，待电子显示屏上数字稳定下来，读取数字，即为样品的质量。

6. 关机。称量完毕后，取出称取物，单击"⏻"关机，用毛刷清扫天平，关好天平侧门，拔下电源插头，盖上防尘罩。

（三）注意事项

1. 天平箱内应保持清洁，定期放置和更换吸湿变色硅胶，以保持干燥。

2. 注意天平的量程，不能超载。

3. 称量前要预热 30 min。如一天中多次使用，最好整天接上电源，这样能使天平的内部系统保持一个恒定的操作温度，有利于维持称量准确度。

4. 称量时，称量物应放在天平盘的中央。

二、离心机

(一) 使用方法

1. 设定使用温度后,先把转子放入离心舱中,注意转子要卡好轴心,关上舱门。

2. 把样本装入适当的离心管,盖上离心管盖子并旋紧。注意离心管只装七成满。大部分离心管都附有盖子,注意离心管的盖子也要一起平衡。落单的离心管要用另一只装有清水的离心管平衡。

3. 把平衡好的离心管对称地放入转子中,盖上转子的盖子,注意是否旋紧。

4. 关上离心机舱门,在仪表板上调好所要的转速与时间。

5. 确定所有步骤无误后,按"start"键开动,离心机渐渐加速,此时要密切监控。开始加速的时候最危险,若发现声音不对,或产生大振动,应立刻按"stop"键。

6. 等到离心机达到所要的转速后,确定一切正常才可离去。

7. 完成离心时,要等转子完全静止后才能打开舱门;尽快取出离心管,先观察离心管是否完好以及沉淀的位置,尽快把上清液倒出,小心不要把管内液体弄混浊。若离心管漏液,要找出原因,并且立刻清理转子及离心舱。

8. 在两次离心之间的空档,不需取出转子,但要盖上舱门,勿让热空气流入离心舱。

9. 全部使用完毕后,取出转子清理,可以用自来水冲洗,并且将其倒放晾干。

(二) 注意事项

1. 离心机应水平放置,距墙 10 cm 以上,并保持良好的通风环境。将离心机安全平稳地放置于水平面上。

2. 使用时如发现声音不正常,应立即停机。电动离心机如有噪声或机身振动时,应立即切断电源,即时排除故障。

3. 离心管必须对称放入套管中,防止机身振动,若只有一支样品管,另外一支要装入等质量的水代替。

4. 启动离心机时,盖上离心机舱门后方可慢慢启动。分离结束后,先关闭离心机,离心机停止转动后方可打开离心机舱门取出样品,不可用外力强制其停止运动。

5. 离心时间一般为 1~2 min,在此期间,实验者必须在实验室内。

三、干燥箱

(一) 干燥箱使用方法

1. 该箱应放在室内较稳固的水平台上,以方便操作。

2. 接上电源后,即可开启加热开关,再将控制仪表的按键设置为所需要的温度即可。指示灯亮,同时可开启鼓风机开关,使鼓风机工作。

3. 待一切准备就绪,可放入试样,关上箱门,同时旋开顶部的排气阀,可开始正常干燥工作。

（二）注意事项

1. 不可随意卸下侧门,扰乱或改变线路。当该箱发生故障时可卸下侧门,按线路逐一检查。如有重大故障,可与厂家联系。

2. 切勿将易燃、易挥发物质放入干燥箱内,以免发生爆炸。

3. 每台干燥箱附有试样搁板两块。每块搁板平均载质量为 15 kg,放置试样时切勿过密与超载,以免影响热空气对流。同时在工作室底部散热板上不能放置试样,以防过热而损坏试样。

四、PHS－25 型数显 pH 计

（一）原理

PHS－25 型 pH 计是一种精密 pH 计,具有自动识别标准缓冲溶液的功能,能识别 pH 为 4.00、6.86、9.18 的三种标准缓冲溶液。此外该仪器还有电极状态识别功能。该仪器采用单片机控制,液晶带背光显示,可同时显示 pH、温度值或电位(mV)、电极状态。该仪器配上 ORP 电极可测量溶液 ORP(氧化-还原电位),配上离子选择性电极可测出该电极的电极电位值,操作方便。

（二）仪器使用参数

1. 正常使用条件

① 环境温度:5～40 ℃

② 相对湿度:≤85%

③ 供电电源:直流电源(DC) 9 V/500 mA

④ 周围环境要求:无显著振动,除地磁场外无其他磁场干扰

2. 仪器级别:0.1 级

3. 测量范围:0.00～14.00(pH);0～±1 400 mV

4. 最小显示单位:0.01(pH)、1 mV、0.1 ℃

5. 温度补偿范围:0.0～60.0 ℃

6. 电子单元基本误差:±0.05(pH);±1% FS(电位)

7. 仪器的基本误差:±0.1(pH)

8. 电子单元输入电流:≤1×10^{-11} A

9. 电子单元输入阻抗:≥3×10^{11} Ω

10. 温度补偿器误差:±0.05(pH)

11. 电子单元重复性误差:0.05(pH);5 mV

12. 仪器重复性误差:≤0.05(pH)

13. 电子单元稳定性:±0.05(pH)/ 3 h

14. 外形尺寸:220 mm×160 mm×65 mm

仪器结构(如图 4-1):

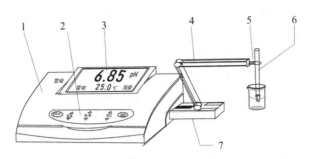

1—机箱;2—键盘;3—显示屏;4—电极梗;5—电极夹;6—电极;7—电极梗固定座

a. pH 计正面示意图

8—测量电极插座;9—参比电极接口;10—电源

b. pH 计背面示意图

图 4-1 数显 pH 计

按键说明(表 4-1):

表 4-1 数显 pH 计按键说明

按键	功能
pH/mV	"pH/mV"转换键。按此键进行 pH、电位测量模式的转换
温度	"温度"键。按此键后可由"△""▽"键调节温度值
标定	"标定"键。按此键仪器进入定位、斜率标定程序
△	"△"键。在温度调节、手动标定时按此键数值上升
▽	"▽"键。在温度调节、手动标定时按此键数值下降
确定	"确定"键。按此键为确认上一步操作并返回 pH 测试状态或下一种工作状态。此键的另外一种功能是如果仪器因操作不当出现不正常现象时,可按住此键,然后将电源开关打开,使仪器恢复初始状态
OFF/ON	仪器电源的开关

(三) 标定(适用于 pH 为 4.00、6.86、9.18 的标准缓冲溶液)

仪器使用前首先要标定。一般情况下仪器在连续使用时,每天要标定一次。本仪器采用两点标定,标定缓冲溶液一般第一次用 pH=6.86 的缓冲溶液,第二次用接近被测溶液 pH 的缓冲溶液,如:被测溶液为酸性时,应选 pH=4.00 的缓冲溶液;被测溶液为碱性时则选 pH=9.18 的缓冲溶液。在标定与测量过程中,每更换一次溶液,必须对电极进行清洗(后文的操作说明中不再复述),以保证精度。

1. 按要求连接电源、电极,打开电源开关,仪器进入 pH 测量状态。

2. 按"温度"键,使仪器进入溶液温度调节状态(此时温度单位指示灯闪亮),按"△"键或"▽"键调节温度显示值上升或下降,使温度显示值和溶液温度一致,然后按"确定"键,仪器确认溶液温度值后回到 pH 测量状态。

3. 把电极插入 pH=6.86 的标准缓冲溶液中,按"标定"键,此时显示实测的电位(mV),待读数稳定后按"确定"键(此时显示实测的电位对应的该温度下标准缓冲溶液的标准值),然后再按"确定"键,仪器转入斜率标定状态。

4. 在斜率标定状态下,把电极插入 pH=4.00(或 pH=9.18)的标准缓冲溶液中,此时显示实测的电位,待读数稳定后按"确定"键,此时显示实测的电位对应的该温度下标准缓冲溶液的标准值,然后再按"确定"键,仪器自动进入 pH 测量状态。

5. 如果用户误使用同一标准缓冲溶液进行定位、斜率标定,在斜率标定过程中按"确定"键时,液晶显示器下方"斜率"显示会连续闪烁三次。通知用户斜率标定错误,仪器保持上次标定结果。

6. 如果在标定过程中操作失误或按键按错而使仪器测量不正常,或误按"标定"键或"温度"键,可关闭电源,然后按住"确定"键后再开启电源,使仪器恢复初始状态,然后重新标定。

(四) 样品 pH 的测量

经标定过的仪器,即可用来测量被测溶液的 pH。测量时为保证精度,应使电极头球泡全部浸入溶液,电极离容器 1~2 cm,溶液保持匀速流动且无气泡。当读数稳定后就可以读取数据。如果被测信号超出仪器的测量(显示)范围,或测量端开路时,显示屏显示 1 - - - mV,作超载报警。

(五) 测量电位(mV)

1. 测量电位时,也应使电极头球泡完全部浸入溶液,电极离容器 1~2 cm,溶液保持匀速流动且无气泡。并且将仪器调整为电位测量状态,当读数稳定之后就可以读取数据。在测量电位时,仪器的温度补偿功能不起作用,仪器只显示该溶液当时温度下的氧化-还原电位。

2. 如果选用非复合型的测量电极(包括 pH 电极、金属电极等),则必须使用电极转换器(仪器选购件),将电极转换器的插头插入仪器测量电极插座(图 4-1b8)处,电极插头插入转换器测量电极插座处,参比电极接入参比电极接口处。

(六) 仪器维护

1. 测量电极插座必须保持干燥清洁。仪器不用时,将 Q9 短路插头插入插座,防止灰尘及水汽浸入。

2. 电极转换器(选购件)专为配合其他电极的使用,平时应注意防潮防尘。

3. 测量时,电极的引入导线应保持静止,否则会引起测量不稳定。

4. 仪器所使用的电源应接地良好。

5. 仪器采用 MOS 集成电路,因此在检修时应保证电烙铁接地良好。

6. 用缓冲溶液标定仪器时,要保证缓冲溶液的可靠性,不能配错缓冲溶液,否则将导致测量结果产生误差。

五、SZCL‑2A 系列恒温加热磁力搅拌器

SZCL‑2A 系列恒温加热磁力搅拌器具有不锈钢的活电热套加热搅拌功能,用户可以根据需要进行多种配置组合,如一机配置多种电热套,以满足对不同容量烧瓶的加热搅拌需求;采用独特的三点定位设计,可以快速置换电热套;还可以进行大容量搅拌。

(一) 使用步骤

1. 对温度要求不高时,可使用内置传感器,使用方法:将外置传感器拔掉后,将内置转换器插入传感器插座内即可。

2. 对温度要求较高时,将外置传感器插头插入传感器座内,然后将探杆头插入溶液中,检查各部分连接无误后,插上电源。

3. 接通电源后,打开开关,上排显示 K：2,设定窗显示"400",表示最高控制温度为400 ℃,3 s 后显示窗显示实际温度和设定温度。

4. 按设定键"SET":上排显示"SU",下排显示设定值,再按移位键或加、减键对温度进行重新设定。

5. 如需搅拌,可将搅拌正反转开关打开,调至所需转向,然后调节调速旋钮搅拌,指示灯缓慢变亮,转速由低到高变化。也可以边搅拌边加热。

(二) 注意事项

1. 应将各部分连接好,检查无误后再接通电源,务必接地线,不要把溶液洒进电热套内和前面板上。

2. 搅拌时发现搅拌子跳动或不搅拌时,应切断电源,检查烧杯底是否平,位置是否正。

3. 若接通电源,打开开关,指示灯不亮,应检查熔丝管是否烧坏。熔丝管是起电源变压和电机过载保护作用的,如已烧坏,应更换随机配备的熔丝管或按此规格自行配备。

4. 第一次使用时,套内有白烟和异味冒出,颜色由白色变为褐色再变成白色属于正常现象,因玻璃纤维在生产过程中表面涂敷有油及其他化合物,应将仪器放在通风处,待数分钟后白烟及异味消失,即可正常使用。

5. 通电加热时,仪表测量值不升反降,一般为热电偶接反所致,应改正。

6. 不要空套取暖或干烧,如果不慎将液体溢入套内,应迅速关闭电源,将电热套放在通风处,待干燥后方可使用。

7. 控温仪需在额定功率下使用,环境湿度相对过大时,可能会有感应电透过保温层传至外壳,损坏仪器。

8. 长期不用时,请将仪器放在干燥、无腐蚀气体处保存,注意通风。

六、乌氏黏度计

(一) 概述

乌氏黏度计是用于测定液体黏滞性及高聚物相对分子质量的主要仪器(见图 4-2)。其测量范围广,测量精度较高,广泛用于石油化工以及其他工业部门和科研中。

(二) 原理

黏度法测量平均相对分子质量,具有设备简单、操作方便、精度高等特点,用该法求得的相对分子质量称为黏均相对分子质量。黏度法是测量高聚物相对分子质量的常用方法之一。

当流体受外力作用流动时,在流动着的液体层之间存在着切向的内部摩擦力,如果要使液体通过管子,就必须消耗一部分功来克服这种流动的阻力。在流速低时,管子中的液体沿着与管壁平行的直线方向前进,最靠近管壁的液体实际是静止的,与管壁距离越远的液体,流动的速度越大。

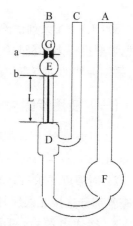

图 4-2　乌氏黏度计示意图

(三) 使用方法

1. 将黏度计用洗液、自来水和蒸馏水洗干净,特别注意毛细管部分要用乙醇润洗,然后烘干备用。烘干黏度计所需时间较长,特别是毛细管要多烘一段时间。将洁净的乌氏黏度计在恒温槽中恒温 10 min(注意垂直放置)。

2. 将 B 管和 C 管套上乳胶管,每个乳胶管配有一个弹簧夹。待测液从 A 管注入黏度计,注意不要滴在 A 管的壁上。夹紧 C 管上的乳胶管,用洗耳球从 B 管上的乳胶管口抽取管内液体,抽取时要使液体缓慢流出毛细管并上升至 G 球的 1/2 处,注意不能有气泡,如果出现气泡要重新抽取。用弹簧夹把 B 管上的乳胶管也夹住,打开 C 管的弹簧夹,让空气进入 D 球,D 球中的液体即回入 F 球,和毛细管内溶液断开,这时毛细管 L 中的液体悬空,稍停 1~2 min 再打开 B 管弹簧夹,当液面流经刻度线 a 时立即按下秒表,液面下降到 b 刻度时再按下秒表,此时间为 E 球中液体流出所需的时间,每个溶液测 3 次,若 3 次时间相差不超过 0.3 s,取 3 次的平均值,即为测试液流出所需的时间 $\bar{t}$。

(四) 注意事项

1. 恒温水浴的温度对黏度测定影响很大,实验中要求水浴温度波动在 ±0.05 ℃ 之内,同时恒温水浴槽内各位置的水温应均匀一致。

2. 乌氏黏度计的毛细管必须用清洁液浸泡并用水洗净,于 105 ℃ 烘干后方可使用。

3. 乌氏黏度计必须垂直固定于恒温水浴中。否则会影响液体流速,造成测定结果的误差。

4. 在每次稀释后,必须使黏度计内液体混合均匀。其方法是夹住 C 管的乳胶管,自 B

管缓慢鼓气,使黏度计 F 球中液体混合均匀,然后再抽 F 球中的液体冲洗黏度计的缓冲球(B 管上端小球 G)、测定球(B 管上 a 与 b 线间的小球 E)、毛细管 2～3 次即可。

七、贝克曼温度计

(一) 结构特点

贝克曼温度计是一种用来精密测量体系始态和终态温度变化差值的水银温度计。它的构造如图 4-3 所示。

贝克曼温度计下面为水银球,上面有贮汞槽,上下由毛细管连通。贮汞槽可以用来调节水银球中的水银量,其中除了水银外是真空。在玻璃毛细管背面有一刻度标尺,刻度一般只有5 ℃,刻度尺上每摄氏度间有 100 等份,即最小分度值为 0.01℃。用放大镜可以估读到 0.001 ℃。贮汞槽背面的温度标尺只是粗略地表示温度数值,即贮汞槽中水银与水银球中水银完全相连时,贮汞槽中的水银面所指向的刻度就表示温度的粗值。水银柱由毛细管背面的温度标尺上最大刻度 a 处到毛细管末端的 b 处,约需要升高 2 ℃。

贝克曼温度计有两个主要的特点:一是水银球的水银量可借助贮汞槽调节,这就可用于不同的温度区间来测量温度差值,所测温度越高,球内的水银就越少;二是由于其刻度能精确到 0.01 ℃,因而能较精确地测量温度差值,但不能用来精确测量温度的绝对值。

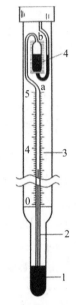

1—水银球;2—毛细管;
3—温度标尺;4—贮汞槽;
a—最高刻度;b—毛细管末端

图 4-3　贝克曼温度计示意图

(二) 使用方法

1. 调整水银球内的水银量。调整水银量的目的是使贝克曼温度计在测量起始温度时,毛细管中的水银面位于刻度标尺的合适位置上,以确保终了温度时,水银面亦落在刻度标尺的范围内。因此,在使用贝克曼温度计时,首先应该将它插入一个与所测体系的起始温度相同的体系内,待平衡后,如果毛细管内水银面在所要求的合适刻度附近,就不必调整,否则,应按下述三个步骤进行调整:

(1) 水银丝的连接。此步骤要将贮汞槽中的水银和水银球中的水银相连。若水银球中的水银量过多,毛细管内水银面已超过毛细管末端(b 点),用右手握住温度计的中部,慢慢倒置,并用手指轻敲贮汞槽处,使贮汞槽内的水银与毛细管的末端(b 点)处的水银相连接,然后将温度计倒转过来,并垂直正放。若水银球内的水银量过少,则用右手握住温度计的中部,将温度计倒置,用左手轻敲右手的手腕(此步骤操作要特别注意,切勿使温度计与桌面碰撞),此时水银球内的水银就可以自动流向贮汞槽,然后按前述方法使水银丝相连接。

(2) 水银球中水银量的调节——恒温浴调节法。设 t 为待测体系的起始摄氏温度,在此温度下欲使贝克曼温度计中毛细管的水银面恰好在 0～1 ℃之间,则需将已经连接好水银丝的贝克曼温度计悬于温度为 $t'=t+5$ 的水浴中,待平衡后,用右手握住贝克曼温度计的中部,由水浴中取出,立即用左手沿温度计的轴向敲右手的手腕,或用左手轻击右小臂,使水银丝在毛细管的末端 b 点处断开(注意在 b 点处不得留有水银)。

(3)验证所取温度。经上述调整后,将温度计插入温度为 t 的水浴中,此时,水银面落在 $0 \sim 1$ ℃之间。调好的贝克曼温度计放置时应将其上端垫高,以免毛细管中的水银与贮汞槽中的水银相连。

2. 读数

读数值时,贝克曼温度计必须保持垂直,而且水银球应全部浸入所测温度的体系中。由于毛细管中的水银面上升或下降时有黏滞现象,所以读数前必须先用手指轻弹水银面处,消除黏滞现象后再读数。

3. 刻度值的校正

对测量精确度要求高时,对贝克曼温度计也要进行校正,校正的因素较多。在非特别精确的测量中,可以不校正。

(三) 注意事项

贝克曼温度计是水银温度计中的一种,在使用时,除按照使用普通水银温度计的要求使用外,还必须特别注意以下几点:

1. 贝克曼温度计由薄玻璃制成,尺寸也较大,为防止损坏,一般只应放置于三处:安装在仪器上,放在温度计盒中,握在手中。不能随意搁置。

2. 调节时,注意勿使它受到骤热或骤冷,还应避免重击。

3. 调节好的温度计,应注意勿使毛细管中的水银再与贮汞槽中的水银相连接。

八、SWC-Ⅱ$_D$ 精密数字温度温差仪

(一) 概述

SWC-Ⅱ$_D$ 精密数字温度温差仪具有以下特点:

1. 显示清晰、直观,分辨率高,稳定性好,使用安全可靠。

2. 温度、温差双显示。

3. 具有基温自动选择功能。

4. 具有读数采零及超量程显示的功能,使温差测量显示更为直观,无须进行算术计算。温差超量程自动显示"U.L"符号。

5. 具有可调报时功能。定时读数时间范围可以在 $6 \sim 99$ s 内任意选择。

6. 具有基温锁定功能,避免基温换挡影响实验数据的可比性。

7. 可选配 RS-232C 串行口,便于与计算机连接。

(二) 参数

1. 温度测量范围:$-50 \sim 150$ ℃

2. 温度测量分辨率:0.01 ℃

3. 温差测量范围:$-19.999 \sim 19.999$ ℃

4. 温差测量分辨率:0.001 ℃

5. 定时读数时间范围:6～99 s

6. 输出信号:RS-232C 串行口

7. 外形尺寸:285 mm×260 mm×70 mm

8. 重量:约 1.5 kg

9. 电源要求:(220±22)V,50 Hz

10. 环境温度:5～50 ℃

11. 环境湿度:≤85%

(三) 面板示意图

SWC-Ⅱ_D 精密数字温度温差仪前面板如图 4-4 所示。

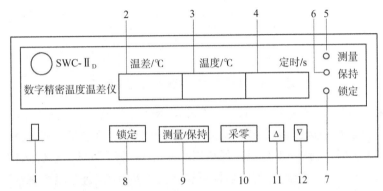

1— 电源开关。2—温差显示窗口。3—温度显示窗口。4—定时窗口。

5—"测量"指示灯:灯亮表明仪表处于测量工作状态。

6—"保持"指示灯:灯亮表明仪表处于读数保持状态。

7—"锁定"指示灯:灯亮表明仪表处于基温锁定状态。

8—"锁定"键:锁定选择的基温。按下此键,基温自动选择和采零都不起作用,直至重新开机。

9—"测量/保持"键:测量功能和保持功能之间的转换。

10—"采零"键:用以消除仪表当时的温差值,使温差显示窗口显示"0.000"。

11—增时键:按下此键时,时间由 0～99 s 递增。

12—减时键:按下此键时,时间由 99～0 s 递减

图 4-4 SWC-Ⅱ_D 精密数字温度温差仪前面板示意图

后面板如图 4-5 所示。

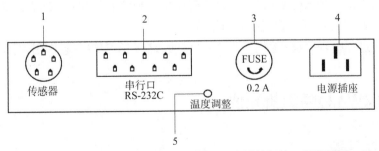

1—传感器插座:将传感器插入此插座。2—串行口:为计算机接口(可选配)。3—0.2 A 保险丝。4—电源插座:接 220V 电源。5—温度调整:生产厂家进行仪表校验时用。用户勿调节此处,以免影响仪表的准确度

图 4-5 SWC-Ⅱ_D 精密数字温度温差仪后面板示意图

（四）使用方法

1. 检查整机与附件是否齐全。

2. 检查外观：仪器表面应光洁平整，无划痕、污物；开关应灵活、可靠。

3. 检查传感器探头的编号和仪表出厂编号，二者应一致。

4. 将传感器插头插入后面板上的传感器接口（槽口应对准）。为了安全起见，应在接通电源以前进行上述操作。

5. 将 220 V 电源接入后面板上的电源插座。

6. 将传感器插入待测物中（插入深度应大于 50 mm）。

7. 按下电源开关，此时温度显示屏显示仪表初始状态（实时温度），温差显示屏显示基温 20 ℃时的温差值（如图 4-6 所示）。

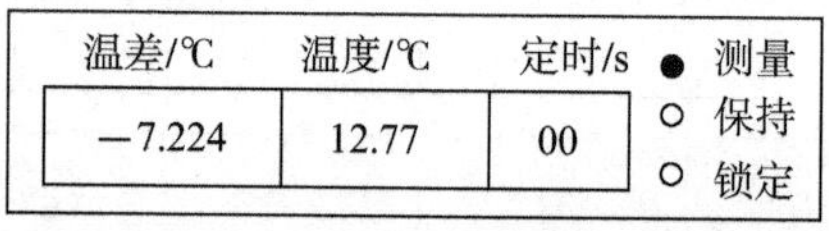

温差/℃	温度/℃	定时/s	● 测量
−7.224	12.77	00	○ 保持
			○ 锁定

图 4-6　接通电源时的温度、温差显示屏

8. 当温度、温差显示值稳定后，按一下"采零"键，温差显示屏显示"0.000"，再按一下"锁定"键，锁定仪器自动选择基温，稍后显示的温差值即为温差的相对变化量。

9. 要记录读数时，可按一下"测量/保持"键，使仪器处于保持状态（此时"保持"指示灯亮）；读数完毕，再按一下"测量/保持"键，即可转换到测量状态，进行跟踪测量。

10. 定时读数时，按下增、减键，设定所需的定时读数时间（大于 5 s，定时读数才会起作用）。设定完后，定时显示屏将进行倒计时。当一个计数周期完毕，蜂鸣器鸣响且读数保持约 2 s，"保持"指示灯亮，此时可观察和记录数据。

（五）维护注意事项

1. 仪器不宜放置在过于潮湿的地方，应置于阴凉通风处。

2. 仪器不宜放置在高温环境，避免靠近发热源，如电暖器或炉子等。

3. 为了保证仪器工作正常，没有专门检测设备的单位和个人勿打开机盖进行检修，更不允许调整和更换元件，否则将无法保证仪器测量的准确度。

4. 传感器和仪表必须配套使用（传感器探头编号和仪表的出厂编号应一致），以保证检测的准确度，否则温度检测准确度将有所下降。

5. 在测量过程中，一旦按"锁定"键，基温自动选择和采零将不起作用，直至重新开机。

九、WAY(2WAJ)阿贝折光仪

（一）仪器用途

阿贝折射仪是用于测定透明、半透明液体或固体的折射率 n_D 和平均色散 n_F-n_C 的仪器（其中以测透明液体为主）。如仪器接有恒温器，则可测定 $0\sim50$ ℃ 温度范围内的折射率

n_D。折射率和平均色散是表征物质光学特性的两个重要常数,借助它们可以了解物质的光学性能、纯度、浓度及色散等。

(二) 仪器规格

1. 折射率测量范围(n_D):1.300 0～1.700 0
2. 测量示值误差(n_D):±0.000 2
3. 仪器质量:2.6 kg
4. 仪器体积:100 mm×200 mm×240 mm

(三) 仪器工作原理简述

阿贝折射仪的基本原理即折射定律:$n_1 \cdot \sin \alpha_1 = n_2 \cdot \sin \alpha_2$,$n_1$、$n_2$ 为交界面两侧的两种介质的折射率,α_1 为入射角,α_2 为折射角,如图 4-7a 所示。若光线从光密介质进入光疏介质,入射角小于折射角,改变入射角可以使折射角达到 $90°$,此时的入射角称为临界角。本仪器测定折射率就是基于测定临界角的原理,如图 4-7b 中,当不同角度的光线射入 AB 面时,其折射角都大于 i。用望远镜观察出射光线,可以看到望远镜视场被分为明暗两部分,二者之间有明显的分界线,如图 4-7c 所示。明暗分界线为临界角的位置。

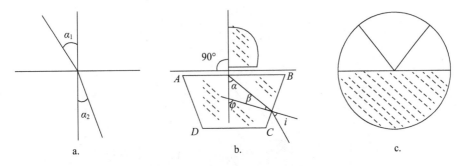

图 4-7　折射仪工作原理示意图

图 4-7b 中,$ABCD$ 为一折射棱镜,其折射率为 n_2,AB 面上是待测物质,则有:

$$n_1 \cdot \sin 90° = n_2 \cdot \sin \alpha \qquad (4-1)$$

$$n_2 \cdot \sin \beta = \sin i \qquad (4-2)$$

$$\varphi = \alpha + \beta,\text{则 } \alpha = \varphi - \beta$$

代入式(4-1)得:

$$n_1 = n_2 \cdot \sin(\varphi - \beta) = n_2(\sin \varphi \cdot \cos \beta - \cos \varphi \cdot \sin \beta) \qquad (4-3)$$

由式(4-2)得:

$$n_2^2 \cdot \sin^2 \beta = \sin^2 i$$

$$n_2^2(1 - \cos^2 \beta) = \sin^2 i$$

$$\cos \beta = \sqrt{\frac{(n_2^2 - \sin^2 i)}{n_2^2}}$$

代入式(4-3)得:

$$n_1 = \sin \varphi \sqrt{n_2^2 - \sin^2 i} - \cos \varphi \cdot \sin i \tag{4-4}$$

棱镜的折射角 φ 与折射率 n_2 均已知。当测得临界角 i 时,根据公式(4-4)即可算得待测物质的折射率 n_1。

(四)仪器结构

1. 光学部分

仪器的光学部分由望远系统与读数系统两个部分组成(见图4-8、图4-9)。

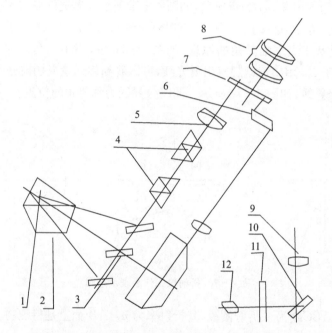

1—进光棱镜;2—折射棱镜;3—摆动反光镜;4—消色散棱镜组;
5—望远物镜组;6—平行棱镜;7—分划板;8—目镜;
9—读数物镜;10—反光镜;11—刻度板;12—聚光镜

图4-8 阿贝折光仪光学示意图

如图4-8,进光棱镜(1)与折射棱镜(2)之间有一微小均匀的间隙,待测液体就在此空隙内。当光线(自然光或白炽光)射入进光棱镜(1)时便在其磨砂面上发生漫反射,使待测液层内有各种不同角度的入射光,经过折射棱镜(2)产生一束折射角均大于临界角 i 的光线。由摆动反射镜(3)将此束光线反入消色散棱镜组(4),此消色散棱镜组由一对等色散阿米西棱镜组成,其作用是获得可变色散来抵消折射棱镜对不同待测物体所产生的色散。通过望远镜(5),此明暗分界线成像于分划板(7)上,分划板上有十字分划线,通过目镜(8)能看到(如图4-9上半部所示的像)。

光线经聚光镜(12)照亮刻度板(11),刻度板与摆动反光镜(3)连成一体,同时绕刻度中心做回转运动。通过反光镜(10)、读数物镜(9)、平行棱镜(6),刻度板上不同部位的折射率示值成像于分划板(7)上(如图4-9下半部所示的像)。

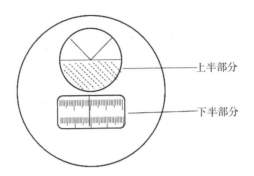

————上半部分

————下半部分

图4-9　目镜视场示意图

2. 构造部分

如图4-10,底座(14)为仪器的支承座,壳体(16)固定在其上。除棱镜和目镜以外,全部光学组件及主要结构封闭于壳体内部。棱镜组固定于壳体上,由进光棱镜、折射棱镜以及棱镜座等结构组成,两只棱镜分别用特种黏合剂固定在棱镜座内。(5)为进光棱镜座,(11)为折射棱镜座。两棱镜座由转轴(2)连接,进光棱镜能打开和关闭,当两棱镜座密合并用手轮(10)锁紧时,两棱镜面之间保持一均匀的间隙,待测液体应充满此间隙。(13)为温度计座,可用乳胶管与恒温器连接使用。

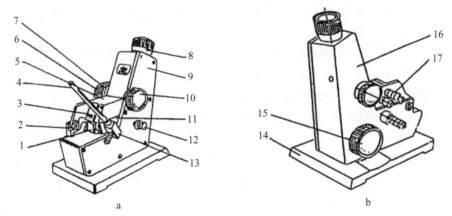

a   b

1—反射镜;2—转轴;3—遮光板;4—温度计;5—进光棱镜座;
6—色散调节手轮;7—色散值刻度圈;8—目镜;9—盖板;
10—手轮;11—折射棱镜座;12—照明刻度盘聚光镜;13—温度计座;
14—底座;15—折射率刻度调节手轮;16—壳体;17—恒温器接头

图4-10　阿贝折光仪构造示意图

(五) 使用方法

1. 准备工作

在开始测定前,必须先用蒸馏水或用标准试样校对读数。如用标准试样,则对折射棱镜的抛光面加1~2滴溴代萘,再贴上标准试样的抛光面,旋转棱镜使视场中标尺读数与标准试样上注明的折射率一致,观察望远镜内明暗分界线是否在十字线中间,若有偏差则用螺丝刀微旋转图 4－10 上小孔(16)内的螺钉,带动物镜偏摆,使分界线像位移至十字线中心。通过反复地观察与校正,使示值的起始误差(包括操作者的瞄准误差)降至最小。校正完毕后,在以后的测定过程中不允许随意再动此部位。在日常的测量工作中一般不需校正仪器。对所测得的折射率示值有怀疑时,可按上述方法检验是否有起始误差,如有误差应进行校正。

每次开展测定工作之前及进行示值校准时必须将进光棱镜的毛面、折射棱镜的抛光面及标准试样的抛光面用无水乙醇与乙醚(1∶4)的混合液和脱脂棉花轻擦干净,以免留有其他物质,影响成像清晰度和测量准确度。

2. 测定工作

(1) 测定透明、半透明液体折射率

将待测液体用干净滴管加在折射棱镜表面,并将进光棱镜盖上,用手轮(10)锁紧,要求液层均匀、充满视场、无气泡。打开遮光板(3),合上反射镜(1),调节目镜视野,使十字线成像清晰,此时旋转手轮(15)并在目镜视场中找到明暗分界线的位置,再旋转手轮(6)使分界线不带任何彩色,微调手轮(15),使分界线位于十字线的中心,再适当转动聚光镜(12),此时目镜视场下方显示的示值即为待测液体的折射率。

(2) 测定透明固体折射率

待测物体上需有一个平整的抛光面。把进光棱镜打开,在折射棱镜的抛光面加 1～2 滴折射率比待测物体高的透明液体(如溴代萘),并将被测物体的抛光面擦干净放上去,使其接触良好,此时便可在目镜视场中寻找分界线,瞄准和读数的操作方法如前所述。

(3) 测定半透明固体折射率

用前述方法将被测半透明固体的抛光面贴合在折射棱镜上,打开反射镜(1)并调整角度,利用反射光束测量,具体操作方法同前。

(4) 测量蔗糖溶液质量分数(糖度,brix)

操作方法与测量液体折射率时相同,此时读数可直接从视场中示值上半部读出,即为蔗糖溶液质量分数。

(5) 若需测量物体在不同温度时的折射率,则将数显温度计旋入温度计座(13)中,接上恒温器通水管,把恒温器的温度调节到所需测量温度,接通循环水,待温度稳定 10 min 后即可测量。

(六) 维护与保养

1. 仪器应置放于干燥、空气流通的室内,以免光学零件受潮后生霉。

2. 当测试腐蚀性液体时,应及时做好清洗工作(包括清洗光学零件、金属件以及油漆表面),防止侵蚀损坏。仪器使用完毕后必须做好清洁工作。

3. 被测试样中不应有硬性杂质,当测试固体试样时,应防止把折射棱镜表面拉毛或压出压痕。

4. 经常保持仪器清洁,严禁油手或汗手触及光学零件。若光学零件表面有灰尘,可用高级麂皮或长纤维的脱脂棉轻擦后用皮吹风吹去。如光学零件表面沾上了油垢,应及时用酒精与乙醚的混合液擦干净。

5. 仪器应避免强烈振动或撞击,以防止光学零件损伤,影响精度。

十、WXG－4 圆盘旋光仪

(一) 仪器简介

仪器适用于化学工业、食品行业、医院和医药高等院校等单位测定含有旋光性的有机物质的纯度。

(二) 技术参数

1. 旋光度测定范围:−180°～180°
2. 度盘格值:1°
3. 度盘游标读数值:0.05°
4. 放大镜放大倍数:4 倍
5. 单色光源(钠灯)光波长:5 894 Å
6. 试管长度:100 mm、200 mm 各 1 支
7. 电源要求:220 V/50 Hz
8. 工作电流:1.3 A
9. 放电功率:20 W
10. 稳定时间:约 10 min
11. 仪器净重:5 kg
12. 外形尺寸:500 mm×135 mm×330 mm

(三) 仪器工作原理

旋光仪的工作原理建立在偏振光的基础上,用旋转偏振光偏振面的方法来进行测量。图 4－11 中,仪器在零度位置时,AA' 垂直于中线 OX。

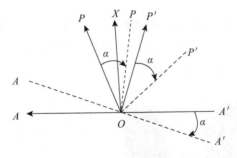

图 4－11 旋光仪光学原理示意图

图 4－11 中 AA' 表示检偏镜振动方向,OP 与 OP' 表示视场两半偏振光的振动方向。当光束经过旋光物质后,偏振面被旋转了一个角度 α,这时两半的偏振光在 AA' 上的投影不等,右半边亮,左半边暗。如把检偏镜偏振面 AA' 向相同方向转动角度 α,则可使视场亮度重新相等。这时检偏镜所转角度就是物质的旋光度。得知旋转角(旋光度)、液柱(试管)的

长度和溶液的质量-体积浓度,就可根据下式求出物质的比旋光度。即:

$$\alpha = [\alpha]lc \tag{4-5}$$

式中,α 为在温度 t 时用光波长为 λ 的光源测得的旋转角(旋光度);$[\alpha]$ 为比旋光度,即单位浓度和单位长度下的旋光度;l 为溶柱(试管)长度,用 dm 作单位;c 为质量-体积浓度,即 100 mL 溶液中溶质的克数。

由式(4-5)可知,旋光度 α 与溶柱(试管)长度 l 及质量-体积浓度 c 成正比。同时旋光度与温度具有一定的关系,对于大多数物质,用 $\lambda = 5\,894$ Å(钠光)测定,每当温度升高 1 ℃,旋光度约减少 0.3%。要求较高的测定工作最好能在(20±2) ℃ 的条件下进行。

(四) 仪器原理

如图 4-12,光线从光源投射到滤色镜、起偏镜、聚光镜后,变成平直偏振光,再经过半荫片分解成寻常光与非寻常光,视场中出现二分视界(图 4-13a、b),转动度盘手轮找到暗视场(图 4-13c),将盛有旋光物质的试管放入镜筒中,由于溶液具有旋光性,因此会将偏振光旋转一个角度。

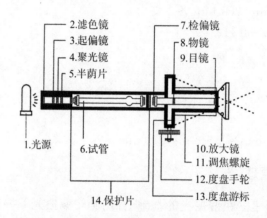

图 4-12　旋光仪仪器结构示意图

通过检偏镜的分析作用,从目镜中能观测到半边亮、半边暗的不同亮度的视场(图 4-13a、b),此时转动度盘手轮,寻找视场亮度相一致的暗视场(图 4-13c),找到该视场后,再从放大镜中读出度盘旋转的角度,即待测物质的旋光度。

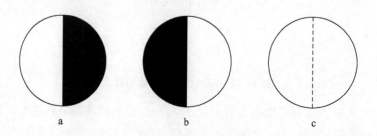

图 4-13　旋光仪目镜视场

(五) 使用方法

1. 仪器使用前的准备

(1) 打开电源,关闭空测试筒盖,稳定约 10 min。

(2) 转动目镜调焦螺旋,使视场清晰。

(3) 旋转度盘到零点(即"0"与"0"对准),如图 4-14,视场中偏暗或偏亮的一半消失,整个视场亮度一致,此时的读数即为仪器的零点。

图 4-14 旋转度盘

2. 测量准备

(1) 旋开试管螺帽,取下螺套、玻璃护片、密封圈,用清水冲洗内壁,再用蒸馏水洗净内壁后装好备用。

(2) 将待测溶液配制好并加以稳定。

(3) 旋开试管一头的螺帽,取下螺套、玻璃护片、密封圈后,将待测液倒满试管,旋紧试管两端螺帽。试管螺帽不宜旋得过紧,以免产生应力。一般以不漏水为宜。

(4) 用软布擦干试管两端通光面上的雾状水滴。如试管内液体中有气泡,需将气泡赶入试管圆球中。

3. 测量

(1) 打开电源 10 min,待钠灯完全发出钠黄光后开始测量。

(2) 打开测试筒盖,将试管有圆球的一端向上放入测试筒中,关闭筒盖。

(3) 在测试筒中放入装有待测溶液的试管后,转动目镜调焦螺旋,使视场清晰。如此时见到视场圆心被破坏,要将试管中的气泡赶入试管圆球中。

(4) 当仪器的光束经过试管中的旋光物质后,原视场被旋转了一个角度,呈现亮暗不等,此时转动度盘使整个视场亮度向偏暗方向移动,最终整个视场亮度一致后,通过放大镜读取度盘和游标上的读数。

(5) 正角度度盘向右旋,度盘读数值减去仪器零点值即为仪器测量值;负角度度盘向左旋,度盘读数值减去 $180°$ 即为仪器的测量值。

(6) 利用公式(4-5) $\alpha = [\alpha]lc$ 计算出被测物质的质量-体积浓度。

（六）保养与维护

1. 仪器应放在空气流通且温度、湿度适宜的地方,以免光学零部件、偏振片受潮发霉。
2. 钠光灯使用时间不宜超过 4 h。长时间使用应关熄 10～15 min,待冷却后再使用。
3. 当输入电压过低时钠光灯会发红,不会发黄,这时仪器不宜使用。
4. 试管使用后应及时用蒸馏水冲洗干净,擦干存放。
5. 镜片不能用硬质的布、纸擦,否则会磨损。
6. 如不清楚仪器的校准方法,则勿随意拆动,以免影响仪器精度。
7. 仪器随机附有仪器罩,仪器停用后应罩上防灰。

十一、DDS－307 电导率仪

（一）概述

DDS－307 型电导率仪(以下简称"仪器")是实验室测量水溶液电导率必备的仪器。仪器采用全新设计的外形、大尺寸 LCD 段码式液晶屏,可同时显示电导率和温度值,显示清晰,具有电导电极常数补偿功能。该仪器广泛应用于石油化工、生物医药、污水处理、环境监测、矿山冶炼等行业及大专院校和科研单位。若配用适当常数的电导电极,可用于测量电子半导体、核能工业和电厂纯水或超纯水的电导率。

（二）参数

1. 仪器级别:1.0 级
2. 测量范围:0.00 μS/cm～100.0 mS/cm

表 4－2 电导电极常数所对应的测量范围

电极常数/cm^{-1}	电导率量程
0.01	0～2.000 μS/cm
0.1	0.2～20.00 μS/cm
1	2 μS/cm～10.00 mS/cm
10	10～100.0 mS/cm

3. 电子单元基本误差:±1.0%FS
4. 仪器的基本误差:(电导率)±1.5%FS
5. 外形尺寸:290 mm×210 mm×95 mm
6. 重量:1.5 kg
7. 仪器正常工作条件:
(1) 环境温度:0～4 ℃
(2) 相对湿度:≤85%
(3) 供电电源:AC(220±22)V,(50±1)Hz

（4）周围环境:除地磁场外无外磁场干扰

（三）仪器结构

1. 仪器外形结构如图 4-15a,仪器后面板如图 4-15b。

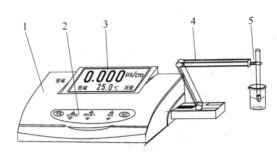

a. 电导率仪外形结构

1—机箱;2—键盘;3—显示屏;4—多功能电极架;5—电极夹

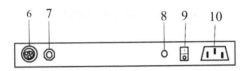

b. 仪器背面

6—测量电极插座;7—接地插座;8—保险丝;9—电源开关;10—电源插座

图 4-15　电导率仪示意图

2. 按键说明

（1）"测量"键:在设置温度、电极常数、常数调节时,按此键退出功能模块,返回测量状态。

（2）"电极常数"键:此键为电极常数选择键,按此键上部"△"电极常数上升,按此键下部"▽"电极常数下降,电极常数可选择的数值包括 0.01、0.1、1、$10(cm^{-1})$。

（3）"常数调节"键:此键为常数调节选择键,按此键上部"△"常数调节数值上升,按此键下部"▽"常数调节数值下降。

（4）"温度"键:此键为温度选择键,按此键上部"△"温度数值上升,按此键下部"▽"温度数值下降。

（5）"确定"键:此键为确认键,按此键确认上一步操作。

（四）仪器的使用

1. 开机前的准备

（1）将多功能电极架（4）插入多功能电极架插座中,并拧好。

（2）将电导电极安装在多功能电极架（4）上。

（3）用蒸馏水清洗电极。

2. 仪器设置

（1）连接电源线,打开仪器开关,仪器进入测量状态,显示如图 4-15a。仪器预热

30 min 后,可进行测量。

（2）在测量状态下,按"温度"键设置当前的温度,使温度显示为被测溶液的温度。

（3）仪器使用前必须设置电极常数。目前电导电极的电极常数有 0.01、0.1、1.0、10（cm^{-1}）四种类型,每类电极具体的电极常数值均粘贴在每支电导电极上,用户根据电极上所标的电极常数值进行设置。按"电极常数"或"常数调节"键,仪器进入电极常数设置状态。

（4）以设置电极常数值为 1 为例,按"电极常数▽"或"电极常数△"键,电极常数的显示在"10""1""0.1""0.01"之间转换,如果电导电极标贴上的电极常数为"1.000",则选择"1"并按"确定"键,再按"常数数值▽"或"常数数值△"键,使常数数值显示"1.000",按"确定"键,即完成电极常数及数值的设置,仪器显示如图 4-16。其他电极常数设置依此类推。

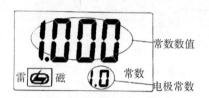

图 4-16　电极常数设置显示

3. 测量

表 4-3　电导率范围及相应的推荐使用电极常数

电导率范围/(μS·cm^{-1})	推荐使用电极常数/cm^{-1}
0.05~2	0.01,0.1
2~200	0.1,1.0
200~2×10^5	1.0

经过上述步骤 2 中(2)和(3)的设置,仪器可用来测量待测溶液电导率。按"测量"键,使仪器进入电导率测量状态。测量之前用蒸馏水清洗电极头部,再用待测溶液清洗一次,将电导电极浸入待测溶液中,用玻璃棒搅拌溶液使溶液均匀,在显示屏上读取溶液的电导率值。仪器显示如图 4-17 所示。

图 4-17　电导率测量状态显示

（五）注意事项

1. 电极使用前必须放入蒸馏水中浸泡数小时,经常使用的电极应放入(贮存在)蒸馏水中。

2. 为保证仪器的测量精度,必要时,在使用仪器前,用该仪器对电极常数进行重新标定,同时应定期进行电导电极常数标定。在测量高纯水时应避免污染,正确选择电导电极的常数并最好采用密封、流动的测量方式。

3. 本仪器按 TDS 值$(mg \cdot L^{-1})$:电导率值$(\mu S \cdot cm^{-1})=1:2$ 的比例显示测量结果。

4. 为确保测量精度,电极使用前应用电导率小于 $0.5\ \mu S \cdot cm^{-1}$ 的去离子水或蒸馏水冲洗两次,然后用被测试样冲洗后方可测量。

5. 防止电极插座受潮,以免造成不必要的测量误差。

6. 电极(长期不使用)应贮存在干燥的地方。电极使用前必须放入(贮存在)蒸馏水中。

7. 电导电极的清洗步骤:

(1) 可以用酒精或含有洗涤剂的温水清洗电极上有机成分污垢。

(2) 钙、镁沉淀物最好用 10%柠檬酸清洗。

(3) 镀铂黑的电极只能用化学方法清洗,用软刷子机械清洗会破坏镀在电极表面的镀层(铂黑)。注意:某些化学方法清洗可能使被轻度污染的铂黑层再生或损坏。

(4) 光亮的铂电极可以用软刷子机械清洗,但不可以在电极表面留下刻痕。绝对不可使用螺丝起子之类硬物清除电极表面,甚至在用软刷子机械清洗时也需要特别注意。

十二、721/722 系列分光光度计

(一) 概述

本仪器是一种根据物质的分子对入射光的(波长)选择性吸收对物质进行定性鉴别和定量分析的仪器。该仪器可广泛用于临床检验、生物化学、药品检验、石油化工、环境监测、有机化学和矿物分析等部门,是理化实验室必备的常规分析仪器之一,也是高等院校理想的教学仪器。

(二) 规格和主要技术参数

表 4-4　721/722 系列分光光度计规格和主要技术参数

型号	721	722
环境温度要求/℃	5~35	
相对湿度要求/%	≤85	
供电电压/V	220±22	
频率/Hz	50±1	
显示设备	带背光液晶屏	
输出设备	无 RS-232 串口	标准 RS-232 串口
波长范围/nm	340~1 000	325~1 000
透射比(T)范围/%	0~199.9	0~199.9
吸光度(A)范围	0~1.999	0~1.999

续表

型号	721	722
浓度直读范围	0~1 999	0~1 999
波长准确度/nm	±3	±2
波长重复性/nm	1.5	1
带宽/nm	5	4
透射比(T)准确度/%	±1	±0.5
透射比(T)重复性/%	0.3	0.2
杂散光/%T	1.0	0.5
稳定性/%T	暗电流<0.3 暗电流<0.2	亮电流<1.0 亮电流<0.5
质量/kg	8	10

（三）仪器的构成

1. 以722型分光光度计为例，该仪器主要由光源、单色器、样品室、检测器、信号处理器和显示器组成（图4-18）。

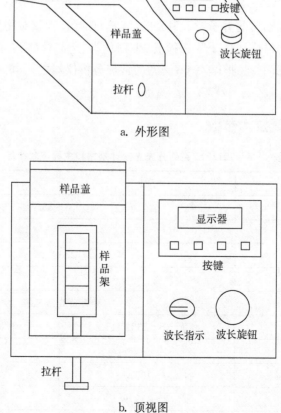

a. 外形图

b. 顶视图

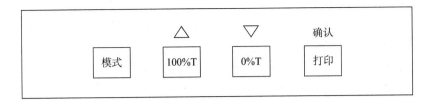

c. 按键图

图 4 - 18　722 型分光光度计示意图

2. 按键说明

"模式"键:工作方式切换键,液晶屏上依次显示透射比(T)、吸光度(A)、浓度(c)、计算因子(F)。

"100％T/△"键:在 T 模式时为调满度键,在 A 模式时为调吸光度为零键。测试样品前,样品室放入参比样品,按此键,T 模式时显示"T100.0％",A 模式时显示"A 0.000"。在 C 模式或 F 模式时,该键在输入相应参数时起加 1 的作用。

"0％T/▽"键:在 T 模式时为调零键,样品室放入黑体,按此键显示"T 0.0％"。在 C 模式或 F 模式时,该键在输入相应参数时起减 1 的作用。

"打印/确认"键:输入参数时的确认键,完成测量后,可通过 RS-232 串口外接打印机打印当前值。

(四) 仪器的使用

1. 仪器调节

(1) 打开电源开关,预热 15 min,让仪器稳定,此时显示屏显示"T ××.×％"。

(2) 旋动波长旋钮,将波长刻度盘上所选波长对准波长指示线。

(3) 把配好的参比样品加入比色皿。

(4) 打开样品盖,把参比样品和附件中的黑体插入样品架的两个插孔中,关上样品盖。

(5) 拉动拉杆,使参比样品处于测量位置,按"100％T"键,显示器先显示"T BLA％",然后显示"T 100.0％"。

(6) 拉动拉杆,使黑体处于测量位置,按"0％T"键,显示"T 0.0％"。

(7) 拉动拉杆,再使参比样品处于测量位置,如显示屏显示的不是"T 100.0％",则再按"100％T/△"键,使显示屏显示"T 100.0％"。

(8) 打开样品盖,取出黑体,放置待测试样品便可进行测量。

2. 测量

(1) 透过率测量

把配好的待测样品加入比色皿,将其插入样品架(样品架上有 4 个插孔,可同时放 4 个比色皿),关上样品盖,此时显示屏显示的值即为测量结果。拉动拉杆,可连续测量 4 个样品。

(2) 吸光度测量

按"模式"键,使显示屏显示"A 0.×××",拉动拉杆,可连续测量四个样品,测量结果为样品的吸光度。

（3）标准样品标定的浓度测量

按"模式"键，使显示屏显示"C ××××"，把配好的标准样品加入比色皿，插入样品架，按"△"键和"▽"键，输入标准样品的浓度值，再按确认键，此时显示屏显示"F ××××"，其中的数值为用该标准样品算出的计算因子(C 标/A 标)。（C 标如带小数点，输入时去掉小数点，在测量结果中除以所扩大的倍数即可。）

（4）已知计算因子的浓度测量

按"模式"键，使显示屏显示"F ××××"，按"△"键和"▽"键，输入已知计算因子(如带小数点，输入时去掉小数点，在测量结果中加上)，再按确认键，此时显示屏显示"C ××××"。

（五）仪器的维护

1. 为确保仪器稳定工作，在电源电压波动较大的地方建议使用交流稳压电源。

2. 当仪器停止工作时，应关闭电源开关，切断电源。

3. 每次使用结束后，应仔细检查样品室内是否有溶液溢出，必须随时用滤纸吸干。

4. 仪器停止工作后，应用防尘罩罩住，并在罩内放置防潮剂，以免仪器积灰、沾污或受潮。

5. 清洁仪器前，应先切断电源，拔去电源线。

6. 使用沾水的软布擦拭仪器外壳，切勿用有机溶剂。

7. 经常检查仪器背部散热孔，保持通畅。

8. 钨卤素灯有一定的使用寿命，使用较长时间后会变暗、烧毁，必须更换。

第五部分 基本实验部分

实验一 差减称量和滴定练习

差减称量

一、实验目的

1. 熟悉电子天平的构造,学会正确使用电子天平。
2. 掌握差减称量法。
3. 熟悉称量瓶与干燥器的使用方法。

二、实验原理

电子天平的秤盘放在电磁铁上。在秤盘上放上试样,试样质量和重力加速度的作用使得秤盘向下运动。天平检测到这个运动并通过电磁铁产生一个与此力相对拮抗的作用力,此作用力的大小与试样的质量成比例。因此可称得试样的质量。

电子天平操作程序:

1. 调整水平:通过调节电子天平下端的旋钮使气泡位于圆圈中央,即为水平。
2. 开机:接通电源,然后按"power"键。
3. 预热(预热 30 min)
4. 校正:按"CAL"键,放砝码,显示"g",则校正结束。
5. 称量:去皮清零,按"tare"键,然后再放置试样进行称量(天平玻璃侧门要顺着方向轻轻推开,不可垂直外拉,放置好药品之后,要关好玻璃侧门再读数)。
6. 关机:首先检查天平内是否洁净,如果有药品等残留,一定要清理干净,干净整洁后,按"off"键,关好天平侧门,切断电源,罩好天平罩。

三、仪器和试剂

1. 仪器

称量瓶、烧杯、干燥器、电子天平。

2. 试剂

硼砂。

四、实验步骤

差减称量法用于吸潮或挥发试样的称量。易吸潮的固体试样在称量前必须放入称量瓶,在约105℃的烘箱内干燥1~2 h,然后从烘箱中取出,盖上瓶盖连试样一起放入干燥器内冷却至室温。

1. 取出装有硼砂的称量瓶,称得质量 m_1;
2. 倒出部分硼砂后,放回称量,得质量 m_2;
3. 则取出硼砂的质量为 m_1-m_2。

按差减法准确称量 0.20~0.25 g 硼砂,平行称 3 次,结果保留四位有效数字。

差减称量第二种方法(快捷称量时可用):

1. 取出装有硼砂的称量瓶,正确放置电子天平内,然后按去皮("tare")键。
2. 倒出所需部分硼砂后,放回称量,得质量 $-m$。
3. m 即为所称质量。

注 意 事 项

1. 取放称量瓶时,称量瓶要用纸条夹紧,注意盖子也要用纸条裹紧。

2. 从称量瓶中倒出试样时,用瓶盖轻敲瓶口上沿,使试样缓缓落入容器。接近所需取用量时竖起,轻敲瓶口,使靠近瓶口的试样落入称量瓶或容器中。

3. 取称量瓶时应注意干燥器的开关方法及干燥器盖的放置方法。开启干燥器时,左手按住下部,右手按住盖子上的圆顶,沿水平方向向左前方推开器盖。

4. 称量过程中,只可有一扇天平侧门打开,而且在读数时天平侧门须全部关上。

滴定基本操作

一、实验目的

1. 练习滴定管、锥形瓶的洗涤。
2. 练习滴定分析操作和滴定终点的判断方法。

二、实验原理

滴定分析是将一种已知准确浓度的标准溶液滴加到被测溶液中,直到被测物质刚好反应完全,即化学反应按计量关系完全作用为止,然后根据所用标准溶液的浓度和体积计算出待测物质含量的分析方法。

滴定分析操作中滴定终点的判定非常重要,如果滴定终点判断不准确,则滴定误差会很大。滴定终点和化学计量点是两个概念。化学计量点(stoichiometric point)是指标准溶液与待测组分根据化学反应的定量关系恰好反应完全那一点,亦称为滴定反应的理论终点,英文简写为 sp。滴定终点(end point of the titration)是指滴定至指示剂颜色变化那一点,英文简写为 ep。

化学计量点与滴定终点往往不一致,由此造成的误差称滴定误差。滴定误差是滴定分析法误差的主要来源,其大小取决于化学反应的完全程度、指示剂的选择是否恰当以及其他确定终点的方法是否恰当。

滴定包括酸碱滴定、配位滴定、氧化还原滴定、沉淀滴定和非水滴定。

这里着重介绍酸碱滴定——以质子传递反应为基础的滴定分析方法。可用碱标准溶液测定酸性物质,也可用酸标准溶液测定碱性物质。

滴定反应的实质可用简式表示:

强酸(碱)滴定强碱(酸):$H_3O^+ + OH^- \Longrightarrow 2H_2O$

强酸滴定弱碱:$A^- + H_3O^+ \Longrightarrow HA + H_2O$

强碱滴定弱酸:$HA + OH^- \Longrightarrow A^- + H_2O$

滴定基本操作:滴定管的使用。

1. 洗涤。洗至内壁有一层水膜而不挂水珠。

2. 检漏。酸式滴定管:关闭活塞,装水至"0"刻度线以上,直立 2 min,仔细观察有无水滴滴下,然后将活塞旋转 $180°$,再直立 2 min,观察有无水滴滴下。碱式滴定管:装水后直立 2 min,仔细观察有无水滴滴下。

3. 润洗。溶液用量 5~10 mL,部分溶液从下端放出,部分溶液从上端放出。

4. 排气泡。酸式滴定管:快速放液冲出。碱式滴定管:橡皮管向上弯曲排出,弯曲多个角度。

5. 读数。碱式滴定管:自然下垂,平视,读凹液面最低点,保留两位小数。蓝带酸式滴定管:自然下垂,平视,读双凹液面相交处,保留两位小数。

6. 滴定。滴定速度 3~4 滴/s。临近终点时应该一次加入一滴或半滴,30 s 不褪色即为滴定终点。

7. 洗涤。先用自来水冲洗,再用蒸馏水洗涤 2~3 次,洗完将滴定管倒挂。

三、仪器与试剂

1. 仪器
酸式滴定管(25 mL)、碱式滴定管(25 mL)、锥形瓶(250 mL)、烧杯。

2. 试剂
0.1 mol·L^{-1} HCl 溶液、0.1 mol·L^{-1} NaOH 溶液、甲基橙指示剂。

四、实验步骤

1. 从碱式滴定管中放出 0.1 mol·L^{-1} NaOH 溶液 20 mL 于洁净的 250 mL 锥形瓶中,

2. 加入甲基橙指示剂(指示剂变色的 pH 范围为 3.1~4.4)1~2 滴,显黄色。

3. 用 0.1 mol·L^{-1} HCl 溶液滴定,边滴加边摇动锥形瓶。接近终点时,用洗瓶吹出少量蒸馏水淋洗锥形瓶的内壁,把滴定过程中附着在内壁的溶液冲下,继续半滴半滴地滴定至橙色,即为终点。

4. 若滴过终点(显红色),可从碱式滴定管滴加 NaOH 溶液,使溶液显黄色,再继续滴加 HCl 溶液,至溶液为橙色为止。如此反复练习滴定操作和终点的观察。

5. 最后准确读取所消耗的 HCl 溶液和 NaOH 溶液的体积,并求出 HCl 溶液和 NaOH 溶液的体积比。

6. 平行测定 3 次。

7. 数据处理

表 5-1　数据记录及处理

序号	1	2	3
V_{NaOH}/mL			
V_{HCl}/mL			
V_{HCl}/V_{NaOH}			
V_{HCl}/V_{NaOH} 的平均值			
相对偏差/% $[\dfrac{(x-\bar{x})}{\bar{x}} \times 100\%]^*$			

* : x 为每组的 V_{HCl}/V_{NaOH} 数值，$\bar{x}$ 为三组 V_{HCl}/V_{NaOH} 的平均值。

注 意 事 项

1. 差减称量所称药品质量落在要求范围即可,但称得的质量要记录为确定数据。

2. 碱式滴定管排气泡时,橡皮管向上弯曲排完后,要捏住乳胶管将其放回原位置后手再放开。

3. 右手摇动锥形瓶时,要手腕用力,使锥形瓶瓶口晃动幅度较小。

4. 涂抹凡士林时应向同一方向转动。

5. 滴定时,左手不能离开旋塞,不能任溶液自流。

6. 滴定过程中滴定速度不可过快,不可将液体滴成水线状。

思 考 题

1. 滴定管在盛装标准溶液前为什么要用该溶液润洗内壁 3 次? 用于滴定的锥形瓶是否需要干燥? 是否要用标准溶液润洗? 为什么?

2. 在每次滴定结束后,为什么要将标准溶液加至滴定管标线?

3. 为什么滴定管管尖处的气泡应予排出? 滴定过程中加入蒸馏水的量是否需要准确?

实验二　凝固点降低法测定葡萄糖的摩尔质量

一、实验目的

1. 实验验证稀溶液的依数性。

2. 掌握凝固点降低法测量溶质摩尔质量的原理和方法。

二、实验原理

稀溶液的依数性(colligative properties)是指只与溶液中所含溶质粒子的浓度有关而与溶质本身的性质无关的一类性质。稀溶液依数性包括四个方面的内容:饱和蒸气压下降、沸点升高、凝固点降低和溶液的渗透压。依数性的适用范围为难挥发性非电解质的稀溶液。

溶液饱和蒸气压的下降:含有难挥发性溶质溶液的蒸气压总是低于同温度纯溶剂的蒸气压。当溶剂的部分表面被溶质所占据时,在单位时间逃逸出液面的溶剂分子就相应减少,结果达到平衡时,溶液的蒸气压必然比纯溶剂的蒸气压低。这也是造成凝固点下降、沸点升高的根本原因。渗透压也可以用类似的理论解释。

拉乌尔定律可以表示为:在一定温度下,难挥发非电解质稀溶液的蒸气压下降值与溶质的质量摩尔浓度成正比,而与溶质的本性无关。

$$\Delta p = p^* x_B = p^* M_A b_B = K b_B \tag{5-1}$$

式中,Δp 是溶液蒸气压下降值,p^* 为纯溶剂的蒸气压,x_B 为溶质的物质的量分数,M_A 为溶剂的摩尔质量,b_B 为溶质的质量摩尔浓度。

溶液的沸点升高:沸点为液体的蒸气压等于外压时的温度;正常沸点为外压为 101.3 kPa 时液体的沸点,水的正常沸点为 373.0 K。溶液的沸点要高于纯溶剂的沸点,原因为难挥发性溶质溶液的蒸气压恒低于纯溶剂的蒸气压。可得到结论:难挥发性非电解质稀溶液的沸点升高只取决于溶质的总浓度,而与溶质的本性无关。

下面根据图 5-1 来解释凝固点降低:稀溶液凝固点降低的理论基础仍然是蒸气压下降,从图 5-1 中看出稀溶液的蒸气压是下降的,所以 BB' 曲线在 AA' 曲线的下方,这样就导致两相点(凝固点)左移,也就是 $T_f < T_f^*$。

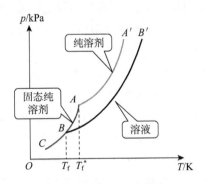

图 5-1　蒸气压曲线图

稀溶液的凝固点降低与溶质的质量摩尔浓度(b_B)成正比:

$$\Delta T_f = T_f^* - T_f = K_f b_B \tag{5-2}$$

式中,T_f^* 是纯溶剂的凝固点,T_f 是溶液的凝固点。K_f 称为凝固点降低常数,只取决于溶剂的属性,不同溶剂有不同的 K_f 值。

根据上面方程可以测定溶质的摩尔质量 M_B。公式如下:

$$\Delta T_f = K_f \times \frac{1\,000 m_B}{M_B \times m_A} \qquad\qquad (5-3)$$

然后公式变形得：$M_B = K_f \times \dfrac{1\,000 m_B}{m_A \times \Delta T_f}$。 $\qquad\qquad (5-4)$

实验条件下过冷(到达凝固点温度而不凝固)是不可避免的。但适当过冷对于实验读数有利，当温度下降后回升的最高点则是实测凝固点。

图 5-2 中,(1)和(3)分别是是理想状态下纯溶剂和溶液的冷却曲线,(2)和(4)分别是实验条件下纯溶剂和溶液的冷却曲线。可以看出溶液的凝固点低于纯溶剂的凝固点,并且从(4)可看出当温度下降后会有一个温度回升的阶段,利于实验观察和读数,回升到最高点即为 T_f。

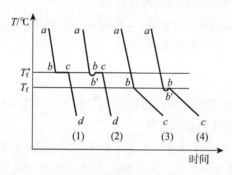

图 5-2　冷却曲线

过冷严重(超过冷)会造成较大的实验误差,可通过控制寒剂温度和调节搅拌速度来防止过冷。

吸量管的使用注意事项:

1. 检查:检查吸量管是否破损,查看吸量管量程、使用温度。

2. 润洗:取少许试液润洗吸量管 3 次。用右手的拇指和中指捏住吸量管的上端,将管的下口插入待吸取的溶液中,左手将洗耳球捏扁后,接在管口上将溶液慢慢吸入,吸入溶液从管的下口放出至废液容器中。

3. 吸液:将吸量管垂直伸于液面下 2~3 cm 处,吸取溶液至"0.00 mL"刻度以上后,右手食指堵住管口,将吸量管移出待取溶液容器。

4. 放液:将吸量管放入接收溶液的容器中,使出口尖端靠着容器内壁,容器稍倾斜,吸量管则保持垂直,放开食指,使溶液沿容器内壁自然流下,待吸量管内溶液流净后,再等待15 s,取出吸量管(管径标有"快"或"吹"的必须将管头溶液吹出)。

5. 吸量管用完后,必须洗净后存放。先竖着放,控干水分之后再横着放。

三、本实验安全注意事项

(一) 实验风险

本实验会用到水银温度计。吞食微量的液体汞一般不会产生严重的中毒反应(有资料称它在生物体内会形成有机化合物),但汞蒸气和汞盐(除了一些溶解度极小的,如硫化汞)都是剧毒的,口服、吸入或接触后可以导致脑和肝损伤。由于汞有剧毒,有较强的挥发性,并且水银温度计容易打碎,所以使用水银温度计时要格外注意。

（二）防范措施

1. 操作务必规范，严格按照教师要求操作。

2. 如果出现温度计打碎的情况，不要惊慌，按以下操作步骤进行：

（1）本实验中温度计是装在测定管里面的，如果水银温度计在测定管内打碎，立即将测定管连着水银温度计一同放入通风橱里特定的废桶内，等待教师处理。

（2）如果有水银散落在实验台或者地面上，立即用硫粉覆盖，待其生成稳定的硫化汞，然后清理干净，再放入通风橱里特定的废桶内，等待教师处理。

（3）开窗通风。

四、仪器与试剂

1. 仪器

温度测定管（20 mL）、温度计（－50～50 ℃、－30～20 ℃）、吸量管（10.00 mL）、电子天平、细铁丝搅拌棒、橡皮塞、烧杯。

2. 试剂

葡萄糖（AR）、蒸馏水、粗盐、冰。

五、实验步骤

1. 测量葡萄糖溶液的凝固点 T_f

（1）用电子天平称取 2.300 0～2.500 0 g 葡萄糖。

（2）配制寒剂：将适量冰块放入烧杯，然后加入一定量的粗盐，使混合物的温度达－5 ℃以下，随时补充冰块和取出多余的水并上下搅拌冰块，保证温度恒定。

（3）将葡萄糖全部转移到干燥的凝固点测定管中，用吸量管加入 10 mL 蒸馏水，待葡萄糖全部溶解后，塞上带有温度计和铁丝搅拌棒的橡皮塞，使温度计的水银球全部浸入溶液。用细铁丝慢慢搅拌（每秒 1 次）葡萄糖溶液，搅拌棒应尽量避免接触试管内壁和温度计。

（4）在低于凝固点 0.3 ℃时，急速搅拌，防止过冷严重。试管中出现冰屑，温度回升，记录试管中温度计回升后的最高温度。

（5）取出试管，流水冲洗试管外壁，使冰屑完全融化，重复上述操作一次。取两次温度的平均值，即得葡萄糖溶液的凝固点 T_f。

2. 测定纯溶剂（水）的凝固点 T_f^*

弃去试管内溶液，用自来水洗净，并用蒸馏水洗涤 3 次，用吸量管准确吸取 10.00 mL 蒸馏水放入试管中，按照步骤 1 的方法测定纯水的凝固点 T_f^*。

3. 数据记录与处理

将实验结果记入表 5-2，并对数据进行处理。

表 5-2　数据记录及处理

编号	纯水凝固点（T_f^*）/℃	葡萄糖溶液凝固点（T_f）/℃	溶质质量/g	溶剂质量/g	ΔT_f/℃
1					
2					

续表

编号	纯水凝固点(T_{f}^{*})/℃	葡萄糖溶液凝固点(T_{f})/℃	溶质质量/g	溶剂质量/g	ΔT_{f}/℃
$\Delta T_{\mathrm{f}平均}$					
$M_{葡萄糖}$					

注 意 事 项

1. 测定管用完之后一定要使用试管刷清洗干净,然后放入烘干机烘干。
2. 葡萄糖需要定量转移到测定管内。
3. 定量溶剂放入测定管时,注意不要溅出试管外。
4. 不要用温度计代替搅拌棒。
5. 如果温度计和溶剂冻在一起,应该等溶剂熔化后再取出温度计。

思 考 题

1. 如果待测的葡萄糖中含有难溶杂质,对结果有何影响?
2. 若定量的溶剂在转移过程中有损失,对结果有何影响?
3. 能否用沸点升高法测量葡萄糖的摩尔质量?
4. 结合本实验思考冬天下雪时马路上为什么撒盐除雪。
5. 渗透压也是稀溶液的依数性的一种,课后查阅资料并思考怎么使用渗透压法测大分子的摩尔质量。

实验三 缓冲溶液的配制和性质

一、实验目的

1. 掌握缓冲溶液的性质、缓冲容量与缓冲溶液总浓度及缓冲比的关系。
2. 掌握缓冲溶液的配制方法,正确地使用吸量管。

二、实验原理

能够抵抗外来少量强酸、强碱或轻微的稀释而保持其 pH 基本不变的溶液称为缓冲溶液(buffer solution)。缓冲溶液对强酸、强碱或稀释的抵抗作用称为缓冲作用(buffer action)。

缓冲溶液的基本组成:① 弱酸及其共轭碱组成的缓冲液;② 弱碱及其共轭酸组成的缓冲液;③ 酸式盐及其共轭碱组成的缓冲液。

缓冲溶液是由足够浓度的两种物质(共轭酸碱对)组成的。组成缓冲溶液的共轭酸碱对被称为缓冲系(buffer system)或缓冲对(buffer pair)。

缓冲溶液的 pH 计算:亨德森-哈塞尔巴尔赫(Henderson-Hasselbalch)方程。

$$pH = pK_a + \lg \frac{[B^-]}{[HB]} \tag{5-5}$$

式中，K_a 为共轭酸的酸解离常数，$\dfrac{[B^-]}{[HB]}$ 为缓冲比。

配制缓冲溶液时，若使用原始浓度相同的共轭酸和共轭碱，则可用它们的体积比代替浓度比，即：

$$pH = pK_a + \lg \frac{V_{B^-}}{V_{HB}} \tag{5-6}$$

缓冲溶液缓冲能力的大小可用缓冲容量表示。从酸碱质子理论阐明缓冲溶液作用原理：在足量的共轭酸和共轭碱存在的条件下，可以通过共轭酸碱对质子转移平衡的移动来调节溶液的 pH 不发生显著的变化。缓冲容量是衡量缓冲溶液的缓冲能力的物理量，定义为单位体积缓冲溶液的 pH 改变 1（即 $\Delta pH = 1$）时所需加入一元强酸或一元强碱的物质的量。

缓冲容量的大小与缓冲溶液的总浓度及缓冲比有关。当缓冲比一定时，缓冲溶液的总浓度越大，缓冲容量就越大；当缓冲溶液的总浓度一定，缓冲比为 1∶1 时，缓冲容量最大。缓冲溶液能发挥其缓冲作用的 pH 范围称为缓冲范围。缓冲范围的表达式为 $pH = pK_a \pm 1$。同一缓冲系，总浓度一定时，缓冲比越远离 1，缓冲容量越小。当缓冲比大于 10∶1 或小于 1∶10 时，可认为缓冲溶液已基本失去缓冲能力。

标准缓冲溶液的配制：

1. 选择合适的缓冲系：pH 在 $pK_a \pm 1$ 范围内，pH 接近 pK_a。

2. 所选择的缓冲系中的物质不能参加溶液中的反应；药的缓冲液应考虑是否有毒性。

3. 生物医学中配制缓冲溶液的总浓度要适宜，一般使总浓度在 $0.05 \sim 0.2(0.5)$ mol·L^{-1}。

4. 用亨德森公式计算所选择的缓冲系中各物质的量。

5. 校正。

pH=1~2 和 pH=12~13 的强酸性或强碱性缓冲溶液采用 HCl 或 NaOH 并加入 KCl 配制，其余 pH=2~12 的缓冲溶液均采用共轭酸中加入 NaOH 或共轭碱中加入 HCl 的方法配制。

试纸使用方法：

广泛 pH 试纸的使用方法：将广泛 pH 试纸放置于表面皿上，用玻璃棒蘸取待测试液点到广泛 pH 试纸上，观察 30 s 内 pH 试纸的颜色并与比色卡对比。

精密 pH 试纸的使用方法：用洁净的镊子捏取精密 pH 试纸，轻轻放入待测试液中，立即取出，观察 30 s 内 pH 试纸颜色并与精密 pH 试纸比色卡对比。

三、仪器与试剂

1. 仪器

吸量管、烧杯、试管、洗耳球、表面皿、玻璃棒。

2. 试剂

HAc(1.0 mol·L^{-1}、0.1 mol·L^{-1})、NaAc(1.0 mol·L^{-1}、0.1 mol·L^{-1})、Na$_2$HPO$_4$

$(0.1\ mol \cdot L^{-1})$、$NaH_2PO_4$$(0.1\ mol \cdot L^{-1})$、$H_2O$、$NaOH$$(1.0\ mol \cdot L^{-1}$、$0.1\ mol \cdot L^{-1})$、$HCl$$(1.0\ mol \cdot L^{-1})$、$NaCl$$(9\ g \cdot L^{-1})$、甲基红、广泛 pH 试纸、精密 pH 试纸。

四、实验步骤

1. 配制缓冲溶液

用吸量管按照表 5-3 中的用量分别在大试管中配制 A、B、C、D 4 种缓冲溶液，摇匀，备用。

表 5-3　缓冲溶液配制

编号	试剂	用量/mL
A	$1.0\ mol \cdot L^{-1}$ HAc	5.00
	$1.0\ mol \cdot L^{-1}$ NaAc	5.00
B	$0.1\ mol \cdot L^{-1}$ HAc	5.00
	$0.1\ mol \cdot L^{-1}$ NaAc	5.00
C	$0.1\ mol \cdot L^{-1}$ Na_2HPO_4	5.00
	$0.1\ mol \cdot L^{-1}$ NaH_2PO_4	5.00
D	$0.1\ mol \cdot L^{-1}$ Na_2HPO_4	9.00
	$0.1\ mol \cdot L^{-1}$ NaH_2PO_4	1.00

2. 缓冲溶液的性质

取 7 支试管依次编号为 1 至 7 号，按表 5-4 加入溶液，分别用广泛 pH 试纸测各试管中溶液的 pH。然后分别在各试管中加入 2 滴 $HCl$$(1.0\ mol \cdot L^{-1})$ 或 $NaOH$$(1.0\ mol \cdot L^{-1})$ 溶液，再用广泛 pH 试纸测各试管中溶液的 pH。

表 5-4　缓冲溶液性质

实验编号	1	2	3	4	5	6	7
缓冲溶液 A/mL	2.00	2.00	0.00	0.00	0.00	0.00	2.00
$9\ g \cdot L^{-1}$NaCl/mL	0.00	0.00	0.00	0.00	2.00	2.00	0.00
H_2O/mL	0.00	0.00	2.00	2.00	0.00	0.00	0.00
pH_1							
$1.0\ mol \cdot L^{-1}$HCl/滴	2	0	2	0	2	0	5 mL H_2O
$1.0\ mol \cdot L^{-1}$NaOH/滴	0	2	0	2	0	2	
pH_2							
$pH_2 - pH_1$							

3. 缓冲容量与缓冲浓度及缓冲比的关系

（1）缓冲容量与缓冲溶液总浓度的关系

取两支小试管，在一支试管中加入 2.00 mL 缓冲溶液 A，另一支试管中加入 2.00 mL 缓冲溶液 B，分别在每管中加入 2 滴甲基红指示剂，摇匀观察溶液颜色。再边摇边滴加

1.0 mol·L^{-1} NaOH，记下使溶液刚好变为黄色时所用 NaOH 的滴数，将所得数据记入表 5-5。

表 5-5　缓冲容量与浓度的关系

实验编号	1	2
缓冲溶液 A/mL	2.00	0.00
缓冲溶液 B/mL	0.00	2.00
甲基红滴数	2	2
颜色		
加入 NaOH 滴数		
结论	当缓冲比一定时，缓冲溶液总浓度越大，缓冲容量就越大	

（2）缓冲容量与缓冲比的关系

分别用精密 pH 试纸测量缓冲溶液 C 和 D 的 pH。然后在每支试管中加入 0.9 mL 0.1 mol·L^{-1} NaOH，混匀后再用精密 pH 试纸测量两溶液的 pH，所得结果记入表 5-6。

表 5-6　缓冲容量与缓冲比的关系

实验编号	1	2
缓冲溶液 C/mL	10.00	0.00
缓冲溶液 D/mL	0.00	10.00
溶液的 pH		
加 NaOH 后溶液的 pH		
结论	当缓冲溶液的总浓度一定，缓冲比为 1:1 时，缓冲容量最大	

注　意　事　项

1. 精密 pH 试纸和广泛 pH 试纸的使用方法不同。
2. pH 试纸读数要在 30 s 内读出。
3. 加入甲基红指示剂时，边滴加边摇晃。
4. 吸量管标签要与试剂瓶标签对应，防止污染试剂。

思　考　题

1. 缓冲溶液的 pH 由哪些因素决定？
2. 缓冲容量取决于什么？在什么情况下缓冲溶液的缓冲容量最大？
3. 人每天都会吃各种各样的食物，这些食物中包括酸性物质和碱性物质，而人体血液 pH 稳定在 7.35～7.45 之间。请思考人体血液是怎么维持平衡的。

实验四 弱酸解离平衡常数的测定

一、实验目的

1. 掌握 pH 计测定溶液 pH 的方法。
2. 掌握电位法测定解离平衡常数的方法。

二、实验原理

酸碱质子理论：

酸：能给出质子（H^+）的物质，比如 HCl、H_3O^+、H_2O、HCO_3^- 等。

碱：能接受质子（H^+）的物质，比如 OH^-、Cl^-、H_2O、HCO_3^- 等。

酸、碱可以是阳离子、阴离子或中性分子。

共轭酸碱对即只相差一个质子的一对酸碱。两性物质即既能给出质子又能接受质子的物质。酸碱质子理论中没有盐的概念。酸碱反应实质是两对共轭酸碱对之间的质子传递反应。酸碱反应进行的方向为相对较强的酸和相对较强的碱反应生成相对较弱的碱和相对较弱的酸。酸越容易给出质子，则酸性越强，其对应的碱碱性越弱；碱越容易接受质子，则碱性越强，其对应的酸酸性越弱。共轭酸碱对中，酸碱的强度是相互制约的。

电化学分析即应用电化学的基本原理和实验技术，根据物质的电化学性质来测定物质组成及其含量的分析方法。它以溶液的电导、电位、电流和电量等电化学参数与被测物质含量之间的关系作为计量基础。

电位分析法即将合适的指示电极与参比电极插入被测溶液中组成化学电池，通过测定电池的电动势或指示电极电位的变化进行分析的方法。

一元弱酸的解离平衡以醋酸为例。

醋酸在溶液中存在下列解离平衡：

$$HAc + H_2O \rightleftharpoons H_3O^+ + Ac^-$$

一定温度下，解离达到平衡时：

$$K_a = \frac{[H^+][Ac^-]}{[HAc]} \tag{5-7}$$

公式变形，两边取对数，则有：$-\lg K_a = pH - \lg \dfrac{[Ac^-]}{[HAc]}$ （5-8）

式中，K_a 为解离平衡常数，$[H^+]$、$[Ac^-]$、$[HAc]$ 为平衡浓度。

在 HAc 溶液中加入一定量的 NaOH 溶液，形成 $HAc-Ac^-$ 缓冲溶液。根据上述关系，用校正后的 pH 计直接测定 HAc 溶液的 pH，并根据该溶液的 $\dfrac{[Ac^-]}{[HAc]}$ 计算出 HAc 溶液的解离平衡常数。

移液管的使用注意事项：

1. 检查：检查移液管是否破损，查看移液管量程、使用温度。

2. 润洗:取少许试液润洗移液管 3 次。用右手的拇指和中指捏住移液管的上端,将管的下口插入待吸取的溶液中,左手将洗耳球捏扁后,接在管口上将溶液慢慢吸入,吸入溶液从管的下口放出至废液容器中。

3. 吸液:将移液管垂直伸于液面下 2～3 cm 处,吸取溶液至"0.00 mL"刻度以上后,右手食指堵住管口,将移液管移出待取溶液容器。

4. 放液:将移液管放入接收溶液的容器中,使出口尖端靠着容器内壁,容器稍倾斜,移液管则保持垂直,放开食指,使溶液沿容器内壁自然流下,待移液管内溶液流净后,再等待15 s,取出移液管(管径标有"快"或"吹"的必须将管头溶液吹出)。

5. 移液管用完后,必须洗净后存放。先竖着放,控干水分之后再横着放。

pH 计的安装和校正:

1. 根据说明书安装,并准备标准缓冲溶液来校正 pH 计。

2. 开机,进入 mV 测量状态,mV 指示灯亮。

3. 按"mV/pH"键,进入 pH 测量状态,pH 指示灯亮。

4. 按"温度"键,温度指示灯亮,设定溶液温度为 25 ℃,按"确定"键回到 pH 测量状态。

5. 把用蒸馏水清洗过的电极插入 pH＝6.86 的标准缓冲溶液中,待读数稳定后按"定位"键,pH 指示灯慢闪烁,调节使读数为 6.86,然后按"确定"键。

6. 把用蒸馏水清洗过的电极插入 pH＝4.00 的标准缓冲溶液中,待读数稳定后按"斜率"键,pH 指示灯快闪烁,调节使读数为 4.00,然后按"确定"键。

7. 用蒸馏水清洗电极后即可对待测溶液进行测量。

三、仪器与试剂

1. 仪器

pH 计、碱式滴定管(25 mL)、锥形瓶(250 mL)、移液管(20 mL)、烧杯(100 mL)。

2. 试剂

0.1 mol·L^{-1} NaOH、0.1 mol·L^{-1} HAc、邻苯二甲酸氢钾缓冲溶液(pH＝4.00)、酚酞指示剂。

四、实验步骤

1. HAc 溶液的滴定

用移液管吸取 20.00 mL HAc 溶液于 250 mL 锥形瓶中,加 2 滴酚酞指示剂,用 NaOH 标准溶液滴定至溶液呈微红色,30 s 内不褪色为止,记录消耗的 NaOH 溶液的体积。再重复滴定 2 次。计算消耗的 NaOH 溶液体积平均值 $V_{平均(NaOH)}$。

2. 测定不同浓度 HAc 溶液的 pH

(1) 准确量取 20.00 mL HAc 于干燥的 50 mL 烧杯中,由碱式滴定管加入 1/4 $V_{平均(NaOH)}$,摇匀,测 pH。

(2) 继续滴加 NaOH 至 1/2 $V_{平均(NaOH)}$、3/4 $V_{平均(NaOH)}$,分别测 pH。

3. 测定完毕,洗净电极和烧杯,还原仪器,关闭电源。

4. 根据实验测得的 pH 计算 HAc 的解离平衡常数。

表 5 - 7　数据记录及计算

实验序号	1	2	3
NaOH 加入量/mL	$\frac{1}{4}V_{平均(NaOH)}$	$\frac{1}{2}V_{平均(NaOH)}$	$\frac{3}{4}V_{平均(NaOH)}$
pH			
K_a（根据公式求出每组的 K_a）	$-\lg K_{a1} = pH - \lg\frac{1}{3}$	$-\lg K_{a2} = pH - \lg\frac{1}{1}$	$-\lg K_{a3} = pH - \lg 3$
$K_{a平均}$			
$K_{a理论}$	1.8×10^{-5}		
相对平均偏差/%	$d = \dfrac{\mid K_{a1}-K_{a平均}\mid + \mid K_{a2}-K_{a平均}\mid + \mid K_{a3}-K_{a平均}\mid}{3\times K_{a平均}}\times100\%$		

注 意 事 项

1. 用 pH 计时,电极上的橡皮套要打开,关闭仪器时要将其堵上。
2. 洗电极时,先用蒸馏水小心冲洗,然后用滤纸将水吸干。
3. 滴定时两次滴耗的滴定溶液体积差值不可超过 0.3 mL。

思 考 题

1. 如果改变所测 HAc 溶液的温度,解离常数有无变化?
2. 本实验所使用的 HAc 和 NaOH 溶液的浓度是否需要精确到四位有效数字? 为什么?
3. 用 pH 计测定溶液的 pH 时,应该注意些什么?

实验五　酸碱滴定法测定硼砂的含量

一、实验目的

1. 掌握酸碱滴定分析的基本原理和操作步骤。
2. 掌握标准酸液的标定方法以及硼砂含量的测定方法。

二、实验原理

酸碱滴定曲线:以滴定过程中所加入的酸或碱标准溶液的量为横坐标,以溶液的 pH 为纵坐标作图绘得的曲线。

表 5 - 8 是 0.100 0 mol · L^{-1} NaOH 滴定 20.00 mL 0.100 0 mol · L^{-1} HCl 溶液过程中 pH 的变化,图 5 - 3 即为相应的滴定曲线。从滴定曲线图中可以明显看到滴定突跃(自变量滴定百分数很小的变化会引起函数 pH 急剧的变化),因为有滴定突跃,我们才可以

准确滴定。

表 5-8　0.100 0 mol·L^{-1} NaOH 滴定 20.00 mL 0.100 0 mol·L^{-1} HCl 溶液过程中 pH 的变化

NaOH 加入量/mL	滴定百分数/%	HCl 剩余量/mL	NaOH 过量值/mL	pH
0.00	0.00	20.00	—	1.00
18.00	90.00	2.00	—	2.28
19.80	99.00	0.20	—	3.30
19.98	99.90	0.02	—	4.30
20.00	100.0	0.00	—	7.00
20.02	100.1	—	0.02	9.70
20.20	101.0	—	0.20	10.70
22.00	110.0	—	2.00	11.70
40.00	200.0	—	20.00	12.50

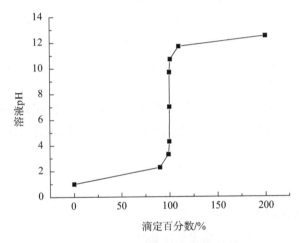

图 5-3　一元强酸强碱滴定曲线

　　滴定突跃范围:突跃所在的 pH 范围,简称突跃范围。

　　指示剂的选择原则:指示剂的变色范围全部或部分在突跃范围之内。

　　酸碱指示剂即酸碱滴定中随溶液 pH 的变化而改变颜色,可指示滴定终点的指示剂。一般是一些有机弱酸(或弱碱),与其共轭碱(酸)具有不同的颜色。可逆反应方程式可表示为:

$$HIn + H_2O \rightleftharpoons H_3O + In^-$$

对应的 pH 求解公式:

$$pH = pK_{HIn} + \lg \frac{[In^-]}{[HIn]} \tag{5-9}$$

随溶液 pH 的改变,溶液中酸色和碱色成分的浓度改变,溶液的颜色从而也发生改变。

　　变色原理:在一定 pH 范围内,$\dfrac{[In^-]}{[HIn]}$ 决定了溶液的颜色。

理论变色点：$pH = pK_{HIn}$。此时溶液显现酸色和碱色等量混合的中间混合色。

理论变色范围：$pH = pK_{HIn} \pm 1$。在这个范围内，才能明显观察出指示剂颜色的变化。溶液浓度大，突跃范围大，但是可能会引起较大的滴定误差；溶液浓度小，突跃范围小，难以找到合适的指示剂指示终点。通常溶液浓度以 $0.1 \sim 0.5$ mol·L^{-1} 为宜。

硼砂（$Na_2B_4O_7 \cdot 10H_2O$）即十水四硼酸钠，易溶于水，解离出 Na^{2+} 和 $B_4O_7^{2-}$。$B_4O_7^{2-}$ 在水溶液中呈碱性，可以用酸碱滴定法测定含量。如果用 HCl 标准溶液滴定，化学方程式如下：

$$Na_2B_4O_7 \cdot 10H_2O + 2HCl =\!=\!= 2NaCl + 4H_3BO_3 + 5H_2O$$

在化学计量点时有 $n_{HCl} : n_{Na_2B_4O_7 \cdot 10H_2O} = 2 : 1$。

据此可列出硼砂的质量分数计算式：

$$w = \frac{c_{HCl} \times V_{HCl} \times M_{硼砂}}{m_{硼砂} \times 2 \times 1\,000} \times 100\% \tag{5-10}$$

式中，c_{HCl} 为滴定时所用的标准溶液 HCl 的浓度（mol·L^{-1}），V_{HCl} 为消耗的 HCl 标准溶液的体积（mL），$m_{硼砂}$ 为每次滴定中消耗的硼砂的质量（g），$M_{硼砂}$ 为硼砂的摩尔质量（381.37 g·mol^{-1}）。

用 HCl 标准溶液滴定硼砂溶液，滴定终点溶液 $pH = 5.1$，可以选用甲基红（pH 变色范围为 $4.4 \sim 6.2$）作为指示剂。

由于浓盐酸易挥发，所以不能直接配制成标准溶液，只能先配制成近似浓度的溶液，然后用一级标准物质标定其准确浓度。可标定酸溶液的基准物质有无水碳酸钠（Na_2CO_3）和硼砂（$Na_2B_4O_7 \cdot 10H_2O$）。

三、实验步骤

1. HCl 标准溶液的标定

本实验采用无水碳酸钠为基准物质标定盐酸。

化学方程式：$2HCl + Na_2CO_3 =\!=\!= 2NaCl + H_2O + CO_2\uparrow$。

仪器及试剂：分析天平（感量/分度值 0.1 mg）、量筒、称量瓶、酸式滴定管（25 mL）、锥形瓶（250 mL）、工作基准试剂无水 Na_2CO_3、浓 HCl（36%～38%），滴定至反应完全时，溶液 pH 为 3.89，通常选用溴甲酚绿-甲基红混合液或甲基橙作指示剂，本实验选择甲基橙。

（1）0.1 mol·L^{-1} 盐酸溶液的配制：用小量筒取浓盐酸 9 mL，注入 1 000 mL 水，摇匀。

（2）盐酸标准滴定溶液的标定：取在 270～300 ℃ 干燥至恒重的基准无水碳酸钠约 0.1～0.12 g，精密称定 3 份，分别置于 250 mL 锥形瓶中，加 50 mL 蒸馏水溶解后，加 2～3 滴甲基橙作指示剂，用配制好的盐酸溶液滴定至溶液由黄色变为橙色，记下所消耗的标准溶液的体积，同时做空白实验（空白实验即在不加无水碳酸钠的情况下重复前述操作），所得结果记入表 5-9。

$$c_{HCl} = 2 \times \frac{m_{碳酸钠}}{106(V_{HCl} - V_{空白})} \times 1\,000 \tag{5-11}$$

表 5-9　数据记录及处理

平行实验编号	$m_{碳酸钠}/g$	$V_{空白}/mL$	V_{HCl}/mL	c_{HCl}
空白				
1				
2				
3				
c_{HCl} 平均值				

2. 硼砂含量测定

(1) 仪器

分析天平、量筒、称量瓶、烧杯(100 mL)、酸式滴定管(25 mL)、锥形瓶(250 mL)。

(2) 试剂

标定好的 HCl 溶液、甲基红、粗硼砂。

实验步骤:

(1) 准确称取硼砂 1.9~2.1 g 置于 100 mL 小烧杯中,加入 20~30 mL 蒸馏水,加热搅拌至全溶,定量转移至 100 mL 容量瓶中,用少量水洗涤烧杯 3 次并移入容量瓶,定容,摇匀。

(2) 取硼砂溶液 20.00 mL 置于 250 mL 锥形瓶中,加入 2 滴甲基红,摇匀,溶液呈黄色。

(3) 用 HCl 标准溶液滴定至溶液变为橙色,即为滴定终点。记录所消耗的 HCl 溶液体积。

(4) 平行测定 3 次。测定结果相对平均偏差不应大于 0.2%。

(5) 计算硼砂含量(质量分数)。

$$w = \frac{c_{HCl} \times V_{HCl} \times M_{硼砂}}{m_{硼砂} \times 2 \times 1\,000} \times 100\% \tag{5-12}$$

表 5-10　数据记录及处理

平行实验编号	$m_{硼砂}/g$	V_{HCl}/mL	$w/\%$
1			
2			
3			
w 平均值			

注 意 事 项

1. 硼砂量大且不易溶解,用电炉加热味道较大且需要排队,可使用热水壶烧热水,用热水直接溶解。

2. 基准物质碳酸钠用完后需要及时放入干燥器。

3. 干燥器打开盖子操作应注意是推开而不是掀开。

思 考 题

1. 是否所有的锥形瓶都需无水处理？蒸馏水是否需要精确量取？
2. 你觉得测量硼砂含量时指示剂选用甲基橙好还是选用甲基红好？

实验六　简单级数反应的反应级数与速率常数测定

一、实验目的

1. 掌握反应速率、反应速率常数、反应级数的概念以及简单级数反应的反应机理。
2. 熟悉测定丙酮碘化反应中 CH_3COCH_3、H^+、I_2 的反应级数的原理和方法，并学会使用实验手段证明该反应为二级反应。

二、实验原理

反应机理（reaction dynamics）：一个反应所经历的途径或具体步骤，也称为反应历程。化学反应从反应机理角度来看可以区分为基元反应和非基元反应两类。基元反应中，反应物分子一步直接生成产物分子。非基元反应（总反应）即由两个或两个以上的基元反应组成的化学反应。速率控制步骤（速控步骤）即非基元反应中反应速率最慢的一步元反应。在基元反应的大前提下，我们讨论反应分子数和质量作用定律。反应分子数（molecularity）：在基元反应（elementary reaction）中，同时直接参加反应的粒子（分子、原子、离子）的数目。根据反应分子数，基元反应包括单分子反应、双分子反应和三分子反应，一般反应分子数不会超过 3。质量作用定律即一定温度下，基元反应的反应速率与各反应物浓度系数次幂的乘积成正比。

公式如下：

$$v = kc_A{}^a c_B{}^b \tag{5-13}$$

式中，k 为反应速率常数，a 为反应物 A 的反应级数，b 为反应物 B 的反应级数；$a+b$ 为反应的总反应级数。

对于复杂反应，我们用下式来表达化学反应速率：

$$v = kc_A{}^\alpha c_B{}^\beta \tag{5-14}$$

式中，α 为反应物 A 的反应级数，β 为反应物 B 的反应级数；$\alpha+\beta$ 为反应的总反应级数。

α、β 不一定等于 a 和 b，必须由实验测得。α、β 可以是零、简单的正数和负数以及分数。反应级数的大小体现了浓度对反应速率影响程度的大小。

反应级数和反应分子数的区别：反应级数（reaction order）是根据由实验确定的反应速率方程式提出的概念，反应分子数是根据反应机制提出的概念；反应分子数只适用于基元反应，且只能为正整数。

准级数反应：在速率方程中，若某一物质的浓度远远大于其他反应物的浓度，或是出现在速率方程中的催化剂浓度项，在反应过程中可以认为没有变化，可并入速率系数项，这时反应总级数可相应下降,这种情形称为准级数反应。

反应速率常数(reaction rate constant):单位浓度时的反应速率,取决于反应的本性、温度及催化剂等。相同条件下,通常 k 越大反应速率越快;k 与反应物浓度无关;在催化剂等条件一定时,k 仅是温度的函数;k 的单位为[浓度]$^{1-n}$·[时间]$^{-1}$,式中 n 为反应级数,所以反应级数不同,k 的单位不同。

零级反应:$v = k(c_A)^0$,k 的量纲为 $mol·L^{-1}·s^{-1}$。

一级反应:$v = kc_A$,k 的量纲为 s^{-1}。

二级反应:$v = k(c_A)^2$,$v = kc_A c_B$,k 的量纲为 $mol^{-1}·L·s^{-1}$。

二级反应的特征:二级反应速率常数单位为[浓度]$^{-1}$·[时间]$^{-1}$,反应物浓度的倒数与时间成直线关系,直线斜率为 k,二级反应的半衰期 $t_{\frac{1}{2}} = \dfrac{1}{kc_0}$。

针对丙酮碘化反应,在酸性水溶液中,丙酮碘化反应的总反应方程式为:

$$CH_3COCH_3 + I_2 \xrightarrow{H^+} CH_3COCH_2I + H^+ + I^-$$

其反应机理可能如下:丙酮先与 H^+ 反应,生成活化络合物,这是个中间产物,活化络合物既可恢复为反应物,也可生成丙烯醇。当溶液中有 I_2 存在时,丙烯醇立即与 I_2 反应生成 CH_3COCH_2I。第一步是慢反应,是速率控制步骤,所以可认为总反应速率只与 CH_3COCH_3、H^+ 的浓度有关,而与 I_2 的浓度无关,即 CH_3COCH_3、H^+ 的反应级数均为 1,I_2 的反应级数为 0,总反应级数为 2。

上面是我们假设的可能的反应机理,现在我们通过实验的手段来进行验证。我们设反应速率方程为:

$$v = kc_{丙酮}^{\alpha} c_{H^+}^{\beta} c_{I_2}^{\gamma} \tag{5-15}$$

式中,k 为速率常数;α、β、γ 分别表示丙酮、H^+ 和 I_2 的反应级数,它们之和为总反应级数。

该实验设计让 CH_3COCH_3 和 H^+ 大大过量(与 I_2 相比),这样从与 I_2 开始反应起,直到 I_2 作用完的这段时间内,CH_3COCH_3 和 H^+ 的浓度可以看作几乎不变,则反应速率也几乎不变,就可以用平均速率来代替反应开始时的瞬时速率,测出从开始至 I_2 完全作用所需时间 t,从而求出反应速率。实验中各反应物起始浓度见表 5-11。

表 5-11 实验中各反应物起始浓度

实验编号	CH_3COCH_3 起始浓度	H^+ 起始浓度	I_2 起始浓度	反应速率
1	A	B	D	v_1
2	$2A$	B	D	v_2
3	A	$2B$	D	v_3
4	A	B	$2D$	v_4

根据速率方程(5-15),可得下列一些式子:

$$v_1 = k_1 A^{\alpha} B^{\beta} D^{\gamma} \tag{5-16}$$

$$v_2 = k_2 (2A)^{\alpha} B^{\beta} D^{\gamma} \tag{5-17}$$

$$v_3 = k_3 A^{\alpha} (2B)^{\beta} D^{\gamma} \tag{5-18}$$

$$v_4 = k_4 A^{\alpha} B^{\beta} (2D)^{\gamma} \tag{5-19}$$

现在使用数学计算推导：

$$式(5-17) \div 式(5-16) 可得到 \frac{v_2}{v_1} = 2^{\alpha} \tag{5-20}$$

$$式(5-18) \div 式(5-16) 可得到 \frac{v_3}{v_1} = 2^{\beta} \tag{5-21}$$

$$式(5-19) \div 式(5-16) 可得到 \frac{v_4}{v_1} = 2^{\gamma} \tag{5-22}$$

四个反应速率可通过实验解得，然后代入上面 3 个式子，即可解得 α、β、γ，代入反应速率方程，又可以得到 k_1、k_2、k_3、k_4，可求出 $k_{平均}$。

三、本实验安全注意事项

（一）实验风险

本实验会用到丙酮。

1. 健康危害：急性中毒主要表现为对中枢神经系统的麻醉作用，出现乏力、恶心、头痛、头晕、易激动，重者发生呕吐、气急、痉挛，甚至昏迷。对眼、鼻、喉有刺激性，口服后，先口唇、咽喉有烧灼感，后出现口干、呕吐、昏迷、酸中毒和酮症。

2. 慢性影响：长期接触该品出现眩晕、灼烧感、咽炎、支气管炎、乏力、易激动等。皮肤长期反复接触可致皮炎。

3. 燃爆危险：该品极度易燃，具刺激性。

（二）防范措施

1. 操作务必规范，严格按照教师要求进行操作。

2. 如果不小心皮肤接触：使用大量肥皂水和清水冲洗接触到的皮肤。

3. 如果不小心进入眼睛：提起眼睑，让同学帮忙使用蒸馏水或生理盐水冲洗眼睛，然后就医。

4. 如果洒到实验台面或地面，使用沙土覆盖吸收，然后置入特定的废桶内。

5. 实验后的废液务必放入特定的废桶内。

四、仪器和试剂

1. 仪器

锥形瓶、量筒、秒表。

2. 试剂

CH_3COCH_3（4.00 mol·L^{-1}，AR）、HCl（1.00 mol·L^{-1}，AR）、I_2（5.00 × 10^{-4} mol·L^{-1}，AR）。

五、实验步骤

1. 取洁净锥形瓶 1 只，用量筒依次加入丙酮、盐酸、蒸馏水，最后加入碘溶液并立即开始计时,摇匀后置于垫有白纸的桌面上,以盛有 50 mL 蒸馏水的锥形瓶做空白对照,仔细观察溶液颜色变化,当黄色完全消失停止计时。

2. 重复上述实验一次,得反应时间 t'(两次时间相差应不超过 3 s)。

3. 按照同样方法测定,记入表 5 - 12 中。

表 5 - 12　数据记录

实验编号	丙酮体积/mL	盐酸体积/mL	蒸馏水体积/mL	碘液体积/mL	t/s	t'/s	$t_{平均}/s$
1	10.0	10.0	20.0	10.0			
2	20.0	10.0	10.0	10.0			
3	10.0	20.0	10.0	10.0			
4	10.0	10.0	10.0	20.0			

4. 由测得的数据,按照之前所讲的计算公式计算 CH_3COCH_3、H^+ 和 I_2 的反应级数 α、β、γ,最后算出平均速率常数 $k_{平均}$。

注 意 事 项

1. 要做空白对照,以盛有 50 mL 蒸馏水的锥形瓶做空白对照,很多学生对颜色消失判断不准确,这样会造成时间误差。

2. 碘液要保存好,有条件的现用现配,因为碘容易挥发,会造成结果误差较大。

3. 冬天和夏天的温差较大,实验工作人员可根据季节情况对碘浓度做些改变,以求反应时间处在比较好的范围,一般将实验 1 的反应时间调节至 120 s 左右。因为反应时间过短实验误差会较大。

思 考 题

1. 如何测定丙酮碘化反应的总反应级数? 实验时应固定什么条件,改变什么条件? 试结合本实验说明之。

2. 反应中为什么可由反应溶液从混合到黄色消失所需时间 t 来求得反应速率? 实验中应如何操作才能较准确地测得反应时间 t?

3. 查阅资料寻找其他二级反应,并结合本实验探讨怎么通过实验验证该反应为二级反应。

实验七　配合物的合成和性质

一、实验目的

1. 掌握配离子的结构以及它和简单离子的性质的不同。

2. 熟悉有关配离子的生成和解离条件。

3. 熟悉酸碱平衡、沉淀平衡、氧化还原平衡和配位平衡的相互影响,利用平衡移动来解释实验现象。

二、实验原理

配合物是中心原子与一定数目的分子或阴离子以配位键相结合生成的复杂结构单元,包括配离子和配分子。中心原子:位于配合物的中心,具有空轨道,能接受孤对电子的原子,多为副族的金属离子和原子。配位原子:提供孤对电子与中心原子形成配位键的原子,如C、O、S、N、F、Cl、Br、I 等。配位体(配体):含有配位原子的阴离子或中性分子,包括单齿配体和多齿配体。单齿配体即含有单个配位原子的配体,多齿配体即含有两个或两个以上配位原子的配体。

配离子的稳定性可用稳定常数(K_s)来衡量。如中心原子 M 和配体 L 及它们所形成的配离子 ML_n 之间,在水溶液中存在如下配位平衡:

$$M + nL \rightleftharpoons ML_n$$

$$K_s = \frac{[ML_n]}{[M][L]^n} \tag{5-23}$$

K_s 的大小反映了配合物的稳定性;K_s 与温度有关,与浓度无关;K_s 是一个累积稳定常数。

根据 K_s 可以直接比较相同类型(配体数相同)配离子的稳定性;配体数不同时,必须通过计算才能判断配离子的稳定性。

对于配离子类型和配体数都相同的配合物,K_s 越大,表明生成该配离子的倾向越大,配离子的稳定性越强。根据平衡移动原理,增加中心离子或配体浓度有利于配离子生成,相反则有利于配离子的解离。所以配位平衡也是一种动态平衡,它与溶液的酸碱度,溶液中存在的沉淀平衡、氧化还原平衡密切相关。

溶液的酸性越强,配离子越不稳定;保持溶液的酸碱度不变,配体的碱性越强,配离子越不稳定;配离子的 K_s 越大,抗酸能力越强。

水解效应:因 OH^- 浓度增加,金属离子与 OH^- 结合致使配离子解离的作用;在不产生氢氧化物沉淀的前提下,适当提高溶液的 pH 以保证配离子的稳定性。

配位平衡与沉淀平衡的关系:反应朝哪个方向移动,取决于沉淀剂与配体争夺金属离子的能力。

配位平衡之间的相互关系:配位平衡的移动总是向生成配离子稳定性大的方向进行。

螯合物是由一个中心原子和多齿配体形成的一类具有环状结构的配合物。螯合环的形成使螯合物具有特殊的性质,原来物质的某些性质如颜色、溶解度、酸碱度等会发生变化。例如,硼酸是一种弱酸,但是与多羟基化合物甘油、甘露醇等形成螯合物后酸性增强。也可利用生成螯合物的反应来鉴定某些金属离子。

三、仪器与试剂

1. 仪器

试管、试管架。

2. 试剂

HCl、HNO₃、NH₃·H₂O、NaOH、CuSO₄、NaCl、NaBr、(NH₄)₂S、饱和(NH₄)₂C₂O₄、FeCl₃、Na₂SO₃、KSCN、EDTA、BaCl₂、K₃[Fe(CN)₆]、AgNO₃、NiCl₂、1%丁二酮肟溶液、KI、NH₄F、2%淀粉溶液。

四、实验内容

1. 配合物的生成与组成

在试管中加入 $0.1\ mol\cdot L^{-1}$ 的 $CuSO_4$ 溶液 10 滴,再滴加 $2\ mol\cdot L^{-1}$ 的氨水溶液 1 滴,观察现象,继续加入 2 滴 $6\ mol\cdot L^{-1}$ 的氨水溶液,观察有何变化。将此溶液分盛于 3 支试管中,分别滴入 $BaCl_2$、$NaOH$ 和 $(NH_4)_2S$ 溶液各两滴,观察现象,并讨论配合物中 Cu^{2+} 和 SO_4^{2-} 的位置。

$$CuSO_4 + 4NH_3 =\!=\!= [Cu(NH_3)_4]SO_4$$

开始形成了 $Cu_2(OH)_2SO_4$,之后形成了 $[Cu(NH_3)_4]SO_4$:

$$Ba^{2+} + SO_4^{2-} =\!=\!= BaSO_4\downarrow$$

$$Cu^{2+} + S^{2-} =\!=\!= CuS\downarrow$$

2. 简单离子和配离子的不同性质

取试管两支,分别加入 $0.1\ mol\cdot L^{-1}$ 的 $FeCl_3$ 和同浓度的 $K_3[Fe(CN)_6]$ 溶液各 3 滴,然后再分别加入 $0.1\ mol\cdot L^{-1}$ KSCN 溶液各两滴,观察比较两试管中的现象,并写出有关的反应方程式。

$$Fe^{3+} + nSCN^- = [Fe(NCS)_n]^{3-n}$$,变为血红色。

另一支试管由于本身为配离子,所以无现象。

3. 影响配位平衡移动的因素

（1）配位平衡与沉淀平衡的转化

① 在试管中加入 $0.1\ mol\cdot L^{-1}$ 的 $AgNO_3$ 溶液 3 滴,再加入 $0.1\ mol\cdot L^{-1}$ 的 $NaCl$ 溶液 1 滴,观察现象,然后再滴加 4~5 滴过量的 $6\ mol\cdot L^{-1}$ 的氨水,观察现象。将上述溶液分盛于两支试管中,分别加入 $0.1\ mol\cdot L^{-1}$ 的 $NaCl$ 和 $NaBr$ 溶液各 2 滴,观察现象。

$$AgNO_3 + NaCl =\!=\!= AgCl\downarrow + NaNO_3$$

$$AgCl + 2NH_3 =\!=\!= [Ag(NH_3)_2]^+ + Cl^-$$

加入 $NaCl$ 无现象,加入 $AgBr$ 时:

$$[Ag(NH_3)_2]^+ + Br^- =\!=\!= AgBr\downarrow + 2NH_3$$

因为 $K_{sp,AgBr} = 5.35\times10^{-13}$,$K_{sp,AgCl} = 1.77\times10^{-10}$,$AgBr$ 比 $AgCl$ 的溶解度小。

② 在两支试管中分别加入 $0.1\ mol\cdot L^{-1}$ 的 $(NH_4)_2S$ 溶液和饱和的草酸铵溶液各 3 滴,再加入 $0.1\ mol\cdot L^{-1}$ 的 $CuSO_4$ 溶液各 5 滴,观察现象,然后再分别加入 2 滴 $6\ mol\cdot L^{-1}$ 的氨水溶液,观察比较现象,根据结果判断 CuS 和 CuC_2O_4 两沉淀溶度积的大小。

$$Cu^{2+} + S^{2-} =\!=\!= CuS\downarrow$$,加入氨水没有变化;$Cu^{2+} + C_2O_4^{2-} =\!=\!= CuC_2O_4\downarrow$,加入氨水沉

淀溶解。

$$K_{sp,CuS}=6.3\times10^{-36}, K_{sp,CuC_2O_4}=2.87\times10^{-8}$$

$$K_{sp,CuS}<K_{sp,CuC_2O_4}$$

③ 在两支试管中分别加入 0.1 mol·L^{-1} 的 AgNO$_3$ 溶液 4 滴,第 1 支试管加入 0.5 mol·L^{-1} 的 Na$_2$S$_2$O$_3$ 溶液 1 滴,观察到沉淀的产生,立刻快速滴加 0.5 mol·L^{-1} 的 Na$_2$S$_2$O$_3$ 溶液数滴,沉淀消失;在第 2 支试管中逐滴加入 2 mol·L^{-1} 的氨水,边加边振荡,待生成沉淀溶解后,再继续滴加 2～3 滴 2 mol·L^{-1} 的氨水,然后在两支试管中各加入 0.1 mol·L^{-1} 的 NaBr 溶液 1 滴,观察现象,写出反应式,比较两个配离子的稳定性。

[Ag(S$_2$O$_3$)$_2$]$^{3-}$ 加入 NaBr 溶液没有现象,[Ag(NH$_3$)$_2$]$^+$ 加入 NaBr 溶液产生淡黄色沉淀。

$$[Ag(NH_3)_2]^+ + Br^- === AgBr\downarrow + 2NH_3$$

$$K_{s,[Ag(S_2O_3)_2]^{3-}} > K_{s,[Ag(NH_3)_2]^+}$$

(2) 沉淀平衡与溶液的酸碱性

① 在试管中加入 0.1 mol·L^{-1} 的 AgNO$_3$ 溶液 2 滴、6 mol·L^{-1} 的氨水溶液 2 滴,再依次滴加 0.1 mol·L^{-1} 的 NaCl 溶液 2 滴和 2 mol·L^{-1} 的 HNO$_3$ 溶液 3 滴,观察有无 AgCl 沉淀生成,解释原因。

一开始没有沉淀生成,加入硝酸以后,

$$[Ag(NH_3)_2]^+ + 2HNO_3 === 2NH_4^+ + Ag^+ + 2NO_3^-$$

Ag$^+$ + Cl$^-$ === AgCl$\downarrow$,有沉淀生成。

② 在两支试管中分别加入 0.1 mol·L^{-1} 的 FeCl$_3$ 溶液各 1 滴、0.1 mol·L^{-1} 的 KSCN 溶液各 3 滴,一支试管中加入 6 mol·L^{-1} 的 HCl 溶液 2 滴,另一支试管中加入 1 mol·L^{-1} 的 NaOH 溶液 2 滴,观察记录溶液颜色的变化,讨论配离子在酸性和碱性中的稳定性。

$$Fe^{3+} + nSCN^- === [Fe(NCS)_n]^{3-n}$$

金属离子与氢氧根结合,使得配位平衡朝解离方向移动,配离子解离,溶液颜色消失。

(3) 不同配位剂对配位平衡的影响

在试管中分别加入 0.1 mol·L^{-1} 的 FeCl$_3$ 溶液和 0.1 mol·L^{-1} 的 KSCN 溶液各 1 滴,再加入蒸馏水 8 滴,混合后得到血红色溶液,向该试管中加入 0.1 mol·L^{-1} 的 EDTA 溶液 3 滴,观察溶液颜色的变化,用配位平衡移动加以解释。

$$Fe^{3+} + nSCN^- === [Fe(NCS)_n]^{3-n}$$

加入 EDTA 以后,平衡朝着生成[Fe(EDTA)]$^-$ 的方向移动,血红色褪去。

(4) 配位平衡与氧化还原平衡的关系

在试管中分别加入 0.1 mol·L^{-1} 的 FeCl$_3$ 溶液和 0.1 mol·L^{-1} 的 KI 溶液,振荡,加入饱和的草酸铵溶液 5 滴,观察现象并写出反应的方程式。

$$2Fe^{3+} + 2I^- === 2Fe^{2+} + I_2\downarrow$$

$Fe^{3+} + 3C_2O_4^{2-} \rightleftharpoons [Fe(C_2O_4)_3]^{3-}$，溶液颜色由淡黄到黄到淡黄。

4. 螯合物的生成

向试管中加入 0.1 mol·L^{-1} 的 NiCl$_2$ 溶液 2 滴及蒸馏水 10 滴，再加入 2 mol·L^{-1} 的氨水溶液 2 滴致呈碱性，然后加入 1% 的丁二酮肟溶液 3 滴，观察红色螯合物的生成。此法为检验 Ni^{2+} 的灵敏反应。

思　考　题

1. 影响配合物稳定性的主要因素有哪些？
2. 用丁二酮肟鉴定 Ni^{2+} 时，溶液酸性过强或者过弱对鉴定反应有何影响？
3. 锅炉除垢，怎么除去硫酸钙？

实验八　可见分光光度法测定微量 Fe^{3+} 浓度

一、实验目的

1. 掌握用分光光度法测定溶液中微量 Fe^{3+} 浓度的基本原理和方法。
2. 学会使用分光光度计，掌握吸收曲线和标准曲线的绘制方法。

二、实验原理

溶液中的有色物质对光可以选择性吸收。各种不同的物质都有其各自的吸收光谱。吸收峰：吸收曲线上吸收最大的地方，所对应的波长称最大吸收波长 λ_{max}。根据吸收光谱的形状和最大波长，可以对物质进行定性分析。同一物质，浓度不同时，吸收光谱的形状相同，但是根据吸光度 A 的大小可以进行定量分析。

当单色光透过溶液时，光能量就会被吸收而减弱。吸光度 A（光能量减弱的程度）和物质的质量浓度（ρ）、液层的厚度（l）之间的关系符合朗伯-比尔定律：$A = E_{1cm}^{1\%} l \rho$，式中，$E_{1cm}^{1\%}$ 叫作比吸光系数，其数值与入射光的波长、溶液的性质及温度有关。在给定单色光、溶剂和温度等条件下，比吸光系数是物质的特性常数。不同物质对同一波长的单色光，可有不同的比吸光系数，比吸光系数越大，表明该物质的吸光能力越强。

若入射光的波长、温度和液层厚度均不变时，吸光度与溶液的质量浓度成正比。分光光度计就是根据上述原理设计的。

分光光度法的定量分析一般包括吸光系数法、校正曲线法和标准曲线法。本实验使用标准曲线法：首先根据一定理论知识，在一定范围波长内绘出吸收光谱曲线，找到最大吸收波长，在最大吸收波长下测定一系列已知浓度的某物质吸光度，以 A 为纵坐标、ρ 为横坐标，绘出 A-ρ 标准曲线。然后去测未知溶液的吸光度 A_i，过 A_i 作 y 轴的垂线，与标准曲线有交点，然后过该交点作 x 轴的垂线，交点即为对应的质量浓度 ρ_i（如图 5-4 所示）。

如果被测物质没有颜色或颜色太浅，则可加入合适的显色剂生成一种有色配合物。可用磺基水杨酸作为显色剂测定 Fe^{3+} 的浓度。

磺基水杨酸与 Fe^{3+} 所形成螯合物的成分因 pH 不同而不同：pH 为 2~3 时为紫红色（有

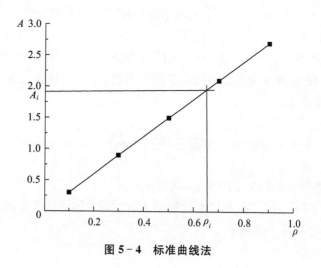

图 5-4 标准曲线法

1 个配位体);pH 为 4~9 时为橙红色(有 2 个配位体);pH 为 9~11.5 时为黄色(有 3 个配位体);pH 大于 12 时,有色螯合物将被破坏而生成 $Fe(OH)_3$ 沉淀。

本实验用 pH=10 的缓冲溶液,磺基水杨酸与 Fe^{3+} 形成有 3 个配位体的黄色螯合物。

三、仪器与试剂

1. 仪器

容量瓶、分光光度计、吸量管。

2. 试剂

磺基水杨酸、pH=10 的缓冲溶液、Fe^{3+} 的标准溶液(1.0×10^2 mg·L^{-1})。

四、实验步骤

1. 系列标准溶液的配制

按表 5-13 使用 50 mL 容量瓶配制系列标准溶液,容量瓶做好编号,其中空白溶液不加 Fe^{3+} 溶液,但磺基水杨酸溶液、缓冲溶液要按照表中数据正常加入(空白溶液并不意味着是蒸馏水)。

表 5-13 数据记录及计算

试剂编号	空白	1	2	3	4	5	含 Fe^{3+} 的待测溶液
Fe^{3+} 的标准溶液/mL	0.00	1.00	2.00	3.00	4.00	5.00	5.00
磺基水杨酸/mL	4.00						
pH=10 的缓冲溶液	10 mL 缓冲溶液,再用蒸馏水稀释至 50.00 mL						
50 mL 溶液中 Fe^{3+} 的质量/mg							
吸光度 A							

2. 吸收曲线的测定

选用 5 号溶液按表 5-14 绘出吸收曲线,以波长 λ 为横坐标(λ 可通过分光光度计上的旋钮调节)、吸光度 A 为纵坐标画图,绘出吸收曲线,找到最大吸收波长(顶点处即为最大吸收波长)。

表 5-14 吸收曲线测定

λ/nm	380	390	400	410	420	430	440	450	460
A									

3. 待测溶液 Fe^{3+} 浓度的测定

(1) 标准曲线的绘制

找到最大吸收波长,在最大波长下测定 5 组配制好的标准溶液的吸光度,以质量浓度 ρ 为自变量、吸光度 A 为函数作图,得到标准曲线(图 5-5)。

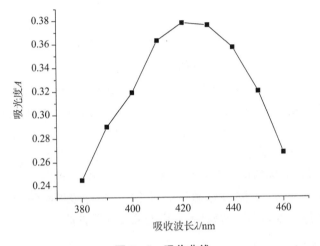

图 5-5 吸收曲线

(2) 在最大波长下测出待测液的吸光度 A_i,然后按照实验原理部分讲解的方法找到 ρ_i。

注 意 事 项

1. 本法适用于含铁量在 5% 以下的溶液的 Fe^{3+} 浓度测定。

2. 吸收池包括两个光面和两个毛面,手只能接触毛面。

3. 吸收池需用蒸馏水和待测溶液洗涤数次。

4. 吸收池(比色皿)装入溶液量为其容量的三分之二左右。

5. 利用吸收曲线测定时,每换一次波长,一定要用空白溶液校正一次,否则找不到拐点。

思 考 题

1. 理论上实验中通过标准溶液作出的五个点连起来的直线为什么一定会通过原点?

2. 实验中如果在绘制吸收曲线时,将 5 号溶液换成其他编号的溶液,会影响最大吸收波长吗?

实验九　常见离子鉴定及部分化合物性质

一、实验目的

1. 熟悉常见阳离子与阴离子鉴定与分离的方法，了解部分化合物的重要性质。
2. 熟悉试纸的使用方法。
3. 掌握试管与滴瓶的正确操作。

二、实验原理

离子的鉴定是以各离子对试剂的不同反应为依据。这种反应要求具有高度的选择性，灵敏迅速且常伴随有特殊的现象，如沉淀的生成与溶解、特殊颜色的出现、气体的产生等。

醋酸铅试纸主要用于检验 H_2S 气体的存在。润湿的醋酸铅试纸遇到 H_2S 气体时，产生硫化铅，白色的试纸立即变黑。淀粉-KI 试纸是一种用来检测氧化性物质是否存在的试纸，用于检验氯气、氟气、溴蒸气、二氧化氮等，遇以上气体，试纸由白色变为蓝色。蓝色石蕊试纸测试酸性溶液，呈红色。酸碱试纸在干燥时无法检测干燥气体的酸碱性，故若要检测气体的酸碱性，必须先将试纸润湿才能发生反应。

硼在自然界以硼砂和硼酸的形式存在。硼酸微溶于水，是极弱的一元酸，可以和甘油结合成硼酸甘油，使酸性增强。硼酸在浓硫酸中与乙醇反应生成硼酸酯。

铜、银属于ⅠB族元素，其化合物具有一定的氧化还原性质。

三、仪器和试剂

1. 仪器

试管、离心管、烧杯、镊子、试管架、离心机、玻璃棒、点滴板、药匙、蒸发皿、三脚架、火柴、水浴锅、pH 试纸、$Pb(Ac)_2$ 试纸、淀粉-KI 试纸、蓝色石蕊试纸。

2. 试剂

$0.1\ mol \cdot L^{-1}$ 和 $1\ mol \cdot L^{-1}NaCl$，饱和 $KSb(OH)_6$，$1\ mol \cdot L^{-1}KCl$，饱和 $NaHC_4H_4O_6$，$0.5\ mol \cdot L^{-1}MgCl_2$，$2\ mol \cdot L^{-1}$ 和 $6\ mol \cdot L^{-1}NaOH$，镁试剂，$0.5\ mol \cdot L^{-1}AlCl_3$，$2\ mol \cdot L^{-1}$ 和 $6\ mol \cdot L^{-1}HAc$，0.1%铝试剂，$2\ mol \cdot L^{-1}$ 和 $6\ mol \cdot L^{-1}$ 氨水，$0.5\ mol \cdot L^{-1}CuCl_2$，$0.5\ mol \cdot L^{-1}K_4[Fe(CN)_6]$，$0.1\ mol \cdot L^{-1}AgNO_3$，$2\ mol \cdot L^{-1}$、$6\ mol \cdot L^{-1}$ 和浓 HCl，$6\ mol \cdot L^{-1}HNO_3$，$0.5\ mol \cdot L^{-1}CaCl_2$，$0.5\ mol \cdot L^{-1}BaCl_2$，$0.5\ mol \cdot L^{-1}SnCl_2$，$0.5\ mol \cdot L^{-1}Pb(NO_3)_2$，$0.1\ mol \cdot L^{-1}SbCl_3$，$0.2\ mol \cdot L^{-1}HgCl_2$，$0.1\ mol \cdot L^{-1}Bi(NO_3)_3$，$0.2\ mol \cdot L^{-1}ZnSO_4$，$0.25\ mol \cdot L^{-1}Cd(NO_3)_2$，$0.5\ mol \cdot L^{-1}$ 和 $0.1\ mol \cdot L^{-1}Na_2S$，$1\ mol \cdot L^{-1}K_2CrO_4$，$2\ mol \cdot L^{-1}NaAc$，罗丹明 B，苯，$2.5\%$硫脲，$(NH_4)_2[Hg(SCN)_4]$ 试剂，$0.1\ mol \cdot L^{-1}$ 和颗粒 $NaNO_2$，$0.1\ mol \cdot L^{-1}NaNO_3$，$0.1\ mol \cdot L^{-1}Na_2SO_3$，$0.1\ mol \cdot L^{-1}Na_2S_2O_3$，$0.1\ mol \cdot L^{-1}Na_2CO_3$，$0.01\ mol \cdot L^{-1}KMnO_4$，$\alpha$-萘胺，$0.1\ mol \cdot L^{-1}Na_3PO_4$，$0.1\ mol \cdot L^{-1}(NH_4)_2MoO_4$，对氨基苯磺酸，亚硝酰铁氰化钠（$3\%$），浓硫酸，$2\ mol \cdot L^{-1}H_2SO_4$，$CCl_4$，$FeSO_4$ 晶体，$0.1\ mol \cdot L^{-1}CuSO_4$，

$0.1 \text{ mol} \cdot L^{-1} NaBr, 0.1 \text{ mol} \cdot L^{-1} NaI, KI$ 晶体,KBr 晶体,$NaCl$ 晶体,新配制的石灰水或 $Ba(OH)_2$ 溶液,氯水,H_3BO_3 晶体,甲基红,甘油,乙醇,甲醛(10%),饱和$(NH_4)_2C_2O_4$。

四、实验内容

(一) 常见阳离子鉴定

1. 碱金属、碱土金属离子的鉴定

(1) Na^+ 的鉴定

取一支试管依次加入 $0.5 \text{ mL } 1 \text{ mol} \cdot L^{-1} NaCl$ 溶液和 0.5 mL 饱和 $KSb(OH)_6$ 溶液。试管内若有白色结晶状的沉淀生成,表示有 Na^+ 存在;若无沉淀产生,可用玻璃棒摩擦试管内壁,放置片刻,再观察现象。

(2) K^+ 的鉴定

取一支试管依次加入 $0.5 \text{ mL } 1 \text{ mol} \cdot L^{-1} KCl$ 溶液和 0.5 mL 饱和酒石酸氢钠($NaHC_4H_4O_6$)溶液,试管内若有白色结晶状的沉淀生成,表示有 K^+ 存在。

(3) Mg^{2+} 的鉴定

取一支试管滴加 2 滴 $0.5 \text{ mol} \cdot L^{-1} MgCl_2$ 溶液,再逐滴滴加 $6 \text{ mol} \cdot L^{-1} NaOH$ 溶液,直到生成絮状的 $Mg(OH)_2$ 沉淀为止,然后滴加一滴镁试剂,搅拌。试管内若有蓝色沉淀生成,表示有 Mg^{2+} 存在。

(4) Ca^{2+} 的鉴定

取一支试管加入 $0.5 \text{ mL } 0.5 \text{ mol} \cdot L^{-1} CaCl_2$ 溶液于离心管中,再逐滴滴加 10 滴饱和 $(NH_4)_2C_2O_4$ 溶液,观察离心管内有白色沉淀产生。离心分离,弃去上清液。若白色沉淀不溶于 $6 \text{ mol} \cdot L^{-1} HAc$ 溶液而溶于 $2 \text{ mol} \cdot L^{-1}$ 盐酸,表示有 Ca^{2+} 存在。

(5) Ba^{2+} 的鉴定

取一支试管滴加 2 滴 $0.5 \text{ mol} \cdot L^{-1} BaCl_2$ 溶液,依次滴加 $2 \text{ mol} \cdot L^{-1} HAc$ 溶液和 $2 \text{ mol} \cdot L^{-1} NaAc$ 溶液各 2 滴,然后滴加 2 滴 $1 \text{ mol} \cdot L^{-1} K_2CrO_4$ 溶液。试管内若有黄色沉淀产生,表示有 Ba^{2+} 存在。

2. p 区和 ds 区部分金属离子的鉴定

(1) Al^{3+} 的鉴定

取一支试管依次滴加 2 滴 $AlCl_3$ 溶液、2~3 滴 H_2O、2 滴 $2 \text{ mol} \cdot L^{-1} HAc$ 溶液及 2 滴 0.1% 铝试剂,搅拌均匀。置于水浴中加热片刻,再加入 1~2 滴 $6 \text{ mol} \cdot L^{-1}$ 氨水。若试管内有红色絮状沉淀产生,表示有 Al^{3+} 存在。

(2) Sn^{2+} 的鉴定

取一支试管滴加 5 滴 $0.5 \text{ mol} \cdot L^{-1} AlCl_3$ 溶液,再逐滴加入 $0.2 \text{ mol} \cdot L^{-1} HgCl_2$ 溶液,边加边振荡。试管内产生的沉淀若由白色变为灰色,然后变为黑色,表示有 Sn^{2+} 存在。

(3) Pb^{2+} 的鉴定

取一支离心管滴加 5 滴 $0.5 \text{ mol} \cdot L^{-1} Pb(NO_3)_2$ 溶液,再滴加 2 滴 $1 \text{ mol} \cdot L^{-1} K_2CrO_4$ 溶液,观察离心管内有黄色沉淀生成,离心分离,弃去上清液。在沉淀上滴加数滴 $2 \text{ mol} \cdot L^{-1} NaOH$ 溶液,若沉淀溶解,表示有 Pb^{2+} 存在。

(4) Sb^{3+} 的鉴定

取一支离心管滴加 5 滴 $0.1 \text{ mol} \cdot L^{-1} SbCl_3$ 溶液,再滴加 3 滴浓盐酸及数粒亚硝酸钠,

将 Sb^{3+} 氧化为 Sb^{4+}。当无气体放出时,再向试管内滴加数滴苯及 2 滴罗丹明 B 溶液,若苯层显紫色,表示有 Sb^{3+} 存在。

(5) Bi^{3+} 的鉴定

取一支试管滴加 1 滴 0.1 $mol \cdot L^{-1} Bi(NO_3)_3$ 溶液,再滴加 1 滴 2.5% 的硫脲,试管内若生成鲜黄色配合物,表示有 Bi^{3+} 存在。

(6) Cu^{2+} 的鉴定

取一支试管依次滴加 1 滴 0.5 $mol \cdot L^{-1} CuCl_2$ 溶液、1 滴 6 $mol \cdot L^{-1} HAc$ 溶液、1 滴 0.5 $mol \cdot L^{-1} K_4[Fe(CN)_6]$ 溶液,试管内若有红棕色沉淀生成,表示有 Cu^{2+} 存在。

(7) Ag^+ 的鉴定

取一支试管依次滴加 5 滴 0.1 $mol \cdot L^{-1} AgNO_3$ 溶液、5 滴 2 $mol \cdot L^{-1} HCl$ 溶液,观察试管内产生白色沉淀。向沉淀中加入 6 $mol \cdot L^{-1}$ 氨水至沉淀完全溶解,再用 6 $mol \cdot L^{-1}$ HNO_3 溶液酸化,若生成白色沉淀,表示有 Ag^+ 存在。

(8) Zn^{2+} 的鉴定

取一支试管滴加 3 滴 0.2 $mol \cdot L^{-1} ZnSO_4$ 溶液,滴加 2 滴 2 $mol \cdot L^{-1} HAc$ 溶液酸化,再加入等体积 $(NH_4)_2[Hg(SCN)_4]$ 溶液,摩擦试管壁,若生成白色沉淀,表示有 Zn^{2+} 存在。

(9) Cd^{2+} 的鉴定

取一支试管滴加 3 滴 0.2 $mol \cdot L^{-1} Cd(NO_3)_2$ 溶液,滴加 2 滴 0.5 $mol \cdot L^{-1} Na_2S$ 溶液,试管内若有亮黄色沉淀生成,表示有 Cd^{2+} 存在。

(10) Hg^{2+} 的鉴定

取一支试管滴加 2 滴 0.2 $mol \cdot L^{-1} HgCl$ 溶液,逐滴加入 0.5 $mol \cdot L^{-1} SnCl_2$ 溶液,边加边振荡,观察试管内的沉淀颜色变化过程,最后变为灰色,表示有 Hg^{2+} 存在。该反应可用于 Hg^{2+} 或 Sn^{2+} 的定性鉴定。

(二)常见非金属阴离子鉴定

(1) CO_3^{2-} 的鉴定

取一支试管滴加 10 滴 0.1 $mol \cdot L^{-1} Na_2CO_3$ 溶液,用玻璃棒蘸取溶液于 pH 试纸上测定其 pH,然后滴加 10 滴 6 $mol \cdot L^{-1} HCl$ 溶液,并立即将事先沾有一滴新配制的石灰水或 $Ba(OH)_2$ 溶液的玻璃棒置于试管口上,仔细观察玻璃棒上的溶液,若棒上溶液立刻变浑浊(白色),结合溶液的 pH,若为碱性,表示有 CO_3^{2-} 存在。

(2) NO_3^- 的鉴定

取 2 滴 0.1 $mol \cdot L^{-1} NaNO_3$ 溶液于点滴板上,在溶液中央放一小粒 $FeSO_4$ 晶体,滴加 1 滴浓硫酸。观察点滴板上晶体颜色变化,若结晶周围有棕色出现,表示有 NO_3^- 存在。

(3) NO_2^- 的鉴定

取 2 滴 0.1 $mol \cdot L^{-1} NaNO_2$ 溶液于点滴板上,依次滴加 1 滴 2 $mol \cdot L^{-1} HAc$ 溶液酸化、1 滴对氨基苯磺酸和 1 滴 α-萘胺。观察点滴板上溶液颜色变化,若有玫瑰红色出现,表示有 NO_2^- 存在。

(4) SO_4^{2-} 的鉴定

取一支试管滴加 5 滴 0.2 $mol \cdot L^{-1} ZnSO_4$ 溶液,滴加 2 滴 6 $mol \cdot L^{-1} HCl$ 溶液和 1 滴 0.5 $mol \cdot L^{-1} BaCl_2$ 溶液,试管内若有白色沉淀,表示有 SO_4^{2-} 存在。

（5）SO_3^{2-} 的鉴定

取一支试管滴加 5 滴 $0.1\ mol \cdot L^{-1} Na_2SO_3$ 溶液，再滴加 2 滴 $1\ mol \cdot L^{-1}$ 硫酸后迅速滴加 1 滴 $0.01\ mol \cdot L^{-1} KMnO_4$ 溶液，观察试管内溶液颜色变化，若紫色褪去，表示有 SO_3^{2-} 存在。

（6）$S_2O_3^{2-}$ 的鉴定

取一支试管滴加 3 滴 $0.1\ mol \cdot L^{-1} Na_2S_2O_3$ 溶液，再滴加 10 滴 $0.1\ mol \cdot L^{-1} AgNO_3$ 溶液，边加边摇晃，试管内若有白色沉淀迅速变棕变黑，表示有 $S_2O_3^{2-}$ 存在。

（7）PO_4^{3-} 的鉴定

取一支试管依次滴加 5 滴 $0.1\ mol \cdot L^{-1} Na_3PO_4$ 溶液、$8 \sim 10$ 滴 $0.1\ mol \cdot L^{-1}$ $(NH_4)_2MoO_4$ 溶液，双手搓试管壁使试管内溶液达到温热，试管内若产生黄色沉淀，表示有 PO_4^{3-} 存在。

（8）S^{2-} 的鉴定

取一支试管依次滴加 1 滴 $0.1\ mol \cdot L^{-1} Na_2S$ 溶液、1 滴 $2\ mol \cdot L^{-1} NaOH$ 溶液和 1 滴亚硝酰铁氰化钠试剂，试管内溶液若变为紫色，表示有 S^{2-} 存在。

（9）Cl^- 的鉴定

取一支离心管滴加 3 滴 $1\ mol \cdot L^{-1} NaCl$ 溶液，滴加 1 滴 $6\ mol \cdot L^{-1} HNO_3$ 溶液酸化，再滴加 $0.1\ mol \cdot L^{-1} AgNO_3$ 溶液。若离心管内有白色沉淀产生，初步说明试液中可能有 Cl^- 存在。将离心管置于水浴中微热，离心分离，弃去上清液，在沉淀上滴加 $3 \sim 5$ 滴 $6\ mol \cdot L^{-1}$ 氨水，用玻璃棒搅拌，沉淀立即溶解，再滴加 5 滴 $6\ mol \cdot L^{-1} HNO_3$ 酸化，如重新生成白色沉淀，表示有 Cl^- 存在。

（10）I^- 的鉴定

取一支离心管依次滴加 5 滴 $0.1\ mol \cdot L^{-1} NaI$ 溶液、2 滴 $2\ mol \cdot L^{-1} H_2SO_4$ 及 3 滴 CCl_4，然后逐滴加氯水，并不断振荡试管，若试管内 CCl_4 层呈现紫红色（I_2），然后褪至无色（IO_3^-），表示有 I^- 存在。

（11）Br^- 的鉴定

取一支离心管滴加 5 滴 $0.1\ mol \cdot L^{-1} NaBr$ 溶液，再滴加 3 滴 $2\ mol \cdot L^{-1} H_2SO_4$ 溶液及 2 滴 CCl_4，然后逐滴加 5 滴氯水并振荡试管，CCl_4 层若出现黄色或橙红色，表示有 Br^- 存在。

（三）部分化合物性质

（1）卤素离子的还原性

取一支干燥试管加入少许 KI 晶体，再滴加 10 滴浓硫酸，观察产物的颜色和状态，并将润湿的 $Pb(Ac)_2$ 试纸置于试管口检验产物。

取一支干燥试管加入少许 KBr 晶体，再滴加 10 滴浓硫酸，观察产物的颜色和状态，并将润湿的淀粉-KI 试纸置于试管口检验气体产物。

取一支干燥试管加入少许 NaCl 晶体，再滴加 10 滴浓硫酸，观察产物的颜色和状态，并用玻璃棒蘸取浓氨水置于试管口检验气体产物，或将润湿的蓝色石蕊试纸置于试管口检验气体产物，观察现象并解释原因。

（2）硼酸性质

在试管中加入少量 H_3BO_4 晶体和 3 mL 水，待固体溶解后滴加 1 滴甲基红指示剂，把溶液分成 2 份,一份作参考物,另一份加甘油 5 滴,观察指示剂颜色的变化并解释现象。

硼的焰色反应:在蒸发皿里加入少量硼酸固体、1 mL 乙醇和 3~5 滴浓硫酸,混合均匀,点燃,观察火焰颜色。

(3) 铜银化合物性质

取一支试管加入 10 滴 $CuSO_4$ 溶液,再加入过量 6 mol·L^{-1} NaOH 溶液,振荡试管,然后滴加 10 滴 10% 甲醛溶液,摇匀后水浴加热,观察沉淀颜色变化。离心分离,用蒸馏水洗涤沉淀两次,向沉淀中滴加 H_2SO_4 溶液,振荡至沉淀溶解,观察沉淀颜色变化。

取一支试管加入 1 mL $AgNO_3$ 溶液,再逐滴滴加 2 mol·L^{-1} 氨水溶液,边加边振荡试管,至生成的沉淀溶解后再多加 2 滴。滴加 5 滴 10% 甲醛溶液,摇匀后在 60 ℃ 的水浴锅中加热,观察试管内的实验现象。

注 意 事 项

1. 由于氯水、溴水、CCl_4 等具有刺激性气味,因此相关实验应在通风橱内进行。
2. 在硼的焰色反应实验中,使用火柴时应注意安全。

思 考 题

1. 什么是焰色反应? 焰色反应是物理变化还是化学变化?
2. 甲基红的变色 pH 范围是多少?

拓 展 阅 读

1. 铝试剂(CAS 号:569 - 58 - 4),别名玫红三羧酸铵,分子式为 $C_{22}H_{23}N_3O_9$(图 5 - 6),摩尔质量为 469.40 g·mol^{-1},主要用作络合滴定指示剂,测定水、食物及组织中的铝,或者检验锰、镓和铝。

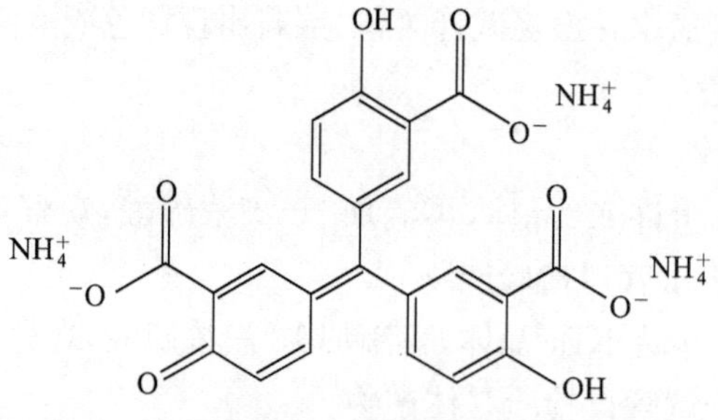

图 5 - 6 铝试剂

2. 在 NO_2^- 的检验中,对氨基苯磺酸提供酸性环境,酸性环境中亚硝酸根离子会将对氨基苯磺酸的氨基重氮化,生成重氮盐,然后重氮盐和对氨基苯磺酸发生重氮偶联反应,形成偶氮化合物,总反应见图 5 - 7。

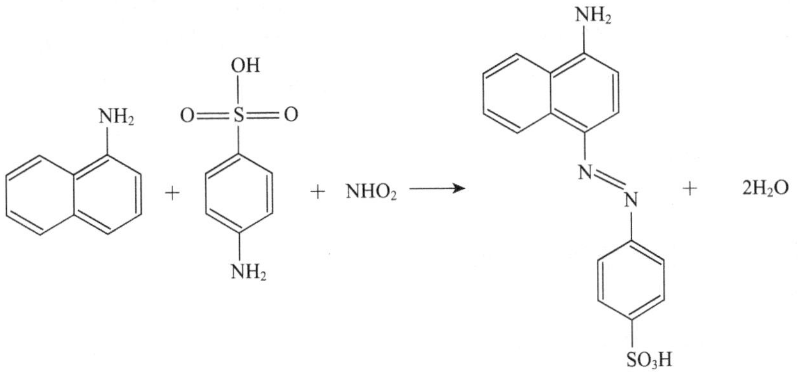

图 5-7　NO_2^- 的检验

3. pH 试纸原理

在 pH 试纸上滴加不同酸碱度的溶液可以发生颜色变化是由于 pH 试纸有甲基红、溴甲酚绿、百里酚蓝这三种指示剂。甲基红、溴甲酚绿、百里酚蓝和酚酞一样,都可以作为酸碱指示剂。甲基红的变色 pH 范围是 4.4(红)～6.2(黄),溴甲酚绿的变色 pH 范围是 3.6(黄)～5.4(绿),百里酚蓝的变色 pH 范围是 6.7(黄)～7.5(蓝)。用定量甲基红加定量溴甲酚绿加定量百里酚蓝的混合指示剂浸渍中性白色试纸,晾干后制得的 pH 试纸可用于测定溶液的 pH。

实验十　酸碱平衡及沉淀溶解平衡

一、实验目的

1. 熟悉引起酸碱平衡和沉淀溶解平衡移动的因素。
2. 掌握溶度积规则在沉淀和溶解过程中的应用。

二、实验原理

弱酸弱碱的酸度与碱度除了与自身的解离常数有关外,还与溶液环境有关,其中电解质的存在会直接影响弱酸与弱碱的解离。在弱电解质溶液中,加入含有相同离子的强电解质,使得弱电解质解离度降低的现象称为同离子效应。

难溶强电解质的饱和水溶液中存在多相离子平衡,平衡常数被称为溶度积常数,简称溶度积,用 K_{sp} 表示。

根据溶度积规则可判断沉淀的生成和溶解:

离子积 $Q > K_{sp}$,溶液为过饱和溶液,有沉淀析出;

离子积 $Q = K_{sp}$,溶液为饱和溶液,处于平衡状态;

离子积 $Q < K_{sp}$,溶液为不饱和溶液,沉淀溶解。

在难溶电解质溶液中加入含有相同离子的强电解质,使其溶解度显著降低的现象也属于同离子效应。如果溶液中含有两种或两种以上的离子,且都能与同一种沉淀剂反应生成沉淀,生成沉淀的先后顺序依据溶度积规则,离子积先达到溶度积的先沉淀,这一过程称为分步沉淀。在含有某一沉淀的溶液中加入适当的试剂,使沉淀转化为另一种沉淀的过程称为沉淀的转化。沉淀溶解的必要条件为溶液中离子积小于难溶电解质的溶度积。

三、仪器和试剂

1. 仪器

试管、离心机、离心管、烧杯、点滴板、移液管、烧杯、pH 试纸。

2. 试剂

蒸馏水、NaAc(s)、NH_4Cl(固体及饱和溶液)、6 mol·L^{-1} 和 2 mol·L^{-1} 氨水、6 mol·L^{-1} 和 2 mol·L^{-1} HCl、2 mol·L^{-1} NaOH、1 mol·L^{-1} HAc、1 mol·L^{-1} Na_2CO_3、1 mol·L^{-1} $FeCl_3$、0.1 mol·L^{-1} 和 1 mol·L^{-1} NaCl、0.1 mol·L^{-1} $CaCl_2$、1 mol·L^{-1} NH_4Ac、0.1 mol·L^{-1} $Al_2(SO_4)_3$、0.5 mol·L^{-1} 和 0.1 mol·L^{-1} $(NH_4)_2C_2O_4$、0.1 mol·L^{-1} $H_2C_2O_4$、0.1 mol·L^{-1} $MgCl_2$、0.1 mol·L^{-1} 和 0.01 mol·L^{-1} $Pb(NO_3)_2$、0.1 mol·L^{-1} KI、0.1 mol·L^{-1} $AgNO_3$、0.5 mol·L^{-1} K_2CrO_4、0.1 mol·L^{-1} Na_2S、6 mol·L^{-1} HNO_3、酚酞指示剂、甲基橙指示剂。

四、实验内容

1. 弱酸、弱碱的解离平衡及其移动

(1) 取两支试管,各滴加 20 滴蒸馏水、2 滴 2 mol·L^{-1} 氨水和 1 滴酚酞溶液,摇匀,观察溶液的颜色。在一支试管中加入少量的 NH_4Cl 固体,摇匀后与另一支试管比较,观察试管的颜色变化,从平衡移动的角度解释原因。

(2) 用 1 mol·L^{-1} HAc、甲基橙指示剂、NaAc(s)进行比较实验,摇匀并观察试管颜色,说明原因。

(3) 取两支试管各滴加 5 滴 0.1 mol·L^{-1} $MgCl_2$ 溶液,向其中的一支试管中滴加 5 滴 NH_4Cl 饱和溶液,再向两支试管中分别滴加 3 滴 6 mol·L^{-1} 氨水,观察试管中的实验现象,从平衡移动的角度解释原因。

2. $Al(OH)_3$ 的两性

取两支试管各加入 5 滴 0.1 mol·L^{-1} $Al_2(SO_4)_3$ 溶液,再各滴加 1～2 滴 2 mol·L^{-1} NaOH 溶液至有沉淀生成。向其中一支试管中继续滴加 2 mol·L^{-1} NaOH 溶液,向另一支试管中滴加 2 mol·L^{-1} HCl 溶液,观察试管中的实验现象,从平衡移动的角度解释原因。

3. 盐类的水解

(1) 点滴板上分别滴加 2～3 滴 1 mol·L^{-1} Na_2CO_3、1 mol·L^{-1} $FeCl_3$、1 mol·L^{-1} NaCl、1 mol·L^{-1} NH_4Ac 以及饱和的 NH_4Cl 溶液,用精密 pH 试纸测定它们的 pH,并判断它们的酸碱性,解释原因。

(2) 向小烧杯中加入 20 mL 蒸馏水,加热煮沸,再滴加 1～2 滴 1 mol·L^{-1} $FeCl_3$ 溶液,摇匀,观察颜色变化,并用 pH 试纸测定 pH。静置 10 min,观察烧杯中是否有沉淀产生,解释现象。

4. 沉淀的生成、溶解和沉淀溶解平衡移动

(1) 取两支试管分别滴加 5 滴 0.1 mol·L^{-1}KI 溶液,向其中一支试管中滴加 5 滴 0.1 mol·L^{-1} 的 Pb(NO$_3$)$_2$ 溶液,向另一支试管中滴加 0.001 mol·L^{-1} 的 Pb(NO$_3$)$_2$ 溶液,观察试管内的实验现象,请利用溶度积规则进行计算并解释产生如上实验现象的原因。($K_{sp,PbI_2} = 8.49 \times 10^{-9}$)

(2) 向试管中依次滴加 10 滴 0.1 mol·L^{-1}AgNO$_3$ 溶液和 10 滴 0.1 mol·L^{-1}NaCl 溶液,观察 AgCl 沉淀的生成,再滴加 6 mol·L^{-1} 的氨水,观察实验现象,解释原因。

(3) 取两支试管分别滴加 10 滴 0.1 mol·L^{-1}CaCl$_2$ 溶液,向其中一支试管中滴加 5 滴 0.1 mol·L^{-1}(NH$_4$)$_2$C$_2$O$_4$ 溶液,向另一支试管中滴加等量等浓度的 H$_2$C$_2$O$_4$ 溶液,观察两支试管的区别。向加入(NH$_4$)$_2$C$_2$O$_4$ 溶液的试管中滴加 5 滴 2 mol·L^{-1}HCl 溶液,观察实验现象。继续加入稍过量的氨水,观察试管内的变化,解释原因。

5. 分步沉淀和沉淀转化

(1) 在试管中滴加 5 滴 0.1 mol·L^{-1}NaCl 溶液和 0.1 mol·L^{-1}K$_2$CrO$_4$ 溶液,摇匀后逐滴滴加 0.1 mol·L^{-1}AgNO$_3$ 溶液,观察试管内沉淀的出现与颜色变化,解释原因。($K_{sp,Ag_2CrO_4} = 1.12 \times 10^{-12}$, $K_{sp,AgCl} = 1.77 \times 10^{-10}$)

(2) 向离心管中加入 5 滴 0.1 mol·L^{-1} 的 Pb(NO$_3$)$_2$ 溶液和 3 滴 1 mol·L^{-1}NaCl 溶液,振荡,离心,弃去上层清液,观察沉淀颜色。向 PbCl$_2$ 沉淀中滴加 3 滴 KI 溶液,观察沉淀的转化,记录颜色变化。继续离心,弃去上层清液,按照上述步骤依次滴加 0.1 mol·L^{-1}(NH$_4$)$_2$C$_2$O$_4$ 溶液、0.5 mol·L^{-1}K$_2$CrO$_4$ 溶液、0.1 mol·L^{-1}Na$_2$S溶液各 3 滴。观察每一步沉淀转化和颜色的变化,解释实验中出现的现象。($K_{sp,PbCl_2} = 1.17 \times 10^{-5}$, $K_{sp,PbI_2} = 8.49 \times 10^{-9}$, $K_{sp,PbC_2O_4} = 8.51 \times 10^{-10}$, $K_{sp,PbCrO_4} = 1.77 \times 10^{-14}$, $K_{sp,PbS} = 9.4 \times 10^{-29}$)

注 意 事 项

1. 注意胶头滴管的正确使用,滴瓶上的胶头滴管不可混用。滴加液体时胶头滴管应竖直悬于试管口上方 1 cm 处左右。

2. 离心机使用时要注意安全,注意离心管的摆放和溶液高度的统一,待离心机完全停止后才能取出离心管。

思 考 题

1. 影响平衡移动的因素有哪些?

2. 溶度积规则是什么? 如何判断沉淀的先后顺序?

实验十一　氧化还原平衡

一、实验目的

1. 掌握原电池的装配方法。

2. 熟悉电极电位、浓度和 pH 对电极电位的影响。

二、实验原理

对于电极反应 $a\,\text{Ox}+ne^-\rightleftharpoons b\,\text{Red}$，可根据能斯特方程计算非标态的电极电势：

$$\varphi(\text{Ox}/\text{Red})=\varphi^{\ominus}(\text{Ox}/\text{Red})+\frac{RT}{nF}\ln\frac{c^a(\text{Ox})}{c^b(\text{Red})} \quad\quad (5-24)$$

由能斯特方程可以看出，影响电极电位的因素主要包括电极的标准电极电位、温度、浓度与反应体系的 pH。根据具体的反应环境确定电极电势后，根据原电池的装配原理，电极电势高的为正极，电极电势低的为负极，进行原电池的装配。

氧化还原反应中，可以根据氧化剂和还原剂的相对强弱来判断反应自发进行的方向。电极电势越大，为越强的氧化剂；电极电势越小，为越强的还原剂。反应方向为：

强氧化剂 + 强还原剂 —→ 弱还原剂 + 弱氧化剂

三、仪器和试剂

1. 仪器

烧杯、玻璃棒、导线、电极、盐桥、掌上数字万用表、试管。

2. 试剂

CCl_4、溴水、碘水、浓氨水、$0.5\ \text{mol}\cdot L^{-1}CuSO_4$、$0.1\ \text{mol}\cdot L^{-1}FeCl_3$、$0.1\ \text{mol}\cdot L^{-1}$ $FeSO_4$、$6\ \text{mol}\cdot L^{-1}HAc$、$0.1\ \text{mol}\cdot L^{-1}H_2C_2O_4$、$2\ \text{mol}\cdot L^{-1}H_2SO_4$、$0.1\ \text{mol}\cdot L^{-1}KI$、$0.1\ \text{mol}\cdot L^{-1}\ KBr$、$0.1\ \text{mol}\cdot L^{-1}K_3[\text{Fe(CN)}_6]$、$0.01\ \text{mol}\cdot L^{-1}KMnO_4$、$0.1\ \text{mol}\cdot L^{-1}$ $KSCN$、$6\ \text{mol}\cdot L^{-1}NaOH$、$0.1\ \text{mol}\cdot L^{-1}Na_2SO_3$、$0.1\ \text{mol}\cdot L^{-1}NH_4Fe(SO_4)_2$、$0.1\ \text{mol}\cdot L^{-1}$ $(NH_4)_2SO_4\cdot FeSO_4$、$0.5\ \text{mol}\cdot L^{-1}ZnSO_4$。

四、实验内容

（一）原电池的装配

在两个 50 mL 烧杯中分别加入 30 mL 的 $0.5\ \text{mol}\cdot L^{-1}\ CuSO_4$ 溶液和 $0.5\ \text{mol}\cdot L^{-1}$ $ZnSO_4$ 溶液。将伏特表上的红表笔（正极）一端与铜片相连，另一端插入"V Ω mA"插孔；黑表笔（负极）的一端与锌片相连，另一端插入"COM"插孔。将锌片插入 $ZnSO_4$ 溶液，铜片插入 $CuSO_4$ 溶液，组成两个电极，用盐桥沟通内电路，构成原电池。调挡到直流电压 20 V，从数字万用表上读取电动势数值。从附录中查找铜电极与锌电极的标准电极电势值，依托能斯特方程，做简要的计算。

向 $CuSO_4$ 溶液中注入浓氨水至生成的沉淀完全溶解，观察溶液颜色的改变，从数字万用表上读取电动势数值。

在原来的原电池基础上，向 $ZnSO_4$ 溶液中注入浓氨水至生成的沉淀完全溶解，从数字万用表上读取电动势数值。对比三组数据，并解释原因。

（二）定性比较电极电位的高低

1. 在试管中滴加 10 滴 $0.1\ \text{mol}\cdot L^{-1}$ 的 KI 溶液和 2 滴 $0.1\ \text{mol}\cdot L^{-1}$ 的 $FeCl_3$ 溶液，

摇匀,观察溶液颜色变化。再滴加 10 滴 CCl_4,充分振荡,观察 CCl_4 层的颜色变化。沿试管壁滴加 $0.1\ mol \cdot L^{-1}$ 的 $K_3[Fe(CN)_6]$ 溶液两滴,不要振荡,观察现象,并书写反应方程式。

用相同浓度的 KBr 替换 KI,进行相同的实验,观察 CCl_4 层是否出现 Br_2 的橙红色? 为什么?(所需的标准电极电位值查阅附录)

2. 在试管中滴加 10 滴 $0.1\ mol \cdot L^{-1}$ 的 $FeSO_4$ 溶液,再滴加 2 滴溴水,摇匀,观察溴水颜色变化。再滴加 10 滴 $0.1\ mol \cdot L^{-1}$ 的 KSCN 溶液,观察溶液颜色的变化情况,书写反应方程式。

用碘水代替溴水重复上述实验,是否有类似现象出现? 为什么?

根据实验结果,定性比较 Br_2/Br^-、I_2/I^-、Fe^{3+}/Fe^{2+} 电极电位的相对高低,指出其中哪个是最强的氧化剂,哪个是最强的还原剂。

(三) 浓度、pH 对氧化还原反应的影响

1. 浓度对氧化还原反应的影响

分别向两支试管中滴加 10 滴 CCl_4 和 10 滴 $0.1\ mol \cdot L^{-1}$ KI 溶液,向第一支试管中滴加 10 滴 $0.1\ mol \cdot L^{-1}$ 的 $NH_4Fe(SO_4)_2$ 溶液,向第二支试管中滴加 2 mL $0.1\ mol \cdot L^{-1}$ 的 $NH_4Fe(SO_4)_2$ 溶液,观察两支试管的颜色变化,并解释原因。

2. 溶液 pH 对氧化还原反应的影响

在 3 支装有 2 滴 $KMnO_4$ 溶液的试管中分别滴加 5 滴 $0.1\ mol \cdot L^{-1}$ H_2SO_4 溶液、5 滴蒸馏水和 5 滴 NaOH 溶液,摇匀,观察 3 支试管中的现象,写出反应方程式。

注 意 事 项

1. CCl_4 与溴水相关实验应在通风橱内进行,含有 CCl_4 的废液应倒入特定的废液缸回收。

思 考 题

1. 影响电极电位的因素有哪些?

2. 介质的酸碱性是如何影响氧化还原电对电极电位的?

拓 展 阅 读

1. 六氰合铁(Ⅲ)酸钾(CAS:13746 - 66 - 2)俗称赤血盐,化学式为 $K_3[Fe(CN)_6]$,摩尔质量为 $329.24\ g \cdot mol^{-1}$。赤血盐的水溶液受光及碱作用易分解,遇亚铁盐则生成深蓝色沉淀(滕氏蓝),化学上常用来检验二价铁离子。

$$K^+ + Fe^{2+} + [Fe(CN)_6]^{3-} = KFe[Fe(CN)_6] \downarrow (蓝)$$

2. 盐桥的制备方法

实验仪器与试剂:U 形管、烧杯、酒精灯、石棉网、三脚架、玻璃棒、琼脂、KCl、去离子水。

制备过程:向烧杯中加入 97 mL 去离子水和 3 g 琼脂,放于带石棉网的三脚架上加热,

边加热边搅拌,至琼脂完全融化。然后逐步加入约 30 g KCl,用玻璃棒不断搅拌,边加边搅拌至 KCl 无法再溶解,说明 KCl 达到饱和。U 形管置于热水中加热片刻,将配制的琼脂+KCl 饱和溶液利用玻璃棒引流缓慢注入 U 形管内,防止加入的过程中 U 形管内出现气泡(玻璃管内的气泡会影响电子的移动进而影响电极电位的测定)。液面到达 U 形管顶端 1~2 cm 处停止,静置,琼脂凝固后两端加软木塞待用。

实验十二　NaCl 的精制

一、实验目的

1. 掌握溶解、减压过滤、蒸发结晶等实验操作。
2. 掌握 NaCl 提纯的方法。
3. 了解 Ca^{2+}、Ba^{2+}、SO_4^{2-} 等离子的鉴定方法。

二、实验原理

粗盐中的杂质分为两类:一类为不溶性的泥沙、草木屑等;另一类为无机杂质离子,如 Ca^{2+}、SO_4^{2-}、Mg^{2+} 等可溶性杂质。不溶性杂质通过过滤除去,可溶性的杂质利用下列化学方法生成沉淀而除去。

$$Ba^{2+} + SO_4^{2-} = BaSO_4 \downarrow$$

$$Ca^{2+} + CO_3^{2-} = CaCO_3 \downarrow$$

$$2Mg^{2+} + 2OH^- + CO_3^{2-} = Mg_2(OH)_2CO_3 \downarrow$$

$$CO_3^{2-} + 2H^+ = CO_2 \uparrow + H_2O$$

可溶性杂质 K^+ 无法通过沉淀剂除去,利用其与 NaCl 溶解度的差异实现分离。具体步骤为在蒸发 NaCl 浓溶液时,NaCl 率先析出,完成分离。

三、仪器和试剂

1. 仪器

JY2002 电子天平、烧杯、锥形瓶、玻璃棒、量筒、布氏漏斗、抽滤瓶、真空泵、蒸发皿、试管、电炉、pH 试纸、滤纸。

2. 试剂

粗盐、镁试剂、2 mol·L^{-1}NaOH、1 mol·L^{-1}BaCl$_2$、1 mol·L^{-1}Na$_2$CO$_3$、0.5 mol·L^{-1}(NH$_4$)$_2$C$_2$O$_4$、6 mol·L^{-1}HAc、2 mol·L^{-1}HCl。

四、实验内容

(一) 粗盐的提纯

1. 称量和溶解

用电子天平称取 5.00 g 粗盐,放入烧杯中,加入约 20 mL 蒸馏水,加热搅拌使其溶解。

溶液中少量不溶性杂质留至下一步过滤除去。

2. 除去 SO_4^{2-}

加热搅拌状态下,维持微沸,边搅拌边加入 $1\ mol\cdot L^{-1}BaCl_2$ 溶液(约 10 滴),促使 $BaSO_4$ 颗粒长大而易于沉淀和过滤。为了检验 SO_4^{2-} 是否沉淀完全,利用胶头滴管吸取上清液,滴加 $BaCl_2$ 溶液。观察溶液是否变浑浊,若溶液澄清说明粗盐中的 SO_4^{2-} 已沉淀完全,反之则沉淀不完全,仍需在粗盐溶液中滴加 $BaCl_2$ 溶液。反复操作、检验,至上清液澄清即 SO_4^{2-} 沉淀完全。撤去热源,溶液稍冷后减压过滤,滤液转移至干净的烧杯中。

3. 除去 Ca^{2+}、Mg^{2+} 和过量的 Ba^{2+}

将滤液继续加热至微沸,边搅拌边滴加 $2\ mol\cdot L^{-1}NaOH$(约 4 滴)和 $1\ mol\cdot L^{-1}$ Na_2CO_3(约 24 滴),使 Ca^{2+}、Mg^{2+} 和过量的 Ba^{2+} 转化为难溶的碳酸盐或碱式碳酸盐。仿照上述 2 中步骤向上清液中滴加 Na_2CO_3,观察溶液是否变混浊,判断 Ca^{2+}、Mg^{2+} 和 Ba^{2+} 是否沉淀完全。沉淀完全后,进行减压过滤,滤液转移至干净的蒸发皿中。

4. 除去剩余的 OH^-、CO_3^{2-}

边搅拌边向滤液中滴加 $2\ mol\cdot L^{-1}HCl$ 溶液,用玻璃棒蘸取溶液滴在 pH 试纸上进行监测,调整溶液的 pH 为 5~6。

5. 蒸发浓缩

蒸发皿内的溶液置于电炉上加热蒸发。当液面出现晶膜时,改用小火并不断搅拌,防止溶液溅出。一直浓缩至稀糊状,停止加热,切不可将溶液蒸干。冷却至室温后减压过滤,弃去滤液。

6. 干燥

将产物放置于蒸发皿内,放置于电炉上小火加热干燥,并不时用玻璃棒搅拌防止结块。待无水蒸气逸出后,停止加热,冷却至室温,即得到精盐。观察产品外观,称重,并计算产率。

图 5-8 所示为 NaCl 精制实验流程图。

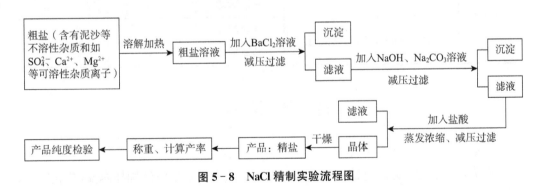

图 5-8　NaCl 精制实验流程图

(二) 产品纯度检验

称量粗盐和精盐各 0.5 g,分别溶于 5 mL 蒸馏水,然后各盛于 3 支试管中,组成 3 组,进行下列离子定性测定。

1. SO_4^{2-} 的检验

第一组溶液中滴加 $2\ mol\cdot L^{-1}HCl$ 溶液,使之呈酸性,再滴加 2 滴 $BaCl_2$ 溶液,观察有无 $BaSO_4$ 沉淀生成。

2. Ca^{2+} 的检验

第二组溶液中滴加 6 mol·L^{-1} HAc 溶液,使之呈酸性,再滴加 2 滴 0.5 mol·L^{-1} $(NH_4)_2C_2O_4$ 溶液,观察有无沉淀生成。

3. Mg^{2+} 的检验

第三组溶液中滴加 2~3 滴 2 mol·L^{-1} NaOH 溶液,使之呈碱性,再滴加几滴镁试剂,观察溶液是否呈蓝色。

五、数据处理

(一)产品外观

粗盐:_____。

精盐:_____。

(二)产率计算

粗盐的质量 $m_1 =$ _____ g。

精盐的质量 $m_2 =$ _____ g。

$$产率 = \frac{m_2}{m_1} \times 100\% = \text{_____}。$$

(三)产品纯度检验(粗盐、精盐各 0.5 g/5 mL 水),检验结果记录入表 5-15。

表 5-15 产品纯度检验

检验项目	检验方法	被检溶液	实验现象	结论
SO_4^{2-}	加入 $BaCl_2$ 溶液	粗盐溶液		
		精盐溶液		
Ca^{2+}	加入 HAc、$(NH_4)_2C_2O_4$ 溶液	粗盐溶液		
		精盐溶液		
Mg^{2+}	加入 NaOH 溶液、镁试剂	粗盐溶液		
		精盐溶液		

注 意 事 项

1. 注意布氏漏斗内滤纸的尺寸。

2. 在蒸发浓缩时的减压过滤过程中应加入少量的去离子水清洗烧杯内壁,防止精盐再次溶解。

3. 在使用电炉时严禁触摸电炉的铁皮,小心烫伤。加热时随时控制加热温度,防止加热的液体溅出。

思 考 题

1. 试述除去粗盐中杂质离子的方法,并写出有关的反应方程式。

2. 为什么先加入 $BaCl_2$，然后再加入 $NaOH$ 和 Na_2CO_3？

3. 除去 SO_4^{2-} 为什么用毒性较大的 $BaCl_2$ 而不用无毒的 $CaCl_2$？

4. 在检查产品纯度时，能否用自来水溶解食盐？为什么？

拓 展 阅 读

镁试剂(CAS:74 - 39 - 5)全称为对硝基苯偶氮间苯二酚，分子式为 $C_{12}H_9N_3O_4$，摩尔质量为 $259.22\ g \cdot mol^{-1}$，是一种偶氮类显色剂，为红棕色粉末。其酸性溶液呈黄色，碱性溶液呈红色或紫色。在碱性条件下，镁试剂与镁离子形成蓝色沉淀，为镁离子的灵敏检出试剂，检出限量为 $0.5\ \mu g$。镁试剂结构式见图 5 - 9。

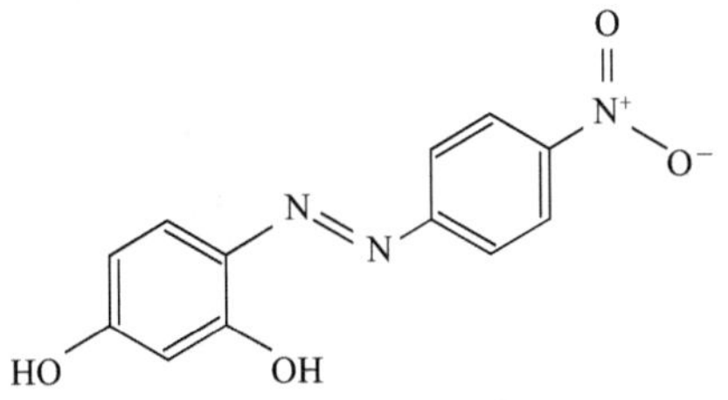

4-(4-nitrophenylazo)resorcinol

图 5 - 9 镁试剂

实验十三 硫酸亚铁铵的制备

一、实验目的

1. 制备硫酸亚铁铵，掌握制备复盐的原理和方法。

2. 学习制备无机化合物有关投料、产率等的计算方法。

3. 掌握水浴加热、蒸发、结晶、减压过滤等基本操作。

二、实验原理

铁与稀硫酸反应生成硫酸亚铁：

$$Fe + H_2SO_4 \Longrightarrow FeSO_4 + H_2 \uparrow$$

通常情况下，亚铁盐在水中有微弱的水解，无论在酸性环境还是碱性环境中都不稳定。在空气中，亚铁盐容易被氧化生成黄褐色碱式铁盐：

$$4FeSO_4 + O_2 + 2H_2O \Longrightarrow 4Fe(OH)SO_4 \downarrow$$

将等物质的量的 $FeSO_4$ 与 $(NH_4)_2SO_4$ 混合，可以制得复盐硫酸亚铁铵(摩尔盐或莫尔盐)。根据表 5 - 16 得知，低温下硫酸亚铁铵的溶解度小于组成它的各组分的溶解度，因此它可以从浓 $FeSO_4$ 与 $(NH_4)_2SO_4$ 溶液中结晶析出。

$$FeSO_4 + (NH_4)_2SO_4 + 6H_2O \Longrightarrow FeSO_4 \cdot (NH_4)_2SO_4 \cdot 6H_2O$$

表 5－16　几种物质的溶解度

单位:g/100 g H₂O

物质	0 ℃	10 ℃	20 ℃	30 ℃	40 ℃
$FeSO_4 \cdot 7H_2O$	28.8	40.0	48.0	60.0	73.0
$(NH_4)_2SO_4$	70.6	73	75.4	78.0	81
$FeSO_4 \cdot (NH_4)_2SO_4 \cdot 6H_2O$	17.2	31.0	36.47	45.0	—

三、仪器和试剂

1. 仪器

JY2002 电子天平、锥形瓶、烧杯、玻璃棒、布氏漏斗、抽滤瓶、电炉、蒸发皿、表面皿、药匙、量筒。

2. 试剂

3 mol·L⁻¹ H₂SO₄、铁屑、(NH₄)₂SO₄ 固体、pH 试纸。

四、实验内容

(一) 硫酸亚铁的制备

用电子天平称取 2.00 g 铁屑,置于烧杯内,加入 15 mL 3 mol·L⁻¹ 的 H₂SO₄。为加快反应速度,将烧杯置于电炉上加热,同时用玻璃棒不断搅拌。加热过程有水分蒸发,注意补充水分。通过玻璃棒蘸取溶液滴在 pH 试纸上进行实时监测,控制溶液 pH 不大于 1。持续加热搅拌直至溶液内不再有气泡产生,说明反应完全。反应结束后,趁热减压抽滤,用少量的去离子水洗涤烧杯内未反应的铁屑,滤液转移至蒸发皿中。利用药匙将滤纸上未反应的铁屑刮下后称重,算出已反应的铁屑的质量,并计算 FeSO₄ 的实际产量。

(二) 硫酸亚铁铵的制备

根据 FeSO₄ 的实际产量与所需 (NH₄)₂SO₄ 固体的物质的量之比为 1∶1,计算 (NH₄)₂SO₄ 的质量并称取。参考表 5－16,量取适量的去离子水,配制 (NH₄)₂SO₄ 饱和溶液,加入 FeSO₄ 溶液中,搅拌均匀。加入适量的 3 mol·L⁻¹ H₂SO₄ 溶液调节溶液 pH 为 1～2。将溶液放置在电炉上加热蒸发浓缩至溶液表面有结晶薄膜出现为止。放置、冷却得到 FeSO₄·(NH₄)₂SO₄·6H₂O 浅蓝绿色晶体。减压过滤除去母液,注意将蒸发皿表面残留的晶体用少量蒸馏水冲洗至布氏漏斗内,并再次减压抽滤。将晶体转移至表面皿,晾干称重,计算产率,并观察晶体颜色和形状。硫酸亚铁铵制备的流程见图 5－10。

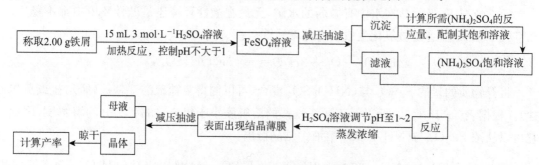

图 5－10　硫酸亚铁铵制备实验流程图

五、数据处理

称取铁屑的质量 $m_1 =$ _____ g。

未反应的铁屑的质量 $m_2 =$ _____ g。

$FeSO_4 \cdot (NH_4)_2SO_4 \cdot 6H_2O$ 质量 $m_3 =$ _____ g。

产率 $= \dfrac{m_3}{7(m_1 - m_2)} \times 100\% =$ _____ 。

产品外观：_____ 。

注 意 事 项

1. 若所用铁屑不纯，与酸反应可能产生有毒氰化物，故实验最好在通风橱中进行。
2. 实验过程中应保持足够的酸度。

思 考 题

1. 为什么要保持硫酸亚铁溶液和硫酸亚铁铵溶液有较强的酸性？
2. 什么是复盐？
3. 怎样才能获得较大的晶体？

拓 展 阅 读

硫酸亚铁铵(CAS:10045-89-3)，化学式为 $FeSO_4 \cdot (NH_4)_2SO_4 \cdot 6H_2O$，摩尔质量为 392.14 g · mol^{-1}。别称摩尔盐、莫尔盐。

物理性质：浅蓝绿色单斜晶体，易溶于水，几乎不溶于乙醇。在空气中它不易被氧化，比硫酸亚铁稳定，所以在化学分析中它可作为 Fe^{2+} 标准试剂使用，用来配制标准溶液或标定未知浓度溶液。

工业用途：可作净水剂；无机化学工业中，它是制备其他铁化合物的原料，如用于制造氧化铁系颜料、磁性材料、黄血盐和其他铁盐等；还可作为印染工业的媒染剂、制革工业的鞣革剂、木材工业的防腐剂等。

实验十四　硫酸四氨合铜的制备

一、实验目的

1. 掌握水浴蒸发、结晶、减压抽滤、蒸馏等基本操作。
2. 学习制备无机化合物有关投料、产率、产品限量分析等计算方法。
3. 掌握配合物的制备与提纯的方法。

二、实验原理

氧化铜与稀硫酸反应生成硫酸铜溶液：

$$CuO + H_2SO_4 = CuSO_4 + H_2O$$

由于原料不纯，$CuSO_4$ 溶液中含有难溶性杂质和可溶性 Fe^{2+}、Fe^{3+}，在加热的条件下可用 H_2O_2 将 Fe^{2+} 氧化成 Fe^{3+}，加入 NaOH 溶液调节 pH 至 3～4[保证 Fe^{3+} 水解完全，同时防止生成 $Cu(OH)_2$ 沉淀]，冷却至室温，过滤除去杂质，并利用 KSCN 检验滤液中的 Fe^{3+} 是否除净。

滤液加入过量的浓氨水生成[$Cu(NH_3)_4$]$SO_4 \cdot H_2O$：

$$CuSO_4 + 4NH_3 + H_2O = [Cu(NH_3)_4]SO_4 \cdot H_2O$$

由于[$Cu(NH_3)_4$]$SO_4 \cdot H_2O$ 加热时易失氨，所以在制备其晶体时不宜采用蒸发、浓缩等常规操作。由于[$Cu(NH_3)_4$]$SO_4 \cdot H_2O$ 在水中的溶解度比在乙醇中的溶解度大，因此加入乙醇获得深蓝色的[$Cu(NH_3)_4$]$SO_4 \cdot H_2O$ 晶体。

三、仪器和试剂

1. 仪器

JY2002 电子天平、烧杯、量筒、玻璃棒、滴管、点滴板、表面皿、蒸发皿、滤纸、布氏漏斗、抽滤瓶、真空泵、电炉。

2. 试剂

CuO、3 mol · L^{-1} H$_2$SO$_4$、3 mol · L^{-1} H$_2$O$_2$、10％NaOH、体积比为 1：1 的氨水、5％ KSCN、95％乙醇、精密 pH 试纸、广泛 pH 试纸。

四、实验内容

(一) CuSO₄ 溶液的制备

称取 1.00 g CuO 粉末置于 100 mL 烧杯中，加入 10 mL 3 mol · L^{-1} H$_2$SO$_4$ 溶液。微热搅拌，直至 CuO 完全溶解，加入 15 mL 去离子水，溶液呈蓝色。

向 CuSO$_4$ 溶液中滴加 1 mL 3 mol · L^{-1} 的 H$_2$O$_2$ 溶液作为氧化剂，加热沸腾，搅拌 2～3 min，加入 10％NaOH 调节 pH 至 3.5，使 Fe^{3+} 完全沉淀。用吸管吸取少量溶液于点滴板上，加入 1 滴 5％KSCN 溶液，若溶液变为血红色，则证明还有 Fe^{3+} 未沉淀完全，需要继续往烧杯中滴加 NaOH 溶液，使其完全沉淀。趁热减压过滤，将滤液转移到干净的蒸发皿中。

(二) [Cu(NH₃)₄]SO₄·H₂O 晶体的制备

将蒸发皿置于电炉上加热，滤液蒸发浓缩至 10～15 mL，冷却至室温。用体积比为 1：1 的氨水调节 CuSO$_4$ 溶液 pH 至 6～8，可观察到 CuSO$_4$ 溶液首先生成大量深蓝色沉淀。继续滴加氨水，沉淀逐渐溶解，溶液呈现深蓝色。缓慢加入 10 mL 95％乙醇，混合均匀后盖上表面皿，静置 15 min，生成深蓝色的[$Cu(NH_3)_4$]$SO_4 \cdot H_2O$ 晶体。减压抽滤，用体积比为 1：1 的 95％乙醇和氨水混合溶液洗涤产物 3～4 次，转移至表面皿晾干，称重，计算产率，观察和描述产品的颜色和形状。整个制备流程如图 5-11 所示。

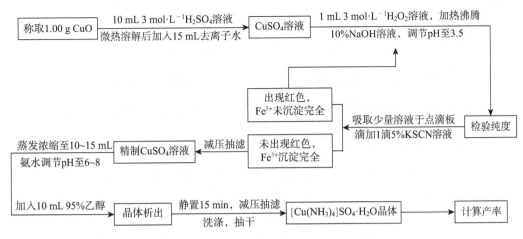

图 5-11　硫酸四氨合铜制备实验流程图

五、数据处理

CuO 的质量 $m_1 = $ _____ g。

$[Cu(NH_3)_4]SO_4 \cdot H_2O$ 质量 $m_2 = $ _____ g。

$$产率 = \frac{m_2}{3.075 m_1} \times 100\% = _____。$$

产品外观：_____。

注 意 事 项

1. 掌握浓缩的程度。

2. KSCN 溶液有毒,对环境有危害,注意废液回收。

3. 静置过程中不能搅动或晃动,否则晶体的晶型不好。如果时间充足,可尽量延长时间,这样产生的晶体大,晶型好。

思 考 题

1. 为什么使用体积比为 1∶1 的乙醇与浓氨水混合液洗涤晶体而不是蒸馏水?

2. 制备 $[Cu(NH_3)_4]SO_4 \cdot H_2O$ 晶体时,能否用浓缩加热的方法得到晶体,为什么?

拓 展 阅 读

硫酸四氨合铜(CAS:14283-05-7),化学式为 $[Cu(NH_3)_4]SO_4$,摩尔质量为 227.55 g·mol^{-1}。

物理性质:深蓝色正交晶体。相对密度为 1.81。熔点 150 ℃(分解)。溶于水,不溶于乙醇、乙醚、丙酮、三氯甲烷、四氯化碳等有机溶剂。在碱性溶液中稀释 250 倍无沉淀。在热水中分解。

化学性质：

1. 一水合硫酸四氨合铜在 150 ℃下分解为硫酸铜和氨气：

$$[Cu(NH_3)_4]SO_4 \cdot H_2O \xrightarrow{150\ ℃} CuSO_4 + 4NH_3\uparrow + H_2O$$

2. 一水合硫酸四氨合铜加热到 650 ℃分解为铜、氮气、氨气、二氧化硫和水：

$$3[Cu(NH_3)_4]SO_4 \cdot H_2O \xrightarrow{650\ ℃} 3Cu + 2N_2\uparrow + 8NH_3\uparrow + 3SO_2\uparrow + 9H_2O$$

工业用途：常用作杀虫剂、媒染剂，在碱性镀铜中也常用作电镀液的主要成分，在工业上用途广泛，主要用于印染、纤维、杀虫剂及制备某些含铜的化合物。

$[Cu(NH_3)_4]SO_4 \cdot H_2O$ 析出晶体主要有以下两种方法：一是硫酸铜溶液中通入过量氨气，并加入一定量硫酸钠晶体，使硫酸四氨合铜析出。另一种方法是根据硫酸四氨合铜在乙醇中的溶解度远小于在水中的溶解度的性质，向硫酸铜溶液加入氨水后，再加入浓乙醇溶液使晶体析出。

实验十五　氢氧化铝的制备

一、实验目的

1. 掌握由 $Al_2(SO_4)_3$ 制备氢氧化铝的方法。
2. 掌握水浴加热、减压抽滤等基本操作。
3. 了解两性化合物的一般特点。

二、实验原理

氢氧化铝属于两性氢氧化物，既可以与酸反应也可以与碱反应。酸式化学式为 H_3AlO_3，碱式化学式为 $Al(OH)_3$。因为其具有弱碱性，可以应用于药物中，常用于治疗胃酸过多合并的反酸等症状，适用于胃及十二指肠溃疡等疾病。

$$Al(OH)_3 + 3HCl =\!=\!= AlCl_3 + 3H_2O$$

本实验采用 $Al_2(SO_4)_3$ 溶液和 Na_2CO_3 溶液在加热条件下生成 $Al(OH)_3$，反应方程式如下：

$$Al_2(SO_4)_3 + 3Na_2CO_3 + 3H_2O =\!=\!= 2Al(OH)_3\downarrow + 3Na_2SO_4 + 3CO_2\uparrow$$

三、仪器和试剂

1. 仪器

JY2002 电子天平、三颈瓶、烧杯、量筒、玻璃棒、集热式恒温磁力搅拌器、磁子、表面皿、滤纸、布氏漏斗、抽滤瓶、真空泵、烘箱、精密 pH 试纸。

2. 试剂

$2\ mol \cdot L^{-1}\ Na_2CO_3$、$Al_2(SO_4)_3 \cdot 18H_2O$。

四、实验内容

用电子天平称取 6.66 g Al$_2$(SO$_4$)$_3$·18H$_2$O,置于 250 mL 三颈瓶内,向其中加约 20 mL 去离子水。将三颈瓶置于约 50 ℃ 的电加热套内加热,装置如图 5-12 所示。

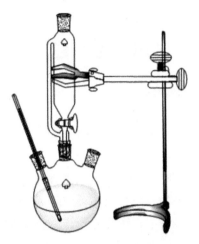

图 5-12　氢氧化铝制备实验装置图

通过磁子搅拌使之溶解。然后滴加 2 mol·L^{-1} Na$_2$CO$_3$,滴加过程中会产生大量气泡,为了实验安全应缓慢滴加 Na$_2$CO$_3$。同时通过用玻璃棒蘸取溶液滴在 pH 试纸上的方法实时监测 pH 的变化,控制 pH 在 6.8~7.5 之间。加料完毕后,继续加热搅拌 20 min,直至反应完全,不再产生气体。冷却至室温,减压过滤,用去离子水洗涤 3 次除去杂质。将过滤后的产物放于表面皿内置于烘箱,在 105~110 ℃ 温度下干燥 6 h,得到氢氧化铝,称重,计算产率。氢氧化铝制备流程如图 5-13 所示。

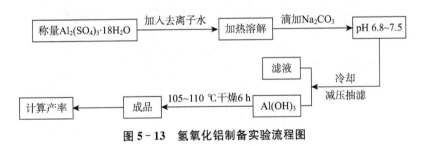

图 5-13　氢氧化铝制备实验流程图

五、数据处理

称取 Al$_2$(SO$_4$)$_3$·18H$_2$O 的质量 $m_1 = $ _____ g。

Al(OH)$_3$ 的质量 $m_2 = $ _____ g。

产率 $= 4.27 \times \dfrac{m_2}{m_1} \times 100\% = $ _____ 。

产品外观: _____ 。

注 意 事 项

在插入温度计时注意温度计的高度,防止磁子在搅拌的过程中磕碰到温度计导致温度计碎裂。

思 考 题

除氢氧化铝外,还有哪些抑制胃酸类药物?

拓 展 阅 读

拜耳法是一种工业上制备氧化铝的常用方法,其基本原理是用浓氢氧化钠溶液将氢氧化铝转化为铝酸钠,通过稀释和添加氢氧化铝晶种使氢氧化铝重新析出,剩余的氢氧化钠溶液重新用于处理下一批铝土矿,实现了连续化生产。工业流程图如图 5-14 所示。

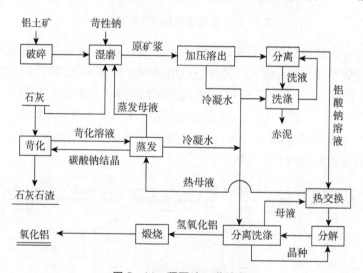

图 5-14 拜耳法工艺流程

实验十六 药物阿司匹林的含量测定

一、实验目的

1. 掌握用酸碱滴定法测定阿司匹林含量的原理和操作。
2. 掌握滴定终点的判断。

二、实验原理

阿司匹林也叫乙酰水杨酸,是一种历史悠久的解热镇痛药。乙酰水杨酸是有机弱酸

（$K_a = 1 \times 10^{-3}$），故可用 NaOH 标准溶液直接滴定，其滴定反应如下：

化学计量点时，生成物是强碱弱酸盐，溶液呈弱碱性，应选用碱性区域变色的指示剂。本实验选用酚酞，终点颜色由无色变为淡红色。

根据试样量和 NaOH 标准溶液的浓度及其用量，按式（5-25）计算阿司匹林的含量：

$$w_{C_9H_8O_4} = \frac{c_{NaOH}V_{NaOH} \times M_{C_9H_8O_4}}{m} \times 100\% \tag{5-25}$$

$$M_{C_9H_8O_4} = 180.16 \ g \cdot mol^{-1}$$

三、仪器与试剂

1. 仪器

分析天平（0.1 mg）、碱式滴定管（25 mL）、锥形瓶（100 mL）×2、烧杯（100 mL）、量筒（100 mL、10 mL）。

2. 试剂

阿司匹林（原料药）、NaOH 标准溶液（0.1 mol·L^{-1}）、酚酞指示液（0.1%乙醇溶液）、乙醇（95%）。

四、实验内容

1. 配制中性乙醇

取 40 mL 95%乙醇于 100 mL 烧杯中，加酚酞指示液 8 滴，用 NaOH 标准溶液滴定至淡红色。

2. 阿司匹林含量测定

精密称取阿司匹林原料药 0.38～0.40 g，置于 100 mL 锥形瓶中，加中性乙醇 10 mL 溶解后，在不超过 10 ℃的温度下，用 NaOH 标准溶液滴定至淡红色，且 30 s 内不褪色，即为终点。平行测定 3 次，按式（5-25）计算阿司匹林的百分含量，求平均值和相对平均偏差。

注　意　事　项

1. 样品为极细粉末，称量时应防止飞散。
2. 盛放样品的 3 个锥形瓶应编号。
3. 阿司匹林在水中微溶，在乙醇中易溶，故选用乙醇为溶剂。但市售乙醇含有微量酸，若不经过处理直接作为溶剂，滴定时必定多消耗氢氧化钠，使测定结果偏高，故实验中应先配制中性乙醇。
4. 阿司匹林的分子结构中含有酯键，易发生水解反应而多消耗 NaOH 标准溶液，使分析结果偏高。

$$\text{邻乙酰水杨酸} + 2NaOH \Longleftrightarrow \text{邻羟基苯甲酸钠} + CH_3COONa + H_2O$$

实验中采取如下措施来防止上述水解反应：(1)滴定前，在冰水浴中充分冷却；滴定时，速度稍快；将操作温度控制在 10 ℃以下；(2)实验中尽可能少用水；洗净的锥形瓶应倒置沥干，近终点时，不用水而用中性乙醇荡洗锥形瓶的内壁；(3)用乙醇作溶剂，可降低阿司匹林的水解程度。

5. 使用碱式滴定管时，应捏挤玻璃珠稍上部的橡皮管。

思 考 题

1. 以 NaOH 溶液滴定阿司匹林，属于哪一类滴定？怎样选择指示剂？

2. 本实验所用乙醇，为什么要加 NaOH 溶液滴定至酚酞指示剂显中性？如果直接使用乙醇，对测定结果有何影响？

3. 如果阿司匹林结构中的酯键发生水解反应，对测定结果有何影响？如何防止水解反应的发生？

实验十七　离子交换法测定枸橼酸钠含量

一、实验目的

1. 掌握离子交换法的原理和基本实验操作。
2. 熟悉离子交换法测定枸橼酸钠的原理和方法。

二、实验原理

枸橼酸钠(sodium citrate)又叫柠檬酸钠，在临床上是一种常用的抗凝血药物。枸橼酸钠是一种较强酸的盐($K_{a1}=7.4\times10^{-4}$, $K_{a2}=1.7\times10^{-5}$, $K_{a3}=4.0\times10^{-7}$)，其 $cK_{b1}<10^{-8}$ ，不能直接在水中用强酸标准溶液准确滴定。

732 型强酸性离子交换树脂是以苯乙烯和二乙烯苯聚合，经硫酸磺化而制得的聚合物，是具有三维空间立体网络结构的骨架，交换官能团为—SO_3H ，可以交换所有的阳离子。本实验利用强酸型阳离子交换树脂与枸橼酸钠中 Na^+ 进行交换，当流动相(水)带着 Na^+ 通过离子交换柱时， Na^+ 进入树脂网状结构中， Na^+ 与—SO_3H 基团上的 H^+ 发生等量交换，交换后的 H^+ 进入溶液，生成枸橼酸。离子交换过程如下：

$$
\begin{array}{l}
CH_2COONa \\
| \\
C(OH)COONa + RH_n \Longleftrightarrow \\
| \\
CH_2COONa
\end{array}
\quad
\begin{array}{l}
CH_2COOH \\
| \\
C(OH)COOH + RH_{(n-3)}Na_3 \\
| \\
CH_2COOH
\end{array}
$$

经过洗脱收集得到的枸橼酸在水中能被 NaOH 标准溶液准确滴定,选用酚酞作指示剂,反应过程如下:

$$
\begin{array}{l}
CH_2COOH \\
| \\
C(OH)COOH \\
| \\
CH_2COOH
\end{array} + 3NaOH \underset{酚酞}{\rightleftharpoons}
\begin{array}{l}
CH_2COONa \\
| \\
C(OH)COONa \\
| \\
CH_2COONa
\end{array} + 3H_2O
$$

离子交换过程是一个可逆的过程,实验结束后以 2 mol·L^{-1} HCl 溶液浸泡已交换的树脂,Na 型树脂又可转变为 H 型,这一过程称为再生。

$$RH_{(n-3)}Na_3 + 3HCl \rightleftharpoons RH_n + 3NaCl$$

三、仪器与试剂

1. 仪器

分析天平(0.1 mg)、碱式滴定管(25 mL)、离子交换柱、锥形瓶(250 mL)、移液管(10 mL)、烧杯(50 mL)、玻璃棒(长、短)、容量瓶(100 mL)、洗耳球、脱脂棉(或玻璃纤维)、表面皿。

2. 试剂

732 型强酸性阳离子交换树脂、枸橼酸钠($C_6H_5O_7Na_3 \cdot 2H_2O$)、NaOH 标准溶液(0.1 mol·L^{-1})、酚酞指示剂(0.1% 乙醇溶液)、甲基橙指示剂(0.1% 水溶液)、HCl 溶液(2 mol·L^{-1})、蒸馏水。

四、实验内容

1. 强酸性阳离子交换树脂的预处理

将用 2 mol·L^{-1} HCl 溶液浸泡 1~2 d 的处理好的强酸性阳离子交换树脂用蒸馏水以倾泻法洗涤数十次(每次用蒸馏水浸漂树脂并小心搅拌,待树脂沉降后倾去上清液),漂洗至上清液对甲基橙指示剂不显红色为止。用蒸馏水浸泡树脂,备用。

2. 装柱

洗净离子交换柱,底部塞入少量洁净的脱脂棉或玻璃纤维(少加,否则实验过程中流速过慢)。用少量水润湿脱脂棉后,取约 15 mL 处理好备用的树脂于小烧杯中,加少量水搅成流动状倒入交换柱中,约装满柱的 2/3 高度,然后在顶部塞入少许脱脂棉或玻璃纤维,以防止后续加试剂时冲起树脂层。控制活塞将交换柱管中多余的水放出,保持液面在棉花层上方。

3. 枸橼酸钠含量的测定

(1) 枸橼酸钠样品溶液的配制

精密称取枸橼酸钠样品 1.85~1.95 g 于 50 mL 小烧杯中,加蒸馏水少量搅拌溶解完全后,定量转移至 100 mL 容量瓶中,再用水稀释至刻度,摇匀,备用。

(2) 交换

用移液管量取枸橼酸钠样品溶液 10.00 mL,直接沿交换柱管壁缓缓加入离子交换柱中,开启活塞,以每分钟 1~2 mL(约 1 滴/2 s)的速度加溶液,待溶液全部进入树脂后,再加蒸馏水淋洗,并用锥形瓶开始接收淋洗液。

当接收前 50 mL 淋洗液时,控制流速约每 2 s 1 滴,随后可增大流速到 1～2 滴/s。收集流出液的体积约达到 120 mL 后,用洗净的表面皿收集交换柱中的淋洗液 2～3 滴,用甲基橙指示剂检查是否淋洗干净。如果淋洗完全(甲基橙指示剂不显红色),停止收集淋洗液。特别注意使用蒸馏水淋洗时,实验过程中要不断地补加蒸馏水,务必维持液面始终在树脂层上方,以防止树脂层干裂引入气泡。

(3) 测定

在收集淋洗液的锥形瓶中加入酚酞指示剂 4 滴,然后用 NaOH 标准溶液滴定至淡红色(30 s 内不褪色)为滴定终点。

(4) 重复步骤(2)和(3),再测定两次。取平行操作的 3 次实验数据,按式(5 - 26)分别计算枸橼酸钠的百分含量,计算平均值及相对平均偏差。

$$w_{C_6H_5O_7Na_3 \cdot 2H_2O} = \frac{\frac{1}{3}c_{NaOH} \times \frac{V_{NaOH}}{1\,000} \times M_{C_6H_5O_7Na_3 \cdot 2H_2O}}{m \times \frac{10}{100}} \times 100\% \quad (5-26)$$

$$M_{C_6H_5O_7Na_3 \cdot 2H_2O} = 294.08 \text{ g} \cdot \text{mol}^{-1}$$

4. 树脂的再生

实验结束后将树脂从离子交换柱中倒出,置于小烧杯中,除去脱脂棉或玻璃纤维,倾去上层水后,加入 2 mol·L^{-1} HCl 溶液适量浸泡(盖住树脂上层即可),进行树脂再生。

注 意 事 项

1. 实验过程中,所用树脂已经过预处理,在装柱之前必须漂洗干净,洗净残余的 HCl,防止把残留的酸引入交换柱中,致使测定结果偏高。

2. 交换柱底部塞入的脱脂棉要薄,不能太厚,不必压得太紧,以免影响流速。

3. 装柱时,树脂一定要带水,装柱后树脂层应保持始终有水,特别是在淋洗过程中要注意勤加蒸馏水,防止树脂层脱水后引入气泡,影响离子交换的效率。

4. 交换时,待样品溶液几乎全部进入树脂层后再加蒸馏水淋洗,防止溶液被稀释后初始谱带过宽,收集时间延长。

5. 实验过程中,要判断树脂是否洗净或淋洗完全,可以把蒸馏水滴在表面皿上做阴性对照来比较。

6. 实验结束后,将树脂倒出回收,加 2 mol·L^{-1} HCl 再生,不要浪费树脂。

7. 新买的树脂常混入一些低聚物、无机物、灰沙、色素等异物。因此,进行离子交换之前需处理除去。732 型强酸性阳离子交换树脂出厂时为钠型,较简单的处理方法是先把新树脂浸在去离子水中 1～2 d,使它溶胀后,再装到柱中。对其中的无机杂质(主要是铁的化合物)可用 4%～5% 的稀盐酸除去,有机杂质可用 2%～4% 稀氢氧化钠溶液除去,洗到近中性即可。

思 考 题

1. 阐明离子交换树脂法测定枸橼酸钠含量的实验原理。
2. 在实际操作过程中,应注意哪些关键环节?
3. 请根据枸橼酸钠的结构和化学性质,再设计两种测定其含量的方法。

实验十八　硫酸铝含量测定

一、实验目的

1. 掌握配位滴定中返滴定法测定铝含量的原理和方法。
2. 熟悉二甲酚橙指示剂和铬黑 T 指示剂的变色原理和应用条件。
3. 了解配位滴定中加入缓冲溶液的作用。

二、实验原理

硫酸铝是工业上广泛使用的一种化合物,其第一大用途是用于造纸,第二大用途是在饮用水、工业用水和工业废水处理中作絮凝剂,在生产和使用过程中需要对铝含量进行监测分析。

硫酸铝的含量测定可用配位滴定法测定其组成中铝的含量,然后换算成硫酸铝的含量。

Al^{3+} 能与 EDTA 定量反应,但反应速度很慢,而且 Al^{3+} 对二甲酚橙指示剂有封闭作用,可采用返滴定法(剩余滴定法)来测定其含量。实验中先加入过量定量的 EDTA 标准溶液,加热促使 Al^{3+} 与 EDTA 配位反应完全。再用锌标准溶液回滴剩余的 EDTA。用 HAc - NaAc 缓冲溶液控制溶液的 pH 为 5～6,以二甲酚橙(XO)为指示剂,反应过程如下:

$$Al^{3+} + H_2Y^{2-} \rightleftharpoons AlY^- + 2H^+$$

$$Zn^{2+} + H_2Y^{2-} \rightleftharpoons ZnY^{2-} + 2H^+$$

滴定终点时,溶液中稍过量的 Zn^{2+} 与指示剂二甲酚橙结合,溶液颜色由 XO 的游离色(黄色)变为结合色(紫红色)。

$$\underset{\text{黄色}}{XO} + Zn^{2+} \rightleftharpoons \underset{\text{紫红色}}{Zn—XO^{2+}}$$

三、仪器与试剂

1. 仪器

分析天平(0.1 mg)、托盘天平、酸式滴定管(25 mL)、容量瓶(100 mL)、移液管(25 mL、20 mL、10 mL)、锥形瓶(250 mL)、烧杯(50 mL)、量筒(10 mL、100 mL)、水浴锅、电炉、洗耳球、玻璃棒。

2. 试剂

$Al_2(SO_4)_3 \cdot 18H_2O(AR)$、$ZnSO_4 \cdot 7H_2O(AR)$、$EDTA - Na_2 \cdot 2H_2O(AR)$、稀 HCl($3\ mol \cdot L^{-1}$)、甲基红指示剂(0.1 g 甲基红溶于 100 mL 的 60% 乙醇)、二甲酚橙指示剂

（0.5％水溶液）、氨试液（120 mL 浓氨水加水至 1 000 mL）、NH$_3$·H$_2$O - NH$_4$Cl 缓冲液（pH＝10）（称取 54 g NH$_4$Cl 溶于水中，加氨水 350 mL，用水稀释到 1 000 mL）、HAc - NaAc 缓冲液（pH＝6）（称取无水醋酸钠 60 g 溶于水中，加冰 HAc 5.7 mL，用水稀释至 1 000 mL）、铬黑 T 指示剂（称取铬黑 T 0.2 g 溶于 15 mL 三乙醇胺中，待完全溶解后，加入 5 mL 无水乙醇即得，最好现配现用）。

四、实验内容

1. 0.05 mol·L^{-1} EDTA 标准溶液的配制与标定

（1）称取 EDTA - Na$_2$·2H$_2$O 约 9.5 g，加蒸馏水 500 mL，使其溶解，摇匀，贮存于硬质玻璃瓶中。

（2）0.05 mol·L^{-1} EDTA 标准溶液的标定

精密称取已在 800 ℃灼烧至恒重的基准物质 ZnO 约 0.41 g 至小烧杯中，加稀盐酸 10 mL，搅拌使其溶解，并定量转移到 100 mL 容量瓶中，加水稀释至刻度，摇匀，用移液管精密量取配制的 ZnO 溶液 20.00 mL，至锥形瓶中，加甲基橙指示剂 1 滴，用氨试液调至溶液呈微黄色。再加蒸馏水 25 mL，加 NH$_3$·H$_2$O - NH$_4$Cl 缓冲液 10 mL，加铬黑 T 指示剂 4 滴，摇匀。用 EDTA 标准溶液滴定至溶液由紫红色转变为纯蓝色，即为终点。

平行测定 3 次，按式（5-27）计算 EDTA 标准溶液浓度，求平均值及相对平均偏差。

$$c_{EDTA} = \frac{\dfrac{m_{ZnO}}{M_{ZnO}} \times \dfrac{20}{100}}{\dfrac{V_{EDTA}}{1\,000}} \tag{5-27}$$

$$M_{ZnO} = 81.38 \text{ g·mol}^{-1}$$

2. 0.05 mol·L^{-1} ZnSO$_4$ 标准溶液的配制与标定

（1）0.05 mol·L^{-1} ZnSO$_4$ 标准溶液的配制

在托盘天平上称取 ZnSO$_4$·7H$_2$O 固体约 3.75 g，加稀 HCl 2～3 mL 与适量的蒸馏水溶解后，再加适量的蒸馏水使成 250 mL，搅匀。

（2）0.05 mol·L^{-1} ZnSO$_4$ 标准溶液的标定

用移液管精密量取 20.00 mL 配制的 ZnSO$_4$ 溶液，加甲基红指示剂 1 滴，小心滴加氨试液使溶液显微黄色，加蒸馏水 25 mL、NH$_3$·H$_2$O - NH$_4$Cl 缓冲液 10 mL、铬黑 T 指示剂 3 滴，用 0.05 mol·L^{-1} EDTA 标准溶液滴定至溶液由紫红色转变为纯蓝色即为滴定终点。平行测定 3 次，按式（5-28）计算 ZnSO$_4$ 标准溶液的准确浓度，求平均值及相对平均偏差。

$$c_{ZnSO_4} = \frac{c_{EDTA} \times V_{EDTA}}{V_{ZnSO_4}} \tag{5-28}$$

3. 硫酸铝的含量测定

取样品约 2 g，精密称定，置于 50 mL 小烧杯中，依次加稀 HCl 2 mL、蒸馏水 10 mL，完全溶解后，定量转移到 100 mL 容量瓶中，用水稀释至刻度，摇匀，精密量取 10 mL 于锥形瓶中，小心滴加氨试液中和至恰好析出沉淀，再滴加稀 HCl 至沉淀恰好溶解为止，加 HAc - NaAc 缓冲液（pH＝6）10 mL，再精密加入 EDTA 滴定液（0.05 mol·L^{-1}）25.00 mL，在电炉上加热煮沸 5 min，放冷至室温，加入二甲酚橙指示剂 2～3 滴，用 0.05 mol·L⁻¹ ZnSO 标准溶液滴定，至溶液由黄色转变为红色即为滴定终点。

平行测定 3 次，按式（5－29）计算硫酸铝的百分含量，求平均值及相对平均偏差。

$$w_{Al_2(SO_4)_3·18H_2O} = \frac{\frac{1}{2} \times (c_{EDTA} \times V_{EDTA} - c_{ZnSO_4} \times V_{ZnSO_4}) \times M_{Al_2(SO_4)_3·18H_2O}}{m \times 100} \times 100\% \quad (5-29)$$

$$M_{Al_2(SO_4)_3·18H_2O} = 666.17 \text{ g·mol}^{-1}$$

注 意 事 项

1. 贮存 EDTA 标准溶液应选用硬质玻璃瓶，最好是长期存放 EDTA 溶液的瓶子，以免 EDTA 与玻璃中的金属离子作用。有条件的话，用聚乙烯瓶贮存更好。

2. 配位滴定反应进行的速度相对较慢（不像酸碱反应能在瞬间完成），故滴定时加入 EDTA 溶液的速度不宜太快，在室温低时尤其要注意，特别在临近终点时，应逐滴加入，并充分振摇。

3. Al^{3+} 与 EDTA 配合速度很慢，加热的目的是促使 Al^{3+} 与 EDTA 配合速度加快，一般在石棉网上直接煮沸 3 min，配合程度可达 99%，为了尽量使反应完全，可煮沸 5～10 min。

4. 配位滴定中，指示剂、滴定剂和被测离子都受溶液 pH 的影响，但是随着滴定反应的进行，溶液的酸度会不断下降，所以实验过程中要严格调节溶液 pH，需加入合适的缓冲体系来控制溶液的酸度。

5. 实验时需用电炉加热，注意明火，小心烫伤。

思 考 题

1. 用 EDTA 测定铝盐含量，为什么采用返滴定法？

2. Al^{3+} 测定时能否用铬黑 T 作指示剂？

3. 用返滴定法测定 Al^{3+} 时，允许的 pH 范围是多少？

实验十九　混合碱的含量测定

一、实验目的

1. 掌握用双指示剂法测定混合碱的组成及其含量的原理和方法。
2. 熟悉移液管的使用方法。

二、实验原理

混合碱是指 Na_2CO_3 与 NaOH 或 Na_2CO_3 与 $NaHCO_3$ 的混合物，可采用双指示剂法测定混合碱的各个组分及其含量。常用的两种指示剂是酚酞和甲基橙。在混合碱试液中先加入酚

酞指示剂,以 HCl 标准溶液滴定至红色刚好褪去,到达第一个化学计量点,此时的反应可能为

$$HCl + NaOH =\!=\!= NaCl + H_2O$$

$$HCl + Na_2CO_3 =\!=\!= NaCl + NaHCO_3$$

反应产物为 NaCl 和 NaHCO$_3$,溶液的 pH 大约为 8.3,记下消耗的 HCl 标准溶液的体积 V_1(mL)。再加入甲基橙指示剂,继续用 HCl 标准溶液滴定至橙色即为终点。此时反应为

$$HCl + NaHCO_3 =\!=\!= NaCl + CO_2\uparrow + H_2O$$

在第二个化学计量点时,溶液的 pH 在 3.8 左右,记下用去 HCl 标准溶液的体积 V_2(mL)。根据 V_1 和 V_2 的用量来判断混合碱的组成。

若 $V_1 > V_2$,试液由 NaOH 和 Na$_2$CO$_3$ 的混合液构成,各自的含量可由下式计算:

$$c_{NaOH} = \frac{(V_1 - V_2) \times c_{HCl} \times M_{NaOH}}{V_样} \tag{5-30}$$

$$c_{Na_2CO_3} = \frac{V_1 \times c_{HCl} \times M_{Na_2CO_3}}{V_样} \tag{5-31}$$

$$M_{NaOH} = 40.00 \text{ g} \cdot \text{mol}^{-1} \quad M_{Na_2CO_3} = 105.99 \text{ g} \cdot \text{mol}^{-1}$$

若 $V_1 < V_2$,试液为 Na$_2$CO$_3$ 与 NaHCO$_3$ 的混合液,各自的含量计算公式如下:

$$c_{Na_2CO_3} = \frac{V_1 \times c_{HCl} \times M_{Na_2CO_3}}{V_样} \tag{5-32}$$

$$c_{NaHCO_3} = \frac{(V_2 - V_1) \times c_{HCl} \times M_{NaHCO_3}}{V_样} \tag{5-33}$$

$$M_{Na_2CO_3} = 105.99 \text{ g} \cdot \text{mol}^{-1}, M_{NaHCO_3} = 84.01 \text{ g} \cdot \text{mol}^{-1}$$

三、仪器与试剂

1. 仪器

酸式滴定管(25 mL)、锥形瓶(250 mL×2)、移液管(10 mL)、量筒(100 mL)。

2. 试剂

HCl 标准溶液(0.1 mol·L^{-1})、混合碱试液(每 10 mL 约含 NaOH 0.036 g、Na$_2$CO$_3$ 0.14 g)、酚酞指示液(0.1%乙醇溶液)、甲基橙指示液(0.1%水溶液)。

四、实验内容

精密吸取混合碱溶液 10.00 mL 于 250 mL 锥形瓶中,加 15 mL 蒸馏水,加酚酞指示液 1～2 滴,用 HCl 标准溶液滴定至红色恰好褪去,记下所消耗的 HCl 标准溶液的体积 V_1。然后,在此溶液中加入 1～2 滴甲基橙指示剂,继续用 HCl 标准溶液滴定至溶液由黄色变为橙色,记下所消耗的 HCl 标准溶液的体积 V_2。平行测定 3 次。根据 V_1、V_2 的关系,判断该混合碱的组成并计算各组分的浓度。

注 意 事 项

近滴定终点时,一定要充分摇动,防止形成 CO_2 的过饱和溶液而使终点提前到达。本实验先以酚酞为指示剂,终点时红色恰好褪去,不易判断,要细心观察。在双指示剂法中,也可使用一定比例的百里酚酞和甲酚红的混合指示剂代替酚酞指示剂。该混合指示剂的变色点 pH 为 8.3,用盐酸滴定时终点颜色由紫色变为粉红色,变色较为敏锐,实验中易于观察。

思 考 题

1. 用 HCl 标准溶液测定混合碱溶液时,取完 1 份试液要立即滴定。若在空气中放置一段时间后再滴定,将会给测定结果带来什么影响?

2. 采用双指示剂法测定碱溶液,在同一份溶液中测定,V_1 和 V_2 可能有下列 5 种情况。试判断碱溶液中的组成是什么,如何计算它们的含量,并试写出计算式。

① $V_1 = 0$;② $V_1 = V_2$;③ $V_2 = 0$;④ $V_1 < V_2$;⑤ $V_1 > V_2$

实验二十　碘量法测定维生素 C 含量

一、实验目的

1. 了解 $Na_2S_2O_3$ 和 I_2 标准溶液的配制方法。
2. 掌握标定 $Na_2S_2O_3$ 和 I_2 标准溶液的原理和方法。
3. 掌握直接碘量法测定维生素 C 的原理。

二、实验原理

I_2 是较弱的氧化剂,I^- 是中等强度的还原剂。其电极反应为

$$I_2 + 2e^- \rightleftharpoons 2I^-$$

因此,可用 I_2 标准溶液直接滴定某些较强的还原性物质,以测定这些物质的含量(此称直接碘量法);也可用过量 KI 与某些氧化性物质反应,定量析出的 I_2 用 $Na_2S_2O_3$ 标准溶液滴定,以测定这些氧化性物质的含量(此称间接碘量法)。本实验采用直接碘量法测定维生素 C 的含量,所需的 I_2 标准溶液拟通过与 $Na_2S_2O_3$ 标准溶液相比较的方法进行标定。

维生素 C 又名抗坏血酸($C_6H_8O_6$),分子中的烯二醇基团具有较强的还原性,能被弱氧化剂 I_2 定量氧化成二酮基,反应如下:

135

该反应完全、快速,可采用直接碘量法,用 I_2 标准溶液直接测定维生素 C 的含量。维生素 C 的还原性很强,在中性或碱性介质中极易被空气中的 O_2 氧化,在碱性溶液中更甚。因此,虽然从反应方程式看,碱性条件下更有利于反应向右进行,但是实验中为了减少维生素 C 受其他氧化剂的影响,滴定反应应在酸性溶液中进行。实验证明,维生素 C 在 $0.2\ mol\cdot L^{-1}$ HAc 或 $0.2\ mol\cdot L^{-1}\ H_2C_2O_4$ 溶液中比在无机酸中更稳定,本实验中测定维生素 C 含量在稀 HAc 介质中进行。淀粉遇碘变蓝色,碘量法用淀粉作指示剂。

固体碘易挥发,腐蚀性较强,不能用分析天平准确称量,所以 I_2 标准溶液通常用间接法配制。固体 I_2 在水中溶解度很小($0.001\ 33\ mol\cdot L^{-1}$),故配制 I_2 标准溶液时须加入适量 KI,使 I_2 形成 I_3^- 配离子,以增大 I_2 在水中的溶解度,并降低 I_2 的挥发性。溶液中 KI 含量在 2%～4% 时即可达到上述目的。《中国药典》(2020 版)用 $Na_2S_2O_3$ 标准溶液滴定 I_2 标准溶液的浓度,反应如下:

$$I_2 + 2S_2O_3^{2-} \rightleftharpoons 2I^- + S_4O_6^{2-}$$

$Na_2S_2O_3$ 标准溶液的配制用间接配制法。因为市售 $Na_2S_2O_3\cdot 5H_2O$ 常含有 S、Na_2CO_3、Na_2SO_4 等杂质,在空气中易风化或潮解。此外,$Na_2S_2O_3$ 在中性或酸性溶液中还可与 CO_2 及 O_2 作用,水中的嗜硫菌等微生物也能使它分解。为此,常用新煮沸而刚冷却的蒸馏水配制 $Na_2S_2O_3$ 标准溶液,以除去水中溶解的 CO_2 和 O_2,并杀死微生物。同时,还需要加入少量 Na_2CO_3 作稳定剂,使溶液 pH 保持在 9～10。所配溶液须放置 7～10 d,再用 $K_2Cr_2O_7$ 作基准物质进行标定。

标定时,$Na_2S_2O_3$ 标准溶液采用置换滴定法,$K_2Cr_2O_7$ 在强酸性溶液中与过量 KI 反应,定量地析出 I_2,再用待标定的 $Na_2S_2O_3$ 溶液滴定析出的 I_2。反应方程式为

$$Cr_2O_7^{2-} + 6\ I^- + 14\ H^+ \longrightarrow 2\ Cr^{3+} + 3I_2 \downarrow + 7H_2O$$

在溶液酸度较低时,此反应较慢。若酸度太强又会使 KI 被空气氧化成 I_2。因此,实验过程中必须注意酸度的控制,控制溶液 H^+ 浓度约为 $0.5\ mol\cdot L^{-1}$,并避光放置 10 min,使反应定量完成。析出的 I_2 再用 $Na_2S_2O_3$ 溶液滴定,以淀粉作指示剂。反应如下:

$$I_2 + 2S_2O_3^{2-} \longrightarrow 2I^- + S_4O_6^{2-}$$

$Na_2S_2O_3$ 与 I_2 的反应只能在中性或弱液性溶液中进行,所以在滴定前应将溶液稀释,降低酸度,控制 H^+ 浓度约为 $0.2\ mol\cdot L^{-1}$,也使终点时 Cr^{3+} 绿色变浅。

指示剂淀粉溶液应在滴定至近终点时加入(溶液显浅黄色时加入),若过早加入,则大量的 I_2 与淀粉结合成蓝色配合物,这种结合状态的 I_2 较难释出,致使 $Na_2S_2O_3$ 标准溶液用量偏多,产生较大的滴定误差。

根据上述反应,$K_2Cr_2O_7$ 与 $Na_2S_2O_3$ 计量关系为 $1:6$,即 $n_{Na_2S_2O_3} = 6n_{K_2Cr_2O_7}$,故

$$c_{Na_2S_2O_3} = \frac{6 \times \dfrac{m_{K_2Cr_2O_7}}{M_{K_2Cr_2O_7}}}{\dfrac{V_{Na_2S_2O_3}}{1\ 000}} \tag{5-34}$$

$$M_{K_2Cr_2O_7} = 294.18\ g\cdot mol^{-1}$$

三、仪器与试剂

1. 仪器

分析天平(0.1 mg)、托盘天平、酸式滴定管(25 mL)、碱式滴定管(25 mL)、碘量瓶、容量瓶(100 mL)、量筒(10 mL)、锥形瓶(250 mL)、移液管(20 mL)、烧杯(100 mL)、玻璃棒、棕色试剂瓶、洗耳球。

2. 试剂

$Na_2S_2O_3 \cdot 5H_2O$(AR)、$K_2Cr_2O_7$(基准级)、Na_2CO_3(AR)、I_2(AR)、KI(AR)、H_2SO_4(3 mol·L^{-1})、KI 溶液(1 mol·L^{-1})、维生素 C(试样)、HAc(2 mol·L^{-1})、淀粉溶液(0.5%)。

四、实验内容

1. 0.02 mol·L^{-1} $Na_2S_2O_3$ 标准溶液的配制与标定

(1) 0.02 mol·L^{-1} $Na_2S_2O_3$ 标准溶液的配制

在托盘天平上称取 $Na_2S_2O_3 \cdot 5H_2O$ 约 2 g,置于 50 mL 烧杯中,加入 Na_2CO_3 约 0.1 g,再加适量新煮沸而刚冷却的蒸馏水溶解后,倒入棕色试剂瓶中,继续加该蒸馏水至总体积为 400 mL,混匀,避光保存 7~10 d 后标定。

(2) 0.02 mol·L^{-1} $Na_2S_2O_3$ 标准溶液的标定

精确称取 0.10~0.12 g 在 120 ℃ 干燥至恒重并研细的基准物质 $K_2Cr_2O_7$ 于烧杯中,加适量蒸馏水溶解后,定量转移至 100 mL 容量瓶中,用蒸馏水稀释至刻度,摇匀。用移液管吸取上述溶液 20.00 mL 于碘量瓶中,加 3 mol·L^{-1} H_2SO_4 溶液 10 mL、1 mol·L^{-1}KI 溶液 9 mL,密塞,混匀,置于暗处 10 min,使反应进行完全。加水 50 mL 稀释后,立即用待标定的 $Na_2S_2O_3$ 溶液(装入碱式滴定管中)进行滴定,等溶液由棕褐色转变为浅黄色时,加入 0.5% 淀粉溶液 2~3 mL,此时溶液显蓝色,继续滴定至蓝色恰好转变为浅绿色即为终点,记录结果。

平行滴定 3 次,按式(5-34)计算 $Na_2S_2O_3$ 标准溶液的准确浓度,求算平均值及相对平均偏差。

2. 0.01 mol·L^{-1} I_2 标准溶液的配制与标定

(1) 0.01 mol·L^{-1} I_2 标准溶液的配制

在托盘天平上称取研细的碘 1.0 g 于小烧杯中,加 2 g 固体 KI、约 5 mL 蒸馏水(水不能多加,否则碘不易溶解),充分搅拌,待碘完全溶解后,倒入棕色试剂瓶中,加水稀释至 400 mL,混匀,置于暗处保存。

(2) I_2 标准溶液与 $Na_2S_2O_3$ 标准溶液的比较

用移液管准确吸取已标定好的 $Na_2S_2O_3$ 标准溶液 20.00 mL 于锥形瓶中,加 0.5% 淀粉溶液 2~3 mL,用待标定的 I_2 标准溶液(装入酸式滴定管)滴定至溶液恰显蓝色即为终点。记录滴定结果。

平行测定 3 次,按式(5-35)计算 I_2 标准溶液的准确浓度,求其平均值和相对平均偏差(不超过 0.2%)。

$$c_{I_2} = \frac{c_{Na_2S_2O_3} \times V_{Na_2S_2O_3}}{2V_{I_2}} \qquad (5-35)$$

3. 维生素 C 的含量测定

精确称取维生素 C 试样 0.16~0.20 g 于小烧杯中,加入新煮沸放冷的蒸馏水(除去水中的溶解氧,防止维生素 C 被氧化)适量、2 mol·L⁻¹ HAc 溶液 10 mL,搅拌使样品溶解后,定量转移入 100 mL 容量瓶中,用新煮沸而刚冷却的蒸馏水稀释至刻度,混匀。精确吸取该样品溶液 20.00 mL 于锥形瓶中,加 0.5% 淀粉溶液 2~3 mL,立即用 I_2 标准溶液滴定至溶液显稳定的蓝色即为终点。

平行测定 3 次,按式(5-36)计算维生素 C 的百分含量,求平均值及相对平均偏差。

$$w_{C_6H_8O_6} = \frac{c_{I_2} \times V_{I_2} \times \dfrac{M_{C_6H_8O_6}}{1\,000}}{m \times \dfrac{20}{100}} \times 100\% \qquad (5-36)$$

$$M_{C_6H_8O_6} = 176.12 \text{ g·mol}^{-1}$$

注 意 事 项

1. I_2 溶液对橡胶有腐蚀作用,必须放在酸式滴定管中进行滴定。

2. 在酸性介质中,维生素 C 被空气中 O_2 氧化的速度稍慢,较为稳定,但样品溶于稀醋酸后,仍需立即进行滴定。

3. 量取稀 HAc 和量取淀粉的量筒不能混用,要分清。

4. 淀粉指示剂比较容易失效(特别是在室温高时),需在临用前配制,且可加入少许防腐剂,如 HgI_2 或 $ZnCl_2$ 等。

思 考 题

1. 配制 $Na_2S_2O_3$ 标准溶液为什么要用新煮沸而刚冷却的蒸馏水?加入少量 Na_2CO_3 的作用是什么?

2. 如何配制 I_2 标准溶液?

3. 用 $K_2Cr_2O_7$ 作基准物质标定 $Na_2S_2O_3$ 标准溶液时,加入过量 KI 的作用是什么?不过量将会怎样?

4. 为什么要在维生素 C 试样溶液中加入一定量的 HAc 溶液?

实验二十一　维生素 B₁₂ 注射液的鉴别及含量测定

一、实验目的

1. 掌握维生素 B_{12} 注射液的鉴别方法。

2. 掌握以吸光系数法和标准对比法测定含量的方法。

3. 熟悉 UV-9200 分光光度计的使用方法。

4. 熟悉含量与标示量百分含量的计算。

二、实验原理

维生素 B_{12} 是一类含钴的卟啉类有机药物,是唯一含有主要矿物质的水溶性维生素,具有很强的生血作用,是临床上常用的抗贫血药。维生素 B_{12} 不是单一的一种化合物,共有七种,我们通常所指的维生素 B_{12} 是指其中的氰钴胺(图 5-15),为深红色结晶,目前市售的维生素 B_{12} 注射液有每毫升含维生素 B_{12} 50 μg、100 μg 或 500 μg 等规格。

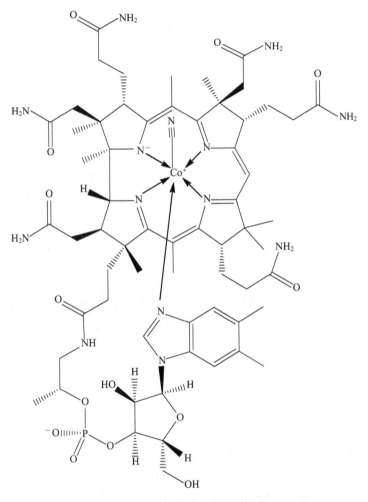

图 5-15　维生素 B_{12} 的结构式

维生素 B_{12} 分子中含有共轭双键结构,在紫外-可见光区有吸收,故采用紫外-可见分光光度法鉴别和测定其含量,如图 5-16 所示,维生素 B_{12} 水溶液在 278 nm、361 nm 和 550 nm 处有最大吸收,《中国药典》(2020 版)采用比较 3 个最大吸收波长处吸光度的比值法来鉴别维生素 B_{12},药典规定在 361 nm 处与 278 mm 处的吸光度的比值应为 1.70~1.88,在 361 nm 处与 550 nm 处的吸光度的比值应为 3.15~3.45。

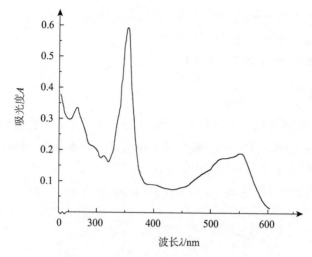

图 5-16　维生素 B_{12} 水溶液的紫外-可见吸收光谱图

由于维生素 B_{12} 在最大吸收波长 361 nm 处的吸收峰干扰因素少,吸收又最强。药典中以 361 nm 处吸收峰的比吸光系数($E_{1\ cm}^{1\%}=207$)为测定注射液实际含量的依据。维生素 B_{12} 在最大吸收波长 550 nm 处的吸收较弱,吸收峰较宽,可用标准对比法测定其含量,以减少测量误差。

药物制剂的含量往往用标示量的百分含量表示,也即制剂中主要成分的实际量($c_{实}$)与规格量(L)的比值[标示量(%)=($c_{实}/L$)×100%],《中国药典》(2020 版)规定维生素 B_{12} 注射液标示量的百分含量应在 90%~110%。

三、仪器与试剂

1. 仪器

UV-9200 紫外-可见分光光度计、1 cm 石英比色皿、容量瓶(10 mL)、移液管(1 mL)、吸量管(5 mL)。

2. 试剂

维生素 B_{12} 对照品溶液(500 $\mu g \cdot mL^{-1}$)、维生素 B_{12} 注射液(样品,标示量 100 $\mu g \cdot mL^{-1}$)。

四、实验内容

1. UV-9200 分光光度计的使用

(1) 接通电源,打开仪器(开关在仪器右侧),预热约 20 min。

(2) 按需要测定的波长,选择合适的光源(氘灯使用波段 200~365 nm,钨灯使用波段 365~800 nm)。选择光源的拨杆位于仪器后部,"D"或"UV"表示氘灯,"W"或"Vis"表示钨灯。选用氘灯时,须触发仪器左侧的高压按钮(绿色),选用钨灯时,则关闭高压按钮。

(3) 根据测定波长,调节波长旋钮,使波长显示窗显示所需波长值。

(4) 按"Mode"(方式选择)键可使"T"(透光率)指示灯亮,并使空白溶液处在光路中。按"100%T"键调 100%,观察屏幕上示数是否为 100,若不为 100,则按"100%T"键调节。

(5) 把样品室拉杆轻轻推到最前方(为挡光位置),观察屏幕上示数是否为零,若不为零则按"0%T"键调节。连续几次调节 100 和 0,直至仪器稳定,即可进行测定工作。

（6）按"Mode"（方式选择）键使"A"（吸光度）指示灯亮，轻轻拉动样品室拉杆，使被测样品进入光路，屏幕上显示数字即为该溶液的吸光度值。

（7）改变测定波长时，按照步骤（4）和（5）重新调节透光率，然后按（6）进行样品吸光度的测定。

2. 维生素 B_{12} 注射液的鉴别

精密量取维生素 B_{12} 注射液 2.50 mL 于 10 mL 容量瓶中，用水稀释至刻度并摇匀，配制成浓度为 25 $\mu g \cdot mL^{-1}$ 的样品溶液，置于石英比色皿中，以蒸馏水为空白对照，分别在 278 nm、361 nm 和 550 nm 波长处测定其吸光度，并分别求算 A_{361}/A_{278} 和 A_{361}/A_{550} 的比值，与《中国药典》（2020 版）的规定值相比较，判断待测样品是否为维生素 B_{12}。

3. 维生素 B_{12} 注射液的含量测定

（1）吸光系数法

"维生素 B_{12} 注射液鉴别实验"中在 361 mm 处测量得到吸光度 A，按其吸光系数（$E_{1 cm}^{1\%}=207$）直接求算维生素 B_{12} 注射液的浓度，并求算标示量的百分含量。

根据 $A=E_{1 cm}^{1\%} cl$，则

$$c=\frac{A}{E_{1 cm}^{1\%}l}=\frac{A}{207 \times 1} \times 10^4 = A \times 48.31 (\mu g \cdot mL^{-1}) \tag{5-37}$$

$$c_{实}=\frac{10}{2.5} \times c = 4 \times A \times 48.31 (\mu g \cdot mL^{-1}) \tag{5-38}$$

$$标示量(\%)=\frac{c_{实}}{L} \times 100\% \tag{5-39}$$

与《中国药典》（2020 版）规定的维生素 B_{12} 注射液的含量要求相比较，判断该注射液是否为合格品。

（2）标准对比法

标准溶液的配制：精密量取维生素 B_{12} 对照溶液 1.0 mL 于 10 mL 容量瓶中，加水稀释至刻度，摇匀，配制成浓度为 50 $\mu g \cdot mL^{-1}$ 的标准溶液（浓度记为 c_S）。

样品溶液的配制：精密量取维生素 B_{12} 注射液 5.0 mL 于 10 mL 容量瓶中，用水稀释至刻度并摇匀，配制成浓度约为 50 $\mu g \cdot mL^{-1}$ 的样品溶液（浓度记为 c_X）。

以蒸馏水为空白，用 1 cm 吸收池在 UV-9200 分光光度计上于 550 nm 处分别测定标准溶液的吸光度（A_S）与样品溶液的吸光度（A_X），计算样品中维生素 B_{12} 的实际含量，并求算标示量的百分含量。

根据标准对照法，则

$$\frac{A_X}{A_S}=\frac{c_X}{c_S} \tag{5-40}$$

$$c_X=\frac{A_X}{A_S} \times c_S (c_S=50 \mu g \cdot mL^{-1}) \tag{5-41}$$

则样品中维生素 B_{12} 实际浓度按式（5-42）计算：

$$c_实 = c_X \times \frac{10}{5} = \frac{A_X}{A_S} \times c_S \times 2 \qquad (5-42)$$

注 意 事 项

1. 比色皿有两种材质,石英比色皿适用于紫外光区和可见光区测定,玻璃比色皿因吸收紫外光而只适用于可见光区测定。

2. 使用比色皿时,应拿捏毛玻璃两面,切忌用手拿捏透光面,以免使其沾上油污。使用完毕,及时用蒸馏水冲净,并用吸水纸擦干,放入比色皿盒中,防尘放置。

3. 为使比色皿中测定溶液与待测溶液的浓度一致,需用待测溶液荡洗比色皿2~3次。

4. 比色皿内所盛溶液高度以比色皿高的2/3为宜。过满溶液可能溢出,使仪器受损;过少则在测定过程中光照不到溶液,使得测定结果有误。

5. 实验过程中,每改变一次测定波长,就需要用空白试剂(本实验中是蒸馏水)并将样品室推至挡光位置重新调节透光率,使其分别为100%和0,然后再进行样品吸光度的测定。

思 考 题

1. 采用吸光系数法直接测定样品含量时有何要求?
2. 试比较用吸光系数法和标准对比法测定维生素 B_{12} 含量的优缺点。

实验二十二 磷酸的电位滴定

一、实验目的

1. 掌握电位滴定法测定磷酸解离平衡常数的原理与方法。
2. 掌握电位滴定曲线的绘制方法以及三种常用的滴定终点的确定方法。
3. 熟悉 pHS-25 型 pH 计的使用方法。

二、实验原理

电位滴定法是根据滴定过程中电池电势的突变来确定滴定终点的方法。

磷酸的电位滴定以 NaOH 标准溶液为滴定剂来测定 H_3PO_4 的摩尔质量、pK_{a1} 及 pK_{a2},将复合 pH 电极插入磷酸试液中,组成原电池(图 5-17)。

在滴定过程中,随着滴定剂的不断加入,待测物与滴定剂发生反应,溶液的 pH 也随之不断变化。以加入滴定剂的体积为横坐标,溶液相应的 pH 为纵坐标来绘制 pH-V 滴定曲线,曲线上的转折点(拐点)所对应的体积

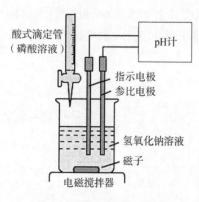

图 5-17 电位滴定的装置图

即为到达滴定终点时加入滴定剂的体积。也可采用一级微商法（$\Delta pH/\Delta V$ - V）或二级微商法（$\Delta^2 pH/\Delta V^2$ - V）来确定滴定终点。图 5 - 18 是几种常用的滴定终点的确定方法。

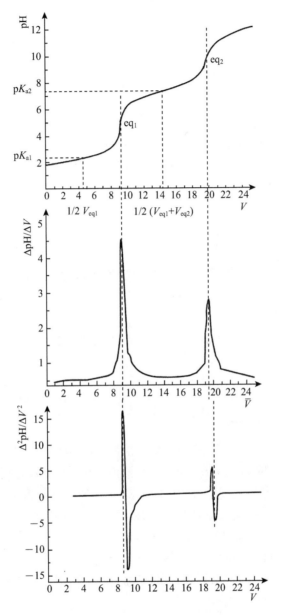

图 5 - 18　电位滴定法终点的确定

从 pH - V 滴定曲线上也能求算 H_3PO_4 的 K_{a1} 和 K_{a2}，这是因为磷酸是多元酸，在水溶液中是分步解离的，即

$$H_3PO_4 \overset{K_{a1}}{\rightleftharpoons} H^+ + H_2PO_4^-$$

$$K_{a1} = \frac{[H^+][H_2PO_4^-]}{[H_3PO_4]} \tag{5-43}$$

当用 NaOH 标准溶液滴定至剩余 H_3PO_4 的浓度与生成的 NaH_2PO_4 的浓度相等时,从上式可知 $K_{a1}=[H^+]$,即 $pK_{a1}=pH$,也就是说,第一个半中和点 $\left(\dfrac{1}{2}V_{eq1}\right)$ 对应的 pH 即为 pK_{a1}。同理:

$$H_2PO_4^- \xrightleftharpoons{K_{a2}} H^+ + HPO_4^{2-}$$

$$K_{a2} = \frac{[H^+][HPO_4^{2-}]}{[H_2PO_4^-]} \tag{5-44}$$

当继续用 NaOH 标准溶液滴定至 $[H_2PO_4^-]=[HPO_4^{2-}]$ 时,$pK_{a2}=pH$,即第二个半中和体积所对应的 pH 就是 pK_{a2}。由此可见,电位滴定法可用来测定某些弱酸的解离平衡常数(pK_a)或弱碱的解离平衡常数(pK_b),该方法是有一定意义的。

三、仪器与试剂

1. 仪器

PHS-25 型数显 pH 计、复合 pH 电极、电磁搅拌器、磁子、碱式滴定管(25 mL)、烧杯(100 mL)、移液管(10 mL)、量筒(100 mL)、洗耳球。

2. 试剂

标准缓冲溶液(pH=4.00、pH=6.86)、NaOH 标准溶液($0.1\ mol \cdot L^{-1}$)、磷酸样品溶液($0.1\ mol \cdot L^{-1}$)。

四、实验内容

1. 按照图 5-17 安装实验装置。

2. 用 pH=4.00 与 pH=6.86 的标准缓冲溶液校准 pH 计。

3. 用移液管精密吸取 10.00 mL 磷酸样品溶液置于 100 mL 烧杯中,加蒸馏水 20 mL,插入复合 pH 电极。在电磁搅拌下,用 $0.1\ mol \cdot L^{-1}$ NaOH 标准溶液进行滴定,当加入的 NaOH 标准溶液达 8.00 mL 前,每加 1.00 mL NaOH 溶液记录一次 pH,在化学计量点(即加入少量 NaOH 溶液引起溶液的 pH 变化逐渐变大)前后 ±10% 时,每次加入 0.1 mL NaOH 溶液记录一次 pH,用同样的方法继续滴定至过了第二个化学计量点为止。

4. 关闭 pH 计和电磁搅拌器,拆除装置,清洗电极并将其浸泡在饱和 KCl 溶液中。

5. 处理实验数据,具体步骤如下:

(1) 打开电脑,启用 Microsoft Excel 应用程序。依次在 A~H 栏的第 1 行输入 V、pH、ΔpH、ΔV、$\bar{V}$、$\Delta pH/\Delta V$、$\Delta(\Delta pH/\Delta V)$ 和 $\Delta^2 pH/\Delta V^2$。

(2) 从第 2 行开始,将原始数据 V 输入表格中 A 栏、pH 输入 B 栏。

(3) 绘制 pH-V 曲线:选中 A、B 栏中的数据→【插入】→【图表】→XY 散点图→平滑线散点图→下一步→完成。

(4) 从图中可看到两个滴定突跃,曲线的转折点(拐点)即为两个滴定终点,记下第一化学计量点和第二化学计量点消耗标准溶液的体积 V_1、V_2,并求算 H_3PO_4 的 K_{a1} 和 K_{a2}。

(5) 分别作两个滴定终点的 $\Delta pH/\Delta V$-$\bar{V}$ 图,具体步骤如下:

① 在 C 栏中,从第 3 行开始,计算 ΔpH,"＝B2－B1",回车,复制;在 D 栏中计算 ΔV,"＝A2－A1"回车,复制;在 E 栏中计算平均体积 $\bar{V}$,"＝(A1＋A2)/2",回车,复制;在 F 栏中计算 ΔpH/ΔV,"＝C1/D1",回车,复制。

② 作 $\Delta pH/\Delta V - \bar{V}$ 图。

③ 点击 $\Delta pH/\Delta V - \bar{V}$ 图上的最大点,记下第一化学计量点和第二化学计量点消耗标准溶液的体 V_1、V_2。

(6) 分别作两个滴定终点的 $\Delta^2 pH/\Delta V^2 - \bar{V}$ 图,具体步骤如下:

① 在 G 栏中,从第 4 行开始,计算 Δ(ΔpH/ΔV),"＝F3－F2",回车,复制;在 H 栏中计算 $\Delta^2 pH/\Delta V^2$,"＝G3/D3",回车,复制。

② 作 $\Delta^2 pH/\Delta V^2 - \bar{V}$ 图。

③ $\Delta^2 pH/\Delta V^2 ＝0$ 的点所对应的体积,即为第一化学计量点和第二化学计量点消耗标准溶液的体积 V_1、V_2。

(7) 采用二阶微商内插法计算滴定终点体积,并利用公式 $c_{H_3PO_4}＝\dfrac{c_{NaOH}V_{1,NaOH}}{V_{H_3PO_4}}$ 计算磷酸的浓度。

注 意 事 项

1. 在溶液 pH 的测定中,通常选择玻璃电极为指示电极,饱和甘汞电极为参比电极。但在本实验中采用复合 pH 电极,它将玻璃电极和甘汞电极组合在一起,构成单一电极体,具有体积小、使用方便、坚固耐用、被测试液用量少、可用于狭小容器中测试等优点。

2. 先将仪器装好,用 pH 为 4.00 与 6.86 的标准缓冲溶液校准 pH 计后,勿动定位钮。安装复合 pH 电极时,既要将电极插入待测液中,又要防止在滴定操作搅拌溶液时烧杯中转动的磁子棒触及电极。

3. 电位滴定中的测量点分布应控制为在计量点前后密些,远离计量点疏些,在接近计量点前后时,每次加入的溶液量应保持一致(如每次加入 0.10 mL),这样便于数据的处理和滴定曲线的绘制。

4. 加入滴定剂后,尽管发生中和反应的速度很快,但电极响应需要一定的时间,故要充分搅拌溶液,切忌滴加滴定剂后立即读数,应在搅拌平衡后,停止搅拌,静态下读取酸度计的 pH,以得到稳定的数据。

5. 搅拌速度略慢些,以免溶液溅失。

思 考 题

1. H_3PO_4 是三元酸,其 K_{a3} 可以从滴定曲线上求得吗?

2. 用 NaOH 滴定 H_3PO_4,第一和第二化学计量点所消耗的 NaOH 体积理应相等,但实际上并不相等,为什么?

3. 电位滴定中,能否用电位 E 的变化来代替 pH 的变化?

4. 若以电位滴定法进行氧化还原滴定、非水滴定、沉淀滴定和配位滴定,应各选择什么指示电极和参比电极?

附:PHS-25 型数显 pH 计操作步骤

1. 接通电源,打开仪器,预热约 15 min。

2. 调节"温度"旋钮,使温度与室温相同。

3. 从饱和 KCl 溶液中取出电极,洗净、擦干,插入 pH 为 6.86 的标准缓冲溶液中,按"标定"键,待读数稳定后,按两次"确定"键。

4. 将电极取出,洗净、擦干,插入 pH 为 4.00 的标准缓冲溶液中,待读数稳定后,连续按两次"确定"键。

5. 将电极取出,洗净、擦干,插入待测溶液中,测定 pH。

注意:如果在标定过程中,操作失误或按键按错而使仪器使用不正常,可关闭电源,然后按住"确定"键后再开启电源,使仪器恢复初始状态,再重新标定。

实验二十三　邻二氮菲比色法测定水中微量铁含量

一、实验目的

1. 掌握分光光度法测定铁含量的基本原理和方法。
2. 掌握分光光度计的使用方法。
3. 熟悉制作吸收曲线和选择适当测定波长的方法。
4. 掌握利用标准曲线法进行定量分析的操作与数据处理方法。

二、实验原理

根据朗伯-比尔定律:$A = \varepsilon l c$,当入射光波长及光程 l 一定时,在一定浓度范围内,有色物质的吸光度 A 与该物质的浓度 c 成正比,以吸光度 A 为纵坐标、浓度 c 为横坐标绘制标准曲线,再根据测得的待测水样的吸光度,由标准曲线就可以查得对应的浓度值,即待测水样中铁的含量。

进行测定时应选择吸光度最大值所对应的波长,故实验前应先绘出吸收曲线。用适当浓度的溶液在各不同波长处测定吸光度,以波长为横坐标,吸光度为纵坐标,逐点描画成吸收曲线,在吸收曲线上找出最大吸收波长 A_{max}。

由于 Fe^{2+} 颜色浅,不吸收可见光,所以在测定其含量之前需加入显色剂使其反应生成有色物质,使铁的含量能用光电比色法测定,同时提高测定的灵敏度和选择性。邻二氮菲是一种较好的测定微量铁的试剂。在 pH 为 3～9 的溶液中,邻二氮菲与 Fe^{2+} 生成极稳定的橙红色配位化合物,该配位离子 $\lg K_{稳} = 21.3$,使得亚铁离子能定量转变为邻二氮菲合铁。该配位离子在最大吸收波长 508 nm 附近有强吸收,摩尔吸收系数高达 $E_{max} = 1.1 \times 10^4$,测定过程灵敏度高。其反应如下:

测定试样中 Fe^{3+} 浓度时,可先用盐酸羟胺还原生成 Fe^{2+},然后再加邻二氮菲进行显色反应。Fe^{3+} 与盐酸羟胺反应如下:

$$2Fe^{3+} + 2NH_2OH \cdot HCl \rightleftharpoons 2Fe^{2+} + N_2 \uparrow + 4H^+ + 2H_2O + 2Cl^-$$

为保证配合物的稳定性和 Fe^{2+} 与邻二氮菲的定量反应,需加入醋酸钠,与溶液中的盐酸反应生成缓冲溶液,维持溶液 pH 在 4～5 之间。

本方法的选择性很强,相当于铁含量 40 倍的 Sn^{2+}、Al^{3+}、Ca^{2+}、Mg^{2+}、SiO_3^{2-},20 倍的 Cr^{3+}、Mn^{2+}、V^{5+}、PO_4^{3-},5 倍的 Co^{2+}、Cu^{2+} 等均不干扰测定。

三、仪器与试剂

1. 仪器

容量瓶(50 mL×7、100 mL×1)、吸量管(10 mL×1,5 mL×4)、移液管(10 mL×1)、量筒(5 mL×1)、洗耳球、分光光度计、1 cm 比色皿。

2. 试剂

标准铁溶液(100 $\mu g \cdot mL^{-1}$)[准确称取 0.863 4 g $NH_4Fe(SO_4)_2 \cdot 12H_2O$ 置于烧杯中,加入 HCl 溶液(6 $mol \cdot L^{-1}$)20 mL 和少量水,溶解后,转移至 1 000 mL 容量瓶中,以水稀释至刻度,摇匀]、0.15%邻二氮菲水溶液(新鲜配制)、10%盐酸羟胺水溶液(新鲜配制)、NaAc 溶液(1 $mol \cdot L^{-1}$)、HCl 溶液(6 $mol \cdot L^{-1}$)、待测试样。

四、实验内容

1. 标准曲线的绘制

铁标准贮备液的配制:用移液管量取标准铁溶液(100 $\mu g \cdot mL^{-1}$)10.00 mL 于 100 mL 容量瓶中,加入 HCl 溶液(6.0 $mol \cdot L^{-1}$)2 mL,以水稀释至刻度,摇匀,配制成 10 $\mu g \cdot mL^{-1}$ 的铁标准贮备液。用吸量管分别在编号为 1～6 号的 6 只 50 mL 容量瓶中加入铁标准贮备液(10 $\mu g \cdot mL^{-1}$)0.00 mL、2.00 mL、4.00 mL、6.00 mL、8.00 mL、10.00 mL,再分别加入 10%盐酸羟胺溶液 1 mL,摇匀,静置 2 min。接着加入 0.15%邻二氮菲溶液 2 mL 和 NaAc 溶液(1.0 $mol \cdot L^{-1}$)5 mL,用水稀释至刻度,摇匀。用 1 cm 比色皿,以 1 号试剂溶液为空白对照,在 500～520 nm 每隔 2 nm 测定 4 号溶液的吸光度,按表 5-17 记录实验结果,找出最大吸收波长 λ_{max}。

表 5-17 吸收曲线的测定

λ/nm	500	502	504	506	508	510	512
A							

λ/nm	514	516	518	520			
A							

在所选定 λ_{max} 下,以试剂溶液为空白对照,测定 2~6 号各溶液的吸光度。以铁的浓度 c（$\mu g \cdot mL^{-1}$）为横坐标,吸光度 A 为纵坐标,用 Excel 绘制标准曲线,求得线性方程和相关系数。

2. 试样含铁量测定

准确吸取待测试样 5.00 mL,置于 50 mL 容量瓶中。按上述绘制标准曲线的方法配制溶液并测定其在选定 λ_{max} 下的吸光度。根据测得的吸光度,用标准曲线法求算试样中微量铁的浓度。

3. 数据处理

(1) 用最小二乘法求出回归直线方程及相关系数（Excel 应用程序）。

① 打开 Microsoft Excel 应用程序,将铁标准溶液的浓度 c（$\mu g \cdot mL^{-1}$）输入表格中 A 栏,吸光度 A 输入 B 栏。

② 作 $A-c$ 曲线:选中 A、B 栏中的数据→【插入】→【图表】→XY 散点图→散点图→完成。

③ 鼠标点击图中任意一个点,选择"添加趋势线",在弹出的对话框中,"类型"选中"线性(L)","选项"选中"显示公式",显示 R^2 值,点击【确定】完成。

④ 记录回归公式和 R^2 值。计算相关系数 r 及线性范围。

(2) 将测得的试样吸光度 $A_样$ 代入标准曲线方程,乘以稀释倍数后求算出试样中微量铁的含量 $c_样$（$\mu g \cdot mL^{-1}$）。

注 意 事 项

1. 两种比色法适用于含铁量在 5% 以下的样品的铁含量测定。

2. 钙、镁等离子与磺基水杨酸可生成无色的螯合物,可消耗显色剂,故显色时应加入过量的显色剂。

3. 样品的显色条件应尽量与标准溶液系列保持一致。

4. 吸收池包括两个光面(光线通过)和两个毛面,手只能接触毛面。使用时保证吸收池外侧干净且干燥。

5. 吸收池需用蒸馏水和待测液洗涤数次。

6. 吸收池装入溶液的高度应在其自身高度的 80% 左右。

7. 在测定标准系列溶液吸光度时,要从稀溶液至浓溶液进行测定。

思 考 题

1. 在吸光度的测量中,为了减小误差,应控制吸光度在什么范围内?

2. 为什么待测溶液与标准溶液的测定条件要相同?

3. 为什么要选择在 λ_{max} 处测定吸光度?

4. 加缓冲溶液的目的是什么?

5. 配制标准系列溶液时加入试剂的顺序是什么? 为什么?

附:721-E 型光栅分光光度计的使用方法

721-E 型光栅分光光度计如图 5-19 所示。

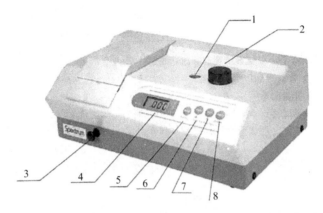

1—波长刻度窗;2—波长手轮;3—试样架拉手;4—数字显示器;5—"MODE"按钮;
6—"100％T"旋钮;7—"0％T"旋钮;8—"PRINT"按钮

图 5-19　721-E 型光栅分光光度计

1. 使用仪器前,使用者应该首先了解仪器的结构和工作原理,以及各个操作旋钮的功能。检查仪器的安全性,各个调节旋钮的起始位置应该正确,然后再接通电源开关。

2. 开启电源,指示灯亮,波长调至测试用波长。仪器预热 20 min。

3. 打开样品室盖,将盛有溶液的比色皿分别插入比色皿槽中,盖上样品室盖。

4. 按"MODE"(方式设定)按钮选择透光率模式。将比色皿推或拉出光路,按"0％T"旋钮调透光率为 0。

5. 将参比溶液推或拉入光路中,按"100％T"旋钮调透光率为 100％。再将被测溶液推或拉入光路中,按"MODE"按钮选择吸光度模式。此时显示器上所显示的数据即为被测样品的吸光度。

实验二十四　中和热的测定

一、实验目的

1. 掌握中和热的测定方法,学会计算弱酸的电离热。

2. 熟悉 SWC-ⅡD 精密数字温度温差仪的使用。

二、基本原理

在确定的温度、压力和浓度下,1 mol 酸和 1 mol 碱发生酸碱中和反应放出的热量叫作中和热。强酸和强碱在水溶液中几乎完全电离,反应的实质为 H^+ 与 OH^- 反应生成水,因此在浓度极低时,中和热相等,为 -57.3 kJ·mol^{-1}(25 ℃)。

对于弱酸或弱碱体系而言,由于其部分解离,其总的热效应还应该包括弱酸的电离热。在本实验中,醋酸和氢氧化钠的反应,首先是弱酸进行解离,然后才与强碱发生中和反应,反应为

$$HAc \longrightarrow H^+ + Ac^- \qquad \Delta_{解离}H_{弱酸}$$

$$\underline{H^+ + OH^- \longrightarrow H_2O \qquad \Delta_{中和}H_{强酸}}$$

$$HAc + OH^- \longrightarrow H_2O + Ac^- \quad \Delta_{中和}H_{弱酸}$$

由此可见,强碱与弱酸反应包括了中和和解离两个过程。根据赫斯定律可知,$\Delta_{中和}H_{弱酸} = \Delta_{解离}H_{弱酸} + \Delta_{中和}H_{强酸}$。如果测得这一类反应中的热效应 $\Delta_{中和}H_{强酸}$ 以及 $\Delta_{中和}H_{强酸}$,就可以通过计算求出弱酸的解离热 $\Delta_{解离}H_{弱酸}$。

本实验分别用量热计测定盐酸和氢氧化钠的 $\Delta_{中和}H_{强酸}$ 及醋酸和氢氧化钠的 $\Delta_{中和}H_{弱酸}$,从而计算弱酸的解离热。反应过程中,为了使酸完全反应,测定过程中碱稍微过量,中和反应放出的热量可以认为全部被溶液和量热计所吸收,存在如式(5-45)所示的关系:

$$n_{酸}\Delta H_m + C_P \Delta T = 0 \tag{5-45}$$

利用已知强酸强碱的中和反应热和测得的该反应前后量热计的温差 ΔT,计算 $n_{强酸}\Delta H_{m,强酸} = -C_P \Delta T$,在相同的条件下,将待测弱酸和强碱反应在同一套量热计中进行,利用上一反应计算得到的热容量和反应测得的温差 $\Delta T'$,求出弱酸的中和热 $n_{弱酸}\Delta H_{m,弱酸} = -C_P \Delta T'$,进而求出弱酸的电离热。

三、仪器与试剂

1. 仪器

杜瓦瓶量热计(包括杜瓦瓶、内管、橡皮塞)、容量瓶(250 mL)、移液管(50 mL)、移液管(25 mL)、烧杯(400 mL)、SWC-Ⅱ$_D$ 精密数字温度温差仪、洗耳球。

2. 试剂

NaOH(2.0 mol·L^{-1})、HCl(1.0 mol·L^{-1})、HAc(1.0 mol·L^{-1})。

四、实验内容

1. 用移液管移取 50 mL 的 HCl 溶液于 250 mL 的容量瓶中,定容。移取 200 mL 溶液加入洁净的杜瓦瓶中。内管中移取 2.0 mol·L^{-1} NaOH 溶液 25 mL,装配杜瓦瓶量热计。

2. 将 SWC-Ⅱ$_D$ 精密数字温度温差仪的温度传感器插入反应体系中,校零,用洗耳球将管中的 NaOH 吹入杜瓦瓶中,快速轻轻摇匀,观察温度变化情况,待温度稳定后,记录读数。重复实验,取平均值。

3. 按同样的操作进行 HAc 与 NaOH 的中和实验,记录平均值。

五、实验数据处理

1. 利用下列经验式,计算在实验浓度范围内强酸强碱在实验温度 t 时的中和反应热效

应 $\Delta_{中和}H_{强酸}$：

$$\Delta_{中和}H_{强酸} = [-57\ 111.6 + 209.2(t-25)] \text{J} \cdot \text{mol}^{-1}$$

2. 根据公式(5-45)得到的热容量计算醋酸的中和热,并利用赫斯定律求出醋酸的电离热。

表 5-18　中和热和电离热测定

样品	ΔT_1	ΔT_2	$\Delta \bar{T}$	$\Delta_{中和}H_{酸}$	$\Delta_{解离}H_{酸}$
HCl＋NaOH					
HAc＋NaOH					

注 意 事 项

1. 温度会对中和热和电离热造成较大的影响,在实验报告中务必记录实验温度。
2. 用洗耳球将内管中的 NaOH 吹入杜瓦瓶时一定要缓慢,防止 NaOH 溅入眼睛。

思 考 题

1. 弱酸的解离是吸热反应还是放热反应?
2. HAc 与 NaOH 在 25 ℃时中和热的理论值为 $-52.9 \text{ kJ} \cdot \text{mol}^{-1}$,分析实验结果与理论值产生误差的原因。

实验二十五　溶液吸附法测定固体比表面

一、实验目的

1. 了解溶液吸附法测定硅胶比表面的基本原理。
2. 掌握次甲基蓝吸附法测定固体比表面的方法。
3. 掌握 721 型分光光度计的使用方法。

二、实验原理

单位质量或单位体积所具有的表面积称为比表面,可通过 BET 低温吸附法、电子显微镜法、气相色谱法和溶液吸附法等方法测定其比表面。与其他方法相比,溶液吸附法无须大型仪器设备,操作简单,但其本身有一定的测量误差(误差来源:吸附时非球形吸附层在各种吸附剂的表面取向并不一致,每个吸附分子的投影面积可以相差很远,所以溶液吸附法测定结果误差一般为 10％左右)。

作为一种水溶性染料,次甲基蓝具有较大的被吸附倾向,常用于固体比表面的测定。次甲基蓝常用作被吸附物,在固体表面呈单分子层吸附,可用朗缪尔(Langmuir)模型进行模拟。在实验的过程中,次甲基蓝的浓度要严格控制,过高或过低均会对实验结果造成较大误差。

根据朗缪尔单分子层吸附理论,当次甲基蓝与硅胶达到吸附饱和后,吸附与脱附处于动态平衡,这时次甲基蓝分子铺满整个活性粒子表面而不留下空位。此时吸附剂硅胶的比表面可按公式(5-46)计算:

$$S = \frac{\Delta m \cdot N \cdot A_{投}}{m \cdot M} = \frac{(c_0 - c)V \cdot N \cdot A_{投}}{m \cdot M} \tag{5-46}$$

式中,S 为比表面(m^2/g);c_0 为次甲基蓝溶液的原始浓度($mg \cdot mL^{-1}$);c 为平衡时次甲基蓝的浓度($mg \cdot mL^{-1}$);V 为加入的次甲基蓝的体积(mL);N 为阿伏加德罗常数($6.02 \times 10^{23} \cdot mol^{-1}$),$A_{投}$ 为次甲基蓝在硅胶表面上的投影面积,$A_{投}$ 的值用已知硅胶比表面 S 带入上式求得,本次实验 $A_{投} = 752.53 \times 10^{-20} m^2 /$ 分子,m 为硅胶的质量(mg),M 为次甲基蓝的相对分子质量(其分子式为 $C_{16}H_{18}ClN_3S \cdot 3H_2O$,相对分子质量为 373.9)。

本实验溶液浓度的测量是借助于分光光度计来完成的。根据朗伯-比尔定律,当入射光为一定波长的单色光时,某溶液的吸光度与溶液中有色物质的浓度及溶液的厚度成正比,即

$$A = \lg \frac{I_0}{I} = \kappa l c \tag{5-47}$$

式中,A 为吸光度,I 为透射光强度,I_0 为入射光强度,κ 为吸收系数,c 为溶液浓度,l 为液层厚度。利用公式(5-47)可构建吸光度与浓度之间的拟合曲线。

三、仪器与试剂

1. 仪器

721 型分光光度计、摇床(国华 SHZ-82)、吸量管(10 mL)、移液管(50 mL)、碘量瓶(100 mL)×8、容量瓶(50 mL)。

2. 试剂

次甲基蓝溶液(0.05 mg·mL^{-1})、硅胶(60~100 目)。

四、实验步骤

1. 将硅胶置于 110 ℃ 的烘箱中干燥 3~4 h,备用。

2. 取 8 个碘量瓶按序编号,均加入准确称取的硅胶 100.0 mg,再分别移取 50 mL (0.05 mg·mL^{-1})次甲基蓝溶液加入上述碘量瓶中,置于摇床上振荡,做好时间记录。

3. 分别用 10 mL 的吸量管移取 2 mL、4 mL、6 mL、8 mL、10 mL、12 mL 的次甲基蓝溶液加入 50 mL 容量瓶中,定容,摇匀。选择 570 nm 作为工作波长,在分光光度计上依次测定不同浓度的次甲基蓝的吸光度。绘制吸光度-浓度曲线。

4. 振荡 30 min 后,依次间隔 15 min 从摇床上取下碘量瓶。待次甲基蓝完全静置后,移取 12 mL 上清液加入 50 mL 的容量瓶中,定容。依次测定 8 份上清液的吸光度。

五、数据处理

1. 根据表 5-19 绘制次甲基蓝溶液标准浓度-吸光度的工作曲线。

表 5-19 不同浓度次甲基蓝的吸光度

序号	$V_{次甲基蓝}$/mL	c/(mg·mL^{-1})	吸光度 A	序号	$V_{次甲基蓝}$/mL	c/(mg·mL^{-1})	吸光度 A
1	2			4	8		
2	4			5	10		
3	6			6	12		

2. 根据表 5-20 中 8 份上清液中次甲基蓝的吸光度,找到平衡时的浓度 c。

表 5-20 不同时间碘量瓶中上层清液的吸光度

序号	时间/min	吸光度 A	浓度/(mg·mL^{-1})	序号	时间/min	吸光度 A	浓度/(mg·mL^{-1})
1	30			5	90		
2	45			6	105		
3	60			7	120		
4	75			8	135		

3. 根据公式计算出比表面 S。

注 意 事 项

1. 从摇床中取出的上层清液定容后的浓度,与工作曲线中查到的浓度并不一致,要根据稀释定律进行浓度转换。

2. 比色皿表面次甲基蓝的残留会影响吸光度的测量,在实验结束后要用乙醇清洗后放回。

3. 721 型分光光度计在使用前一定要进行预热,保证仪器的正常运行。

思 考 题

1. 为什么次甲基蓝原始溶液浓度要选在 0.05 mg·mol^{-1} 左右?

2. 如何判断吸附已经达到平衡?

实验二十六 旋光法测定蔗糖水解反应速率常数

一、实验目的

1. 掌握利用反应物光学性质建立与浓度联系的方法。

2. 了解旋光仪的基本原理,掌握旋光仪正确的使用方法。

二、实验原理

实现反应速率常数的准确测定,对于考察化学反应的动力学性质具有重要意义。一般情况下,直接测定某个时刻反应物与生成物的浓度是较为困难的,可以利用反应过程中某些物理性质的改变,实现反应速率常数的测定。

蔗糖、葡萄糖和果糖均含有手性碳,因此都具有旋光性,其中蔗糖为右旋性物质,葡萄糖为右旋性物质,果糖为左旋性物质。蔗糖在水中发生水解反应,生成葡萄糖和果糖,化学方程式如下:

$$C_{12}H_{22}O_{11} + H_2O \longrightarrow C_6H_{12}O_6(葡萄糖) + C_6H_{12}O_6(果糖)$$

在反应过程中,随着蔗糖、葡萄糖和果糖相对含量的变化,反应体系的总旋光度呈现动态变化,可作为检测各物质相对含量的监测指标。

由于水解反应速率一般较慢,为了加快反应的进行,常常在体系中添加氢离子(H^+)作为催化剂。另一方面,水与溶质蔗糖相比是大量的,可认为在反应过程中,浓度基本不变。因此,在确定的催化剂浓度下,蔗糖水解反应速率只与蔗糖的浓度有关,可将该反应视为准一级反应。其速率方程式为(5-48):

$$-\frac{dc}{dt} = kc \tag{5-48}$$

式中,k 为反应速率常数,c 为反应时间 t 时刻的蔗糖浓度。将式(5-48)积分得积分速率方程(5-49):

$$\ln\frac{c_0}{c} = kt \tag{5-49}$$

式中,c_0 为反应开始时蔗糖的浓度,当 $c = 1/2c_0$ 时,t 可用 $t_{1/2}$ 表示,即为反应的半衰期(5-50):

$$t_{1/2} = \frac{\ln 2}{k} = \frac{0.693}{k} \tag{5-50}$$

物质的旋光能力用比旋光度来度量,比旋光度用式(5-51)表示:

$$[\alpha]_D^t = \frac{\alpha}{lc} \tag{5-51}$$

式中,$[\alpha]$ 为比旋光度,D 指钠灯光源,t 指温度,l 为样品管长度(dm),c 为浓度($g \cdot mL^{-1}$)。本实验中 $[\alpha]_{蔗糖} = 66.5°$,$[\alpha]_{葡萄糖} = 52.0°$,$[\alpha]_{果糖} = -91.9°$。

在反应过程中,测量物质旋光度所用的仪器称为旋光仪。溶液的旋光度与溶液中所含旋光物质的旋光能力、溶剂性质、溶液浓度、样品管长度及温度等均有关系。当其他条件均固定时,旋光度 α 与反应物浓度 c 呈线性关系,即

$$\alpha = \rho c \tag{5-52}$$

式中,比例常数 ρ 与物质旋光能力、溶剂性质、溶液浓度、样品管长度及温度等有关。本实验中随着蔗糖溶液不断被消耗,旋光度由右旋向左旋变化,旋光度与浓度成正比,且溶液的旋光度为各组成成分的旋光度之和,即具有加和性,且当温度及测定条件一定时,其旋光度与反应物浓度有下列关系:

$$C_{12}H_{22}O_{11} + H_2O \longrightarrow C_6H_{12}O_6(葡萄糖) + C_6H_{12}O_6(果糖)$$

反应时间为 0 时： $\qquad \alpha_0 = \rho_反 c_0 \qquad$ (5-53)

反应时间为 t 时： $\qquad \alpha_t = \rho_反 c + \rho_生(c_0 - c) \qquad$ (5-54)

反应时间为∞时： $\qquad \alpha_\infty = \rho_生 c_0 \qquad$ (5-55)

式中，α_0、α_t、α_∞ 为反应时间为 0、t、∞时的溶液的旋光度。

式(5-53)-式(5-55)得：

$$\alpha_0 - \alpha_\infty = (\rho_反 - \rho_生)c_0 \qquad (5-56)$$

式(5-54)-式(5-55)得：

$$\alpha_t - \alpha_\infty = (\rho_反 - \rho_生)c \qquad (5-57)$$

由 $\dfrac{式(5-56)}{式(5-57)}$ 得：

$$\frac{\alpha_0 - \alpha_\infty}{\alpha_t - \alpha_\infty} = \frac{c_0}{c} \qquad (5-58)$$

将式(5-58)代入式(5-49)可得：

$$\ln \frac{\alpha_0 - \alpha_\infty}{\alpha_t - \alpha_\infty} = \ln(\alpha_0 - \alpha_\infty) - \ln(\alpha_t - \alpha_\infty) = kt \qquad (5-59)$$

由式(5-59)可以看出，$\ln(\alpha_t - \alpha_\infty)$ 与 t 呈线性关系，由截距可得到 α_0 值，由直线斜率即可求得反应速度常数 k，测定不同温度下的反应速率常数，可利用阿伦尼乌斯方程求活化能。

$$\ln \frac{k_2}{k_1} = \frac{E_a}{R}\left(\frac{1}{T_1} - \frac{1}{T_2}\right) \qquad (5-60)$$

式中，k_2 是在温度 T_2 时蔗糖的反应速率常数，k_1 是在温度 T_1 时蔗糖的反应速率常数，E_a 是反应的活化能，$R = 8.314 \, J \cdot K^{-1}$。

三、仪器与试剂

1. 仪器

旋光仪、旋光管(带恒温套管)、恒温槽、移液管(25 mL)×2、锥形瓶(150 mL)×2、Y 形管、烧杯、量筒、秒表。

2. 试剂

蔗糖、HCl 溶液、蒸馏水。

四、实验内容

1. 调节恒温槽温度

将恒温槽温度调节到 25 ℃，并将旋光管的恒温外管接上恒温水。

2. 旋光仪零点校正

接通旋光仪电源，预热 5 min。清洗旋光管，打开旋光管两端的螺帽，把玻璃片用擦镜纸擦干净,将旋光管内管洗净,一端的玻璃片和螺帽都装上,操作时切忌用力过猛,容易将玻璃片压碎,只要不漏水即可,往内管中注满水并在管口形成凸液面,将玻璃片迅速平推,再拧上螺帽。装蒸馏水时尽量不要在内管中形成气泡,如果有很小的气泡,应将其赶到旋光管的凸肚处。用吸滤纸将管外水擦干,将旋光管放到旋光仪中的光路中,凸肚一端应朝上,调节目镜聚焦,使视野清楚。然后,旋转检偏镜至观察到的二分视野暗度相等为止,记下刻度盘读数,重复测量 3 次,取其平均值,即为仪器零点。

3. 配制溶液

在托盘天平上称取 10 g 蔗糖,放到干燥的烧杯中,并加入 50 mL 蒸馏水使之完全溶解,若溶液浑浊还要进行过滤。分别用移液管吸取已配制的蔗糖溶液和 4 mol·L^{-1} HCl 溶液各 35.00 mL 加入 Y 形管的两支管中,在 25 ℃恒温槽中恒温 10 min。

4. 蔗糖水解过程中旋光度的测量

(1) α_t 的测量

待恒温后,将 Y 形管取出,将 HCl 溶液全部加入蔗糖溶液中去,并来回晃动 Y 形管使反应液充分混合均匀,迅速用少许反应液将旋光管漂洗两次后,依上述零点校正的方法,将反应液注入旋光管内管并装好玻璃片和螺帽,擦净后放入旋光仪的光路中,测定不同时间的旋光度。注意:剩余溶液放到 55 ℃水浴中恒温 30 min;当 HCl 加入一半时开始计时。

第一个数据要求离反应开始时间 2~3 min,可在得到第一个旋光度数据后的 5 min、10 min、15 min、20 min、30 min、40 min、50 min、70 min、90 min、110 min 后进行旋光度的测量。

(2) α_∞ 的测量

将 Y 形管中剩余溶液放到 55 ℃水浴中恒温 30 min 后,取出恒温到 25 ℃,装入旋光管中,测定 α_∞。

5. 测定 35 ℃、45 ℃时反应的旋光度

将恒温槽调节到 35 ℃,按步骤 4 测定 35 ℃时蔗糖转化反应的旋光度 α_t 和 α_∞。此样品只需做 35 min。同理按照上述操作测定 45 ℃时反应的旋光度 α_t 和 α_∞。反应结束后将废液回收,旋光管洗净,两头的螺帽要松开,Y 形管和烧杯洗净后放入烘箱烘干。

6. 数据记录和处理

蔗糖浓度:$c_{蔗糖}=$ _____。   HCl 浓度:$c_{盐酸}=$ _____。

仪器零点:$\alpha_\infty=$ _____。

表 5-21 不同时间下旋光度的测定值

时间 / min	α_t	$\alpha_t-\alpha_\infty$	$\ln(\alpha_t-\alpha_\infty)$
t_1			
t_2			
t_3			
t_4			
⋮			

以 $\ln(\alpha_t - \alpha_\infty)$ 对 t 作图求出斜率,计算 25 ℃、35 ℃和 45 ℃时反应的速率常数 k,并计算半衰期和活化能。

注 意 事 项

1. 测量过程中,由于旋光管中装有强腐蚀性的酸性溶液,因此一定要擦干净后放入旋光管。测量结束后旋光管一定要洗净,两端的螺丝要拧紧,否则高浓度的盐酸会溢出腐蚀旋光管,实验结束后旋光管要擦拭干净,否则容易生锈。

2. 温度对该水解反应影响较大,反应过程中,需要对温度进行严格控制。

3. 由于反应时间较长,后续测量间隔变长后,可暂时将钠光灯熄灭,以免长期过热使用而造成仪器损伤。

思 考 题

1. 为什么选择蒸馏水进行旋光仪零点的校正? 若不进行零点校正,会对测量产生什么影响?

2. Y 形管溶液混合的过程中,为什么不将蔗糖溶液加入 HCl 中? 蔗糖溶液是否需要精确控制浓度?

实验二十七　异丙醇-环己烷双液系相图

一、实验目的

1. 掌握绘制双液系相图的基本原理和方法,确定恒沸物的组成和恒沸温度。

2. 了解液体折射率测定原理,学会使用阿贝折射仪。

二、实验原理

二组分系统相律可以表示为 $f = 2 - \varphi + 2$,因此在异丙醇和环己烷这种完全互溶的体系中,其自由度为 3,指代温度、压力与组成。在本实验中,双液系气液相图的绘制实验在恒压的条件下进行,因此,本实验主要考察温度与组成的影响,完成 $T-x$ 图的绘制。

双液系分为完全互溶的双液系、部分互溶的双液系与完全不互溶的双液系。完全互溶的双液系分为理想的完全互溶双液系与非理想的完全互溶双液系。在非理想的完全互溶的双液系系统中,由于混合物的蒸气压与浓度之间不满足拉乌尔定律,会出现一定的偏差,可根据出现偏差的种类将其分为三类:① 溶液沸点介于两纯组分沸点之间(如图 5-21a),② 溶液存在最低沸点(图 5-21b),③ 溶液存在最高沸点(图 5-21c)。

本实验中异丙醇-环己烷双液系属于具有最低恒沸点的体系。在绘制的过程中,通过沸点仪中温度计的读数确定不同混合体系的沸点,根据折光率间接确定不同混合体系的组成,完成相图的绘制。

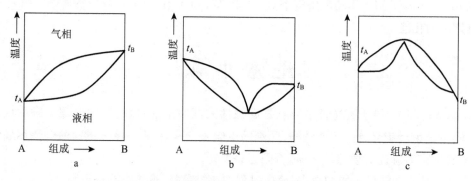

图 5 – 21　非理想的完全互溶双液系统三类相图

三、仪器与试剂

1. 仪器

沸点仪、棕色瓶×12、电加热套、恒温槽、精密温度计、阿贝折光仪、滴管、试管。

2. 试剂

异丙醇、环己烷。

四、实验步骤

1. 准确配制异丙醇和环己烷的梯度混合溶液,其中,异丙醇的摩尔分数分别为 0.2、0.4、0.6 与 0.8。利用阿贝折光仪分别测定异丙醇、环己烷以及如上配制的四种混合溶液的折光率,完成浓度与折光率的标准曲线的绘制。

2. 根据教师要求,配制 12 份不同体积比的异丙醇与环己烷混合溶液,置于棕色瓶中,备用,其中 1 号为纯异丙醇,12 号为纯环己烷。

3. 将沸点仪置于加热套中,用烧瓶夹固定,按照浓度梯度向沸点仪中注入溶液,要求加入的量大于蒸馏瓶容量的 1/3,小于容量的 1/2,固定冷凝管,缓慢加热。

4. 待溶液沸腾后,仔细观察温度计的示数变化,温度恒定后,记录沸腾温度。充分冷却后,用吸管分别吸取沸点仪体相(液相组成)和凹槽(气相组成)中的混合溶液 0.5 mL,置于试管中。用阿贝折光仪测定折射率,重复 4 次,做好记录。注意实验完成后将加热过的混合溶液倒入回收瓶中。

5. 重复实验步骤 4,依次测定剩余 11 份溶液的液相和气相组成。

五、记录数据

将实验测得的数据记录在表 5 – 22 和表 5 – 23 中。

表 5 – 22　标准浓度下旋光度的测定

$x_{异丙醇}$	0.000	0.200	0.400	0.600	0.800	1.000
n_D^{25}						

表 5－23　不同浓度的异丙醇-环己烷混合溶液气液相折光率测定

序号	沸点 T/℃	气相折射率					液相折射率				
		1次	2次	3次	4次	平均值	1次	2次	3次	4次	平均值
1											
2											
3											
4											
5											
6											
7											
8											
9											
10											
11											
12											

由表 5－22 的数据绘制标准曲线,根据表 5－23 计算不同温度下的气液相的组成,结果填入表 5－24,利用 OriginPro 2019b 绘制异丙醇-环己烷双液系相图。

表 5－24　沸点与组成的关系

序号	沸点 T/℃	气相冷凝液中异丙醇质量百分数 $x_{异丙醇}$	液相冷凝液中异丙醇质量百分数 $y_{异丙醇}$	序号	沸点 T/℃	气相冷凝液中异丙醇质量百分数 $x_{异丙醇}$	液相冷凝液中异丙醇质量百分数 $y_{异丙醇}$
1				7			
2				8			
3				9			
4				10			
5				11			
6				12			

注　意　事　项

1. 注意不要让有机液体溅入加热套内,加热速度不宜过快。

2. 当有液体回流到凹槽时,就要注意观察温度,此时温度变化缓慢,几乎不变,应尽快读数,因为温度还会一直上升,不是一直停留在一个点,如果不及时读数,测出的沸点会偏大。

3. 加热结束后要等到沸点仪中的液体充分冷却再进行后续操作。

思 考 题

1. 折射率是否会受到温度的影响？浅谈阿贝折光使用的注意事项。

2. 回流过程中，为什么要待温度稳定后记录温度计读数？若发现温度计不稳定，可能的原因是什么？

3. 按照所得相图，能否用常压蒸馏的方法由异丙醇-环己烷的混合溶液制取纯的异丙醇和环己烷？为什么？

实验二十八　黏度法测定聚乙二醇的相对分子质量

一、实验目的

1. 掌握黏度法测量高聚物平均相对分子质量的基本原理。
2. 掌握乌氏黏度计的正确使用方法。

二、实验原理

每种高聚物都具有一定的相对分子质量分布，因此，高聚物的平均相对分子质量（即平均摩尔质量）常被用来反映高聚物的某些特征。高聚物的相对分子质量随着测定方法的不同可分为数均相对分子质量 M_n、质均相对分子质量 M_m、z 均相对分子质量 M_z 与黏均相对分子质量 M_η。由于黏度法的测量方法简单、准确，在测量高聚物相对分子质量的过程中广泛使用黏度法。常用的黏度表示方法包括相对黏度 η_r、增比黏度 η_{sp}、比浓黏度 η_c 与特性黏度 $[\eta]$。

测量黏度的方法主要有毛细法、转筒法、落球法，其中以毛细法最简单。当毛细管半径远远小于毛细管长度，且流出时间 $t > 100$ s 时。本实验高聚物的相对黏度为：

$$\eta_r = \frac{\eta}{\eta_0} = \frac{A\rho t}{A\rho_0 t_0} \approx \frac{t}{t_0} \tag{5-61}$$

因此只要测出溶液的流出时间 t 和纯溶剂的流出时间 t_0 即可得到 η_r，再带入各公式可以求得 η_{sp}、$\frac{\eta_{sp}}{c}$、$\frac{\ln\eta_r}{c}$（各物理量意义如表 5-25 所示）。

表 5-25　高聚物稀溶液黏度的名称、定义及物理意义

名称	定义	物理意义	名称	定义	物理意义
纯溶剂黏度	η_0	溶剂分子与溶剂分子之间的内摩擦效应	增比黏度	$\eta_{sp} = \dfrac{\eta - \eta_0}{\eta_0} = \eta_r - 1$	反映高分子与高分子、高分子与溶剂之间的摩擦效应
溶液黏度	η	溶剂分子与高聚物分子之间及其自身之间的内摩擦效应	比浓黏度	$\eta_c = \dfrac{\eta_{sp}}{c}$	单位浓度下的增比黏度

名称	定义	物理意义	名称	定义	物理意义
相对黏度	$\eta_r = \dfrac{\eta}{\eta_0}$	溶液黏度与溶剂黏度的比值	特性黏度	$[\eta] = \lim\limits_{c \to 0} \dfrac{\eta_{sp}}{c}$ $= \lim\limits_{c \to 0} \dfrac{\ln\eta_r}{c}$	反映高分子与溶剂之间的内摩擦效应

高聚物在稀溶液中满足两个经验公式:

$$\frac{\eta_{sp}}{c} = [\eta] + k[\eta]^2 c \tag{5-62}$$

$$\frac{\ln\eta_r}{c} = [\eta] + \beta[\eta]^2 c \tag{5-63}$$

根据公式(5-62)和公式(5-63),以 $\dfrac{\eta_{sp}}{c}$ 和 $\dfrac{\ln\eta_r}{c}$ 对 c 作图可得两条直线,外推至 $c=0$,

两条直线相交于纵坐标上一点(如图5-22), $[\eta] = \lim\limits_{c \to 0} \dfrac{\eta_{sp}}{c} = \lim\limits_{c \to 0} \dfrac{\ln\eta_r}{c}$,求得 $[\eta]$ 的数值。

特性黏度 $[\eta]$ 与高聚物的平均相对分子质量之间存在如下经验公式:

$$[\eta] = K\overline{M}_\eta^a \tag{5-64}$$

式中,K、a 都是经验常数,已知 25 ℃时,稀的聚乙二醇水溶液的 K 值为 1.56×10^{-2},a 为 0.5。

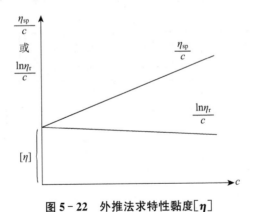

图 5-22　外推法求特性黏度 $[\eta]$

三、仪器与试剂

1. 仪器

恒温槽、乌氏黏度计、移液管(10 mL)、秒表、洗耳球、止水夹、容量瓶(50 mL)、锥形瓶(100 mL)、铁架台。

2. 试剂

聚乙二醇(10 000)、蒸馏水。

四、实验内容

1. 将黏度计用洗液、自来水和蒸馏水洗干净,要特别注意毛细管部分的清洗,再用乙醇润洗,然后烘干备用。烘干黏度计所需时间较长,特别是毛细管要多烘一段时间。打开恒温槽,设定温度为(25.0±0.1) ℃。将洁净的乌氏黏度计(如图 5-23)在恒温槽中恒温 10 min(注意垂直放置)。纯水以及待测样也于 25 ℃水中恒温。

2. 称量 2.000 g 左右的聚乙二醇固体,放入烧杯中,再加入 30 mL 左右蒸馏水使其溶解,可适当加热以加速溶解。待聚乙二醇固体完全溶解后,将溶液冷却至室温再转入 50 mL 容量瓶中定容。

3. 用移液管将配制好的聚乙二醇溶液 8 mL 从 A 管注入黏度计,注意不要滴在 A 管的壁上。夹紧 C 管上的乳胶管,用洗耳球从 B 管上的乳胶管口抽取管内液体,抽取时要使液体缓慢流出毛细管并上升至 G 球的 1/2 处,注意不能有气泡,如果出现气泡要重新抽取。用弹簧夹把 B 管上的乳胶管也夹住,打开 C 管的弹簧夹,让空气进入 D 球,D 球中的液体即回入 F 球,和毛细管内溶液断开,这时毛细管 L 中的液体悬空,稍停 1~2 min 再打开 B 管弹簧夹,当液面流经刻度线 a 时立即按下秒表,液面下降到 b 刻度时再按下秒表,此时间为流出时间,每个溶液测 3 次,3 次时间相差不超过 0.3 s。然后用移液管在黏度计中逐次加入 2 mL 蒸馏水,分别配成不同浓度的溶液进行上述操作,每一次加溶剂时都要夹紧 C 管的乳胶管,用洗耳球缓慢鼓气泡使溶液混合均匀。

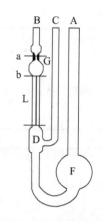

图 5-23　乌氏黏度计示意图

五、数据处理

表 5-26　黏度法测定聚乙二醇的相对分子质量数据处理

实验温度_____　　大气压_____　　溶液起始浓度_____×10^{-2}g·mL^{-1}

序号	$V_{液}+V_{水}$ /mL	浓度/ (×10^{-2}g·mL^{-1})	流出时间 t/s			平均流出 时间 $\bar{t}$/s	η_r	η_{sp}	$\ln\eta_r$	η_{sp}/c	$\ln\eta_r/c$
			1	2	3						
	8+0										
	8+2										
	8+4										
	8+6										
	8+8										
	0+8										

1. 用 OriginPro 2019b 软件作图,以 η_{sp}/c 和 $\ln\eta_r/c$ 对 c 作图,得两条直线,外推至 $c=0$ 处,求出 $[\eta]$(如图 5-22)。

2. 根据公式(5-64)计算聚乙二醇的黏均相对分子质量。

注 意 事 项

1. 恒温槽搅拌速度不宜过快,扰动过大容易造成乌氏黏度计无法保持垂直。
2. 配制聚乙二醇溶液时不宜剧烈搅拌,否则容易出现气泡,造成测量误差。
3. 乌氏黏度计一定要保证洁净干燥,否则毛细管容易堵住,导致实验数据不准确。
4. 实验时每加一次纯溶剂后在 B 管鼓气泡混合均匀时,用力要缓和。

思 考 题

1. 蒸馏水的加入量是否会对蒸馏水的流出时间造成影响?
2. 本实验的影响因素有哪些?

第六部分 拓展实验

实验二十九 共沉淀法制备催化剂及表征

一、实验目的

1. 掌握催化剂的催化原理。
2. 掌握共沉淀法制备催化剂的方法。
3. 了解简单的表征方法。

二、实验原理

催化剂是通过参与化学反应来改变反应速率的,催化剂的这种作用称为催化作用。有时,某些反应的产物也具有加速反应的作用,则称为自动催化作用。

(一) 催化剂的基本特征

1. 催化剂参与催化反应,但反应终了时,催化剂的化学性质和质量都不变。
2. 催化剂只能改变达到平衡的时间,而不能改变平衡状态,因而也不改变平衡常数。
3. 催化剂不改变反应系统的始、末状态,如果反应在恒温或恒压下进行,自然也不会改变反应热。
4. 催化剂对反应的催化作用具有选择性。

$$催化剂的选择性 = \frac{转化为目标产品的原料量}{原料总的转化量} \times 100\% \qquad (6-1)$$

(二) 催化反应的一般机理与催化剂制备

假设催化剂 K 能加速反应 $A+B \longrightarrow AB$,机理见图 6-1。催化剂通过改变反应途径,降低反应活化能,从而加速反应。

沉淀:在液相中发生化学反应,生成难溶物质,并形成新固相从液相中沉降出来的过程。沉淀组成、结构对催化剂性能有重要影响,控制沉淀条件是保证催化剂质量的关键。沉淀法是一种常见的制备催化剂的方法,如用浸渍法制备负载型催化剂载体,SiO_2、Al_2O_3 是用沉淀法制备的。

共沉淀法:在金属盐溶液中加入沉淀剂,生成难溶金属盐或金属水合氧化物,从溶液中沉淀出来再经老化、过滤、洗涤、干燥、焙烧、成型、活化等工序制得催化剂或催化剂载体,广泛用于制备高含量的非贵金属、(非)金属氧化物催化剂或催化剂载体。

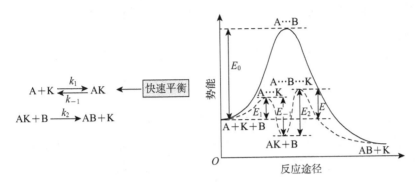

$$A+K \underset{k_{-1}}{\overset{k_1}{\rightleftharpoons}} AK$$

$$AK+B \overset{k_2}{\longrightarrow} AB+K$$

快速平衡

图 6-1　活化能与反应途径关系示意图

沉淀法的分类:

(1) 单组分沉淀法:溶液中只有一种金属盐与沉淀剂作用,形成单一组分沉淀物(用于制备单组分催化剂或载体)。

(2) (多组分)共沉淀法:将含有两种或两种以上金属盐的混合溶液与一种沉淀剂作用,形成多组分沉淀物(用于制备多组分催化剂)。优点:分散性和均匀性好(优于混合法)。

三、仪器与试剂

1. 仪器

BET 比表面积与孔径分析仪 BELSORP-maxⅡ、XRD 分析仪 SmartLab、扫描电镜(Hitachi S-4800)、全自动程序升温化学吸附仪 AutoChemⅡ2920。

2. 试剂

无水碳酸钠、九水合硝酸铁、硝酸镧水合物。

四、实验步骤

(一) 催化剂的制备

用电子天平称取 5.0 g 硝酸镧、10.0 g 硝酸铁于烧杯中,并加入 200 mL 的去离子水,再用电子天平称取 5.0 g 碳酸钠加入另一个烧杯中,并加入 200 mL 的去离子水。两个烧杯中分别放入转子,并放置在电磁搅拌器上搅拌。过一段时间后使溶液混合均匀,形成澄清溶液。在平缓搅拌下,往碳酸钠溶液中逐滴加入硝酸铁和硝酸镧混合溶液,直至沉淀完全。将获得的沉淀用去离子水过滤洗涤,并抽滤数次,最终使得滤液呈中性。将所得滤饼在 110 ℃ 下干燥 24 h,并在马弗炉中 500 ℃ 焙烧 5 h,即制得所需样品。

(二) 仪器分析

1. X 射线衍射(XRD)分析

XRD 用日本 Rigaku 公司 SarmtLab 衍射仪检测,CuKα 为射线源($\lambda = 0.154\,06$ nm),管电压为 40 kV,管电流为 100 mA,扫描范围 $2\theta = 10° \sim 80°$,扫描步长 0.02°,扫描速率 0.05 s/step,金属的晶粒尺寸由 Scherrer 公式得到。

2. N_2 吸附-脱附分析

使用日本 BEL 公司 BELSORP-maxⅡ型 N_2 吸附-脱附仪对制备的催化剂进行 N_2 吸附-脱附表征。在测试前分子筛样品在 200 ℃ 下预先真空脱水处理 3 h,然后再进行测试。

用 BET 方程计算催化剂的比表面积,并使用 BJH 模型计算催化剂的孔容和孔径分布。

3. 扫描电镜(SEM)观察

利用扫描电镜(Hitachi S-4800)摄取分子筛样品的形貌照片,观察其形貌、规整程度和晶体尺寸。

4. H_2-TPR 分析

H_2-TPR 在美国 Micromeritics 公司 AutoChem Ⅱ 2920 上进行。称取 50 mg 样品装填于"U"形石英管中,在高纯 Ar 气氛下升温至 200 ℃,在此温度下恒温吹扫 60 min,然后降至室温,待基线平稳后,再通入 H_2(10%)- Ar(90%)的混合还原气,开始程序升温还原至 900 ℃。气体流量均为 50 mL · min⁻¹,升温速率均为 10 ℃ · min⁻¹,在还原过程中利用热导检测器(TCD)检测。

实验三十　活性炭吸脱附实验

一、实验目的

1. 掌握吸附的基本概念和相关理论。
2. 熟悉活性炭的吸附特点,学会高效液相色谱的分析方法。

二、实验原理

在固体或液体表面,某物质的浓度与体相浓度不同的现象称为吸附。产生吸附的原因是表面分子受力不对称。被吸附的物质称为吸附质,有吸附能力的物质称为吸附剂。吸附量 Γ 是指当吸附平衡时,单位质量吸附剂吸附的吸附质的多少。

$$即\ \Gamma = \frac{n}{m} \quad 单位:mol \cdot kg^{-1} \tag{6-2}$$

$$或\ \Gamma = \frac{V}{m} \quad 单位:m^3 \cdot kg^{-1} \tag{6-3}$$

V 指被吸附的气体在 0 ℃、101.325 kPa 下的体积。

气体的吸附量 Γ 是 T、p 的函数:$\Gamma = f(T, p)$。

T 一定,$\Gamma = f(p)$,可得到吸附等温线;

p 一定,$\Gamma = f(T)$,可得到吸附等压线;

Γ 一定,$p = f(T)$,可得到吸附等量线。

1. 吸附等温线(见图 6-2)

p:达平衡时的吸附压力。p^*:该温度下的吸附气体的饱和蒸气压。

Ⅰ:单层吸附。Ⅱ,Ⅲ:平面上的多分子层吸附。Ⅳ,Ⅴ:有毛细凝结时的多层吸附

2. 吸附经验式——弗罗因德利希方程(见图 6-3)

对 Ⅰ 类吸附等温线:

$$\Gamma = k p^n \tag{6-4}$$

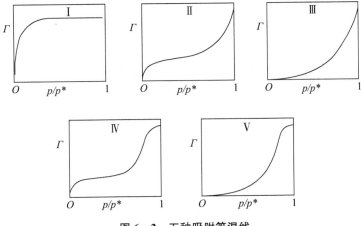

图 6-2　五种吸附等温线

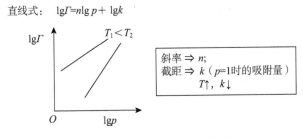

图 6-3　弗罗因德利希方程直线式

式中,k、n 为经验常数,与吸附体系及 T 有关。

方程的优点:

(1) 形式简单,计算方便,应用广泛。

(2) 可用于气固及液固界面上的单分子层吸附的计算。

(3) 对气体的吸附适用于中压范围。

3. 朗缪尔单分子层吸附理论及吸附等温式

1916 年,朗缪尔推出适用于固体表面气体吸附(Ⅰ型)的吸附理论。朗缪尔理论的 4 个基本假设为:

(1) 气体在固体表面上为单分子层吸附;

(2) 固体表面是均匀的(吸附热为常数,与 θ 无关);

(3) 被吸附在固体表面上的分子相互之间无作用力;

(4) 吸附平衡是动态平衡。

4. 在朗缪尔吸附理论的基础上,1938 年布鲁诺(Brunauer)、埃米(Emmet)和泰勒(Teller)3 人提出了多分子层的气固吸附理论,简称 BET 吸附理论。

BET 理论的假设:吸附为多分子层吸附;第一层吸附是固体表面分子与吸附质分子之间的分子间力,从第二层以后的各层吸附是吸附质分子之间的分子间力,因此第一层和其他各层的吸附热不同;吸附和解吸附均发生在最外层。此外,还假定第一层吸附未饱和之前,也可能发生多分子层吸附;当吸附达到平衡时,其吸附量等于各层吸附量的总和。

三、仪器与试剂

实验所用活性炭理化性质见表 6-1，实验用仪器及其重要参数见表 6-2。

表 6-1 实验所用活性炭理化性质

序号	CCl_4/%	比表面积/$(m^2 \cdot g^{-1})$	平均孔径/nm	孔容/$(cm^3 \cdot g^{-1})$	耐磨强度/%	平均耐压强度/$(N \cdot cm^{-1})$	堆积密度/$(g \cdot cm^{-3})$
1#	90	1 448.5	2.835 2	1.026 7	85	24.09	0.316 4
2#	100	1 315.8	2.421 2	0.796 5	95	34.53	0.215 3
3#	110	1 829.1	2.388 5	1.092 2	90	43.79	0.218 0
4#	85	1 961.6	2.691 1	1.319 7	92	41.97	0.214 5

表 6-2 实验主要仪器及参数

仪器	型号、规格	生产厂家
高效液相色谱仪	Agilent 1100 Series	美国 Agilent 公司
液相色谱工作站	N2000 双通道色谱数据工作站	浙江大学智达信息工程有限公司
进样注射泵	微量注射泵 WZS-50F	浙江大学医学仪器厂

四、实验步骤

实验通过将 HCl 气体通入装有甲苯的缓冲瓶中鼓泡，在氯化氢气体中引入甲苯，然后通入活性炭净化吸附，活性炭装填为 25 g，控制 HCl 流量为 200 mL·min^{-1}，尾气进入吸收瓶，通过液相色谱分析吸收瓶中甲苯含量，再换算成 HCl 气体中的甲苯含量。

实验流程：将氯化氢气体通入甲苯瓶中鼓泡，夹带甲苯的氯化氢气体分别经 1#、2#、3#、4#活性炭吸收之后，再用清水吸收。分析吸收瓶的增重，用 HPLC 法测定其吸收液中的甲苯含量，最后确定分别通过 1#、2#、3#、4#活性炭吸附后氯化氢气体中的甲苯的含量。

活性炭再生步骤：

（1）将上述实验部分的活性炭抽真空至真空度为 720 mmHg。

（2）"程序升温"：即缓慢升高加热温度至反应管下端不出物料，继续升高温度，如此，直至终温 160 ℃。吸附管下端不出物料时，采用氮气对吸附管进行吹扫；即终温 160 ℃，氮气破真空并对吸附管连续吹扫 15 min，关闭氮气，继续抽真空 15 min；再次用氮气破真空吹扫。如此循环三次，直至吸附管下端没有甲苯蒸气带出，吸附管基本脱附完成。

五、液相色谱分析方法

1. 分析仪器

高效液相色谱：Aglient 1100 Series[单元泵（IsoPump）G1310A、VWD 检测器（Colcom）G1314A、手动进样器（Man. Inj.）G1328B]高效液相色谱仪。

液相色谱工作站：N2000 双通道色谱工作站（浙江大学智达信息工程有限公司）。

进样注射泵：微量注射泵 WZS-50F（浙江大学医学仪器厂）。

2. 分析条件

二氯甲烷是一种较好的萃取剂,对甲苯有很高的萃取率,本实验吸收瓶中甲苯选择用二氯甲烷萃取,在同样条件下通过多组实验测得二氯甲烷对甲苯的萃取率为 90%。液相色谱条件如下:

流速:1.00 mL·min^{-1}　　　　紫外光波长:210 nm

流动相:$V_{乙腈}:V_{水}=4:1$

注 意 事 项

1. 注意吸附时的温度变化,要准确记录温度变化。
2. 气体实验要注意压强变化,确保管道畅通,避免堵塞,要仔细检查,注意加缓冲瓶。
3. 注意色谱分析条件。

思 考 题

1. 活性炭吸附有哪些特点?本实验比较符合哪条吸附曲线?
2. 能否改进实验条件以增加吸附、脱附效果?

实验三十一　乙醇和丙酮的气相色谱分离

一、实验目的

1. 掌握基线、保留时间、分配系数、容量因子、理论塔板数、拖尾因子、分离度等色谱法中的基本术语。
2. 掌握用已知物对照法定性的实验方法。
3. 熟悉岛津 GC-2014 气相色谱仪的操作规程。
4. 了解气相色谱仪的结构。

二、实验原理

药品中的残留有机溶剂是指在原料药合成、辅料或制剂生产过程中使用或产生的挥发性有机化学物质。目前,有机溶剂残留量普遍采用气相色谱法测定。乙醇和丙酮是合成药物过程中常用的有机溶剂,本实验通过气相色谱法进行乙醇和丙酮的分离。

丙酮是一种中等极性的化合物,其沸点为 56.5 ℃,介电常数 ε 为 20.7。乙醇是饱和一元醇,沸点为 78.4 ℃,介电常数 ε 为 24.5,极性强于丙酮。这两种化合物极性差异较大,用中性固定液(OV-17,50% 苯基甲基聚硅氧烷)进行分离时,极性强的乙醇先出峰,极性略弱的丙酮后出峰,从而实现两者的分离。火焰离子化检测器(FID)对含碳类化合物有极强的响应性。本实验过程中采用 FID 做检测。

已知物对照法是色谱分析中常用的定性方法,其原理是根据同一物质在相同色谱条件下保留行为相同来实现定性分析。在相同的操作条件下,分别测出已知物和未知试样的保留值,在未知试样色谱图中,对应于已知物保留值的位置上若有峰出现,则判定试样中可能含有此已知物组分,否则就不存在这种组分。该法是实际工作中最常用的定性方法,对于已知组成的复方药物制剂和工厂的定性产品分析尤为实用。

如果试样较复杂,峰间的距离太近,或操作条件不易控制,要准确测定保留值就有一定的困难。此时最好将已知物加到未知试样中混合进样,若待定性组分峰高比不加已知物时的峰高相对增大了,则表示原试样中可能含有该已知物的成分。有时几种物质在同一色谱柱上恰好有相同的保留值,无法定性,则可用性质差别较大的双柱定性。若在这两根色谱柱上,该峰高都增加了,一般可认定是同一物质。

三、仪器与试剂

1. 仪器

岛津 GC - 2014 气相色谱仪、SGH - 500 高纯氢发生器、SGK - 5LB 低噪声空气泵、GPI 气体净化器(色谱仪自带)、微量注射器(10 μL)、容量瓶(25 mL)、洗耳球。

2. 试剂

无水乙醇(AR)、丙酮(AR)、超纯水。

四、实验内容

1. 色谱条件

毛细管色谱柱 OV - 17(25 m×0.25 mm×0.33 μm,柱温 40 ℃,进样口温度 100 ℃)、火焰离子化检测器(检测室温度 150 ℃,分流进样量 1 μL,载气及尾吹气均为 N_2)。

2. 溶液的配制

(1) 乙醇标准液:精密量取无水乙醇 0.2 mL 于 25 mL 容量瓶中,用水稀释至刻度,摇匀,备用。

(2) 混合液:精密量取无水乙醇、丙酮各 0.2 mL 于 25 mL 容量瓶中,用水稀释至刻度,摇匀,备用。

3. 测定

(1) 根据实验条件,按照仪器的操作步骤(见本实验后附的仪器操作步骤)调节色谱仪,待基线平稳后,可进样分析。

(2) 分别吸取 1 μL 的乙醇标准液及混合液进样,记录各色谱图,各重复 3 次。

4. 结果处理

利用已知物对照法对混合液中各组分进行定性分析,按表 6-3 进行数据记录和处理。

表 6-3　实验记录和结果处理

实验仪器及条件	
GC 仪型号	
检测器类型	
操作温度/℃	
色谱柱型号	
柱温/℃	

实验仪器及条件	
进样口温度/℃	
载气种类及其流速/(mL·min^{-1})	
进样体积/μL	
是否分流进样	
分流比	

实验结果及处理

样品编号	保留时间 t_R/min	理论塔板数 n	拖尾因子	容量因子 k	峰面积 A	分离度 R
乙醇-1						
乙醇-2						
乙醇-3						
混合样-1						
混合样-2						
混合样-3						
思考	混合物中哪个是乙醇,哪个是丙酮,为什么? 两个组分是否达到基线分离?					

注 意 事 项

1. 开机前检查气路系统是否有漏气,检查进样室硅橡胶密封垫圈是否需要更换。

2. 开机时,要先通载气,再升高汽化室、检测室温度和柱温,为使检测室温度高于柱温,可先加热检测室,待检测室温度升至近设定温度时再升高柱温,关机前须先降温,待柱温降至室温,进样口、检测器温度降至 75 ℃ 以下时,才可关闭气相色谱仪主机,最后停止通载气。

3. 柱温、汽化室和检测器的温度可根据样品性质确定。一般汽化室温度比样品组分中沸点最高组分的沸点再高 30~50 ℃ 即可。检测器温度大于柱温,为避免被测物冷凝在检测器上而污染检测器,检测器的温度必须高于柱温 30 ℃,且不得低于 100 ℃。

4. 用 FID 时,应关小空气流量并开大 H_2 流量,待点燃后,慢慢调整到工作比例。

5. 仪器基线平稳后,仪器上所有旋钮、按键不得乱动,以免色谱条件改变。

6. 使用 10 μL 微量注射器进样时,切记不要把针芯拉出针筒外,不要用手接触针芯。

7. 微量注射器进样前应先用被测溶液润洗 5 次。吸取样品时,如有气泡,可将针尖朝上,推动针芯,赶出气泡。进样时切勿用力过猛,以免把针芯顶弯。实验结束后进样针用乙醇清洗至少 10 遍。

8. 为获得较好的精密度和色谱峰形状,进样时速度要快而果断,并且每次进样速度、留针时间应保持一致。

思 考 题

1. 为什么检测器的温度必须大于柱温?

2. 本实验中,用水作溶剂来配制待测样品,溶剂水会不会出峰? 为什么? 如果要用气相色谱法检测药物中的微量水分,应选用哪种类型的检测器?

3. 在本次 GC 实验中,采用毛细管色谱柱进行分离分析,该色谱柱柱型号为 OV - 17 (25 m×0.25 mm×0.33 μm),请说出其固定相的化学名称以及该柱的大致极性(非极性、弱极性、较弱极性、中等极性、极性),同时说明括号内数字的含义。

4. 比较气相色谱法和高效液相色谱法在操作上的不同。

附:岛津 GC - 2014 气相色谱仪示意图及其操作步骤

1. 岛津 GC - 2014 气相色谱仪示意图

如图 6 - 4 所示,气相色谱仪主要由载气系统、进样系统、色谱柱分离系统、温控系统、检测系统和数据处理系统等部分组成。当采用毛细管色谱柱时,需要采用分流进样和使用尾吹气。载气由高压气瓶提供,经过减压阀调节到适当压力,再经净化干燥管除去杂质后,由流量调节器调节适当流量进入色谱柱,最后经过检测器流出色谱仪。色谱柱是色谱仪的核心之一,具有分离功能。本实验过程中采用毛细管气相色谱柱,由于毛细管柱内径细,固定液膜薄,因此其柱容量很小(一般所能承受的液体样品量为 $10^{-3}\sim10^{-2}\,\mu$L)。为了避免色谱柱超载,需用分流进样技术,即在汽化室出口载气分成两路,绝大部分放空,极小部分进入色谱柱,这两部分的比例也称为分流比。一定温度下,待测样品经汽化室汽化后被载气带入色谱柱中进行分离。被分离后的各组分被载气携带进入火焰离子化检测器中,检测器将各组分的质量比的变化转变成电信号的变化并经放大后由记录仪绘制成色谱图。由于毛细管色谱柱内径小,载气流量小(常规为 1~3 mL·min^{-1}),不能满足检测器的最佳操作条件(一般检测器要求 20 mL·min^{-1} 的载气流量),需在色谱柱后增加一路载气(尾吹气)直接进入检测器,这样就可保证检测器在高灵敏度状态下工作。同时,经分离的化合物流出色谱柱后,可能由于管道体积的增大而出现严重的纵向扩散,从而引起谱带展宽,加入尾吹气后也消除了检测器的死体积的柱外效应。

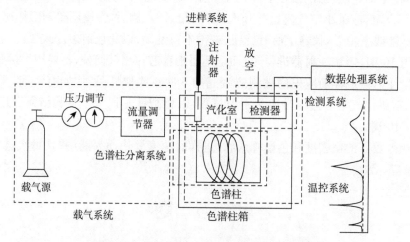

图 6 - 4   岛津 GC - 2014 气相色谱仪示意图

2. 岛津 GC - 2014 气相色谱仪操作步骤

(1) 接通电源。

(2) 旋开载气(高纯氮 99.999%)钢瓶总阀开关,调节减压阀至 0.5~0.6 MPa。然后打开空气压缩机和氢气发生器开关(实验中岛津 GC - 2014 气相色谱仪自带气体净化器,所以无须开启)。

(3) 打开岛津 GC - 2014 气相色谱仪开关(在仪器右侧下方),如图 6 - 5 所示,按操作面板上"SYSTEM"键,设置柱温、汽化室温度、检测器温度。

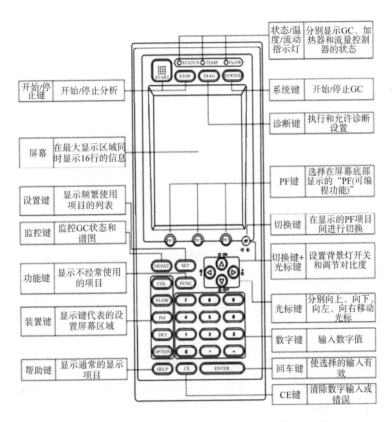

图 6 - 5　岛津 GC - 2014 气相色谱仪的监控显示屏

设置柱温:按"COL"光标移动到"TEMP"(温度)栏,输入"40",按回车键。

设置汽化室温度:按"INJ"光标移动到"TEMP"(温度)栏,输入"100",按回车键。

设置检测器温度:按"DET"光标移动到"TEMP"(温度)栏,输入"150",按回车键。

设置完毕后,按"SYSTEM"键,按"PF1"键("START GC"功能键),仪器开始启动升温。

(4) 按"MONIT"键,即可监控色谱仪状态和色谱运行情况。可以查看色谱运行过程中的各个参数,包括色谱柱柱温、进样口温度、检测器温度、流速等。也可以查看色谱峰的出峰情况。

(5) 调整气相色谱仪的氢气表头旋钮至 55 kPa,空气表头旋钮至 45 kPa,色谱仪器会自动点火,能听到"嗒"的一声。点火成功后,操作面板显示屏上"火苗"由虚变实。若自动点火失败,先调低空气旋钮,按"DET"键(检测器键),再按"PF1"键("IGNITE"键),可进行手动点火。点火成功后,将空气旋钮还原。按"MONIT"键,重新回到监控界面。

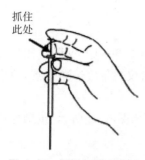

抓住
此处

图 6-6 气相色谱进样时
微量注射器的使
用方法示意图

（6）当仪器准备就绪时，色谱仪控制面板最上方三个指示灯（"STATUS""TEMP""FLOW"）由黄色转变为绿色，可进样检测（图 6-6）。进样完毕后，同时按下色谱仪控制面板上的"START"按钮和电脑工作站中的"采集"按钮。等待色谱峰完全流出后，按下色谱仪控制面板上的"STOP"按钮和电脑上工作站"停止采集"按钮，保存色谱图，记录组分相关参数，包括保留时间、拖尾因子、理论塔板数、分离度、峰面积等。

（7）实验全部结束后，先关闭工作站、空气压缩机、氢气发生器，按下色谱仪主机上"SYSTEM"按钮，按下"PF1"键（"STOP GC"功能键），仪器开始自动降温。按"MONIT"键监测柱温、进样口温度和检测器温度，待柱温下降至常温，进样口、检测器温度下降到 75 ℃以下时，即可关闭气相色谱仪。

（8）关闭载气钢瓶总阀。

实验三十二　对羟基苯甲酸酯类混合物的反相高效液相色谱分析

一、实验目的

1. 掌握用已知物对照法定性的原理和方法。
2. 掌握色谱归一化法定量分析的计算。
3. 熟悉岛津 LC-20A 高效液相色谱仪的结构及操作规程。

二、实验原理

对羟基苯甲酸酯又称尼泊金酯，为常用的防腐剂之一，其抑菌范围广、作用强、用量少、毒性低、易配伍且防腐效果好，被广泛应用于各种食品保鲜防腐中。但是大量或不当使用防腐剂会对人体造成一定损害，如会有雌激素样作用，影响人的内分泌功能等。因此，中国、加拿大、日本和欧盟等许多国家和地区对食品中对羟基苯甲酸酯类防腐剂的使用都规定了添加限量。

在对羟基苯甲酸酯中，常用的有对羟基苯甲酸甲酯、对羟基苯甲酸乙酯和对羟基苯甲酸丙酯。如图 6-7 所示，它们是同系物（含有相同的苯环、羟基和酯键），在结构上依次增加一个亚甲基（—CH_2），属于中等极性的化合物，但极性上略有差异，可采用反相液相色谱进行分析。本实验过程中选用非极性的十八烷基键合相作固定相，甲醇-水作流动相。因为苯环在 254 nm 处有吸收，实验中用紫外检测器在 254 nm 波长处检测。

在一定的实验条件下，酯类各组分的保留值保持恒定，因此在同样的条件下，将测得的未知物各组分的保留时间与已知酯类各组分的保留时间进行对照，即可确定未知物中各组分存在与否。这种利用纯物质对照进行定性的方法适用于来源已知且组分简单的混合物。本实验中采用归一化法定量。使用归一化法定量，要求试样中的各个组分都能得到完全分离，并且检测器对每个组分都有响应，计算公式如下：

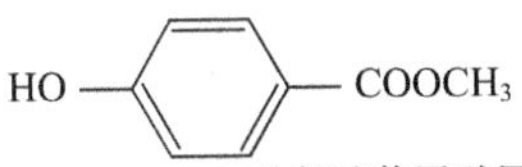

(a) 对羟基苯甲酸甲酯

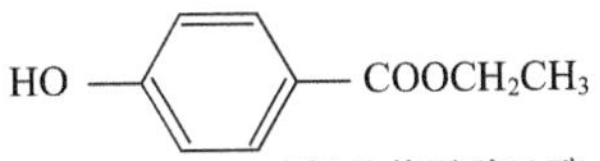

(b) 对羟基苯甲酸乙酯

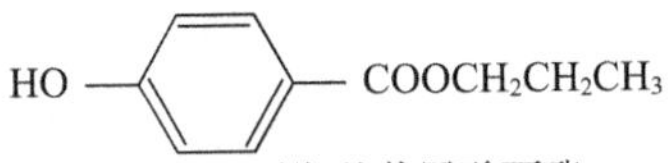

(c) 对羟基苯甲酸丙酯

图 6－7　对羟基苯甲酸酯结构式

$$c_i(\%)=\frac{f_iA_i}{\sum_{i=1}^{n}f_iA_i}\times 100\% \qquad (6-5)$$

由于对羟基苯甲酸酯具有相同的生色团（苯环）和助色团（—OH），在紫外检测器上具有相同的校正因子，归一化法计算公式可简化为

$$c_i(\%)=\frac{A_i}{\sum_{i=1}^{n}A_i}\times 100\% \qquad (6-6)$$

三、仪器与试剂

1. 仪器

高效液相色谱仪（岛津 LC－20A）、紫外检测器（SPD－20A）、色谱柱［十八烷基硅胶合相（ODS 柱）］、N－2010（或 HW－2000）色谱工作站、微量注射器、过滤和脱气装置。

分析天平（0.1 mg）、容量瓶（50 mL、25 mL）、吸量管（1 mL）、量筒（1 000 mL）。

2. 试剂

对羟基苯甲酸甲酯（AR）、对羟基苯甲酸乙酯（AR）、对羟基苯甲酸丙酯（AR）、甲醇（色谱纯）、二次重蒸水。

四、实验内容

1. 溶液的配制

（1）标准贮备液：称取对羟基苯甲酸甲酯、对羧基苯甲酸乙酯、对羧基苯甲酸丙酯各约 25 mg，精密称定后，分别置于三只 50 mL 容量瓶中，加适量甲醇溶解后，用甲醇稀释至刻度，配制成浓度约为 0.5 mg・mL^{-1} 的上述三种酯类化合物的甲醇溶液。

（2）标准溶液：分别精密量取上述三种标准贮备液 0.50 mL 到三只 25 mL 容量瓶中，用甲醇稀释至刻度，摇匀，配制成浓度均为 10 μg・mL^{-1} 的三种酯类化合物的甲醇溶液。

（3）混合液：分别精密量取上述三种标准贮备液各 0.50 mL 到同一个 25 mL 容量瓶中，用甲醇稀释至刻度，摇匀，配制浓度均为 10 μg・mL^{-1} 的酯类混合物的甲醇溶液，备用。

2. 流动相的配制

分别量取色谱纯甲醇 550 mL、二次重蒸水 450 mL，混合均匀，过滤并脱气，配制成

1 000 mL 甲醇-水(体积比为 55:45)的混合液,作为流动相。

3. 色谱条件

高效液相色谱仪:岛津 LC-20A。

色谱柱:十八烷基硅胶键合相(ODS柱,15 cm×4.6 mm 或 25 cm×4.6 mm)。

检测器:紫外检测器。

检测波长:254 nm。

流动相:甲醇-水(体积比为 55:45)。

流速:1.0 mL·min⁻¹。

柱温:室温。

进样量:20 μL。

根据实验条件,按照下述"仪器操作步骤"调节色谱仪。待基线平稳后,依次分别吸取 20 μL 的三种标准溶液及混合液进样,记录其色谱图,每种溶液重复进样 2～3 次。

4. 仪器操作步骤

(1) 接通电源。

(2) 更换流动相为甲醇-水(体积比为 55:45)后,开启色谱仪的电源开关,打开"Drain"旋钮,按"PURGE"按钮,1 min 后停止(再次按下"PURGE"按钮),除尽管道中的气泡,关上"Drain"旋钮。按下"FUNC"键设置流动相流速为 0.2 mL·min⁻¹,然后按下"PUMP"键,高压泵开始运行。随后,通过"FUNC"键设置流动相流速,使其升至 1.0 mL·min⁻¹。平衡色谱柱 20～30 min。

(3) 打开紫外检测器电源开关,检测器进行自检。自检完成后,按"FUNC"键和"ENTER"键,设定检测波长为 254 nm。如果检测器显示面板出现"OVER",则按"ZERO"键使基线归零。

(4) 打开 N-2010(或 HW-2000)色谱工作站,按下绿色按钮进行基线采集。待基线平稳后,停止数据采集,然后设置采集时间及满量程范围,开始准备进样。进样后,用色谱工作站同步进行数据采集。

(5) 运行到样品完全出峰后,在工作站中按下红色按钮停止采集数据,保存色谱图。记录组分的相关参数(色谱峰的保留时间、拖尾因子、理论塔板数、容量因子和峰面积,混合样品还应包括分离度)。

(6) 实验完全结束后,关闭检测器和电脑,用甲醇清洗微量注射器 5 次。

(7) 在色谱仪控制面板中,把流动相流速调至 0.0 mL·min⁻¹,按下"PUMP"键使高压泵停止工作。更换流动相为纯甲醇后,再次按下"PUMP"键开启高压泵,调节流动相流速从 0.0 mL·min⁻¹ 逐渐升至 1.0 mL·min⁻¹,用纯甲醇冲洗色谱柱 20～30 min。

(8) 关闭色谱仪的电源开关。

5. 数据记录及处理

利用保留值法,对混合液中各组分进行定性分析,并采用归一化法进行定量分析,按式(6-6)分别计算混合液中对羟基苯甲酸甲酯、对羟基苯甲酸乙酯、对羟基苯甲酸丙酯的百分含量,按表 6-4 记录实验结果,完成数据处理。

表 6-4　定性分析结果

实验仪器及条件	
HPLC 泵型号	
检测器型号	
色谱柱	
流动相	
检测波长/nm	
流速/(mL·min^{-1})	
柱压/kPa	
柱温/℃	
进样量/μL	

定性分析和定量分析

样品编号	保留时间 t_R	理论塔板数 n	拖尾因子	容量因子 k	峰面积 A	分离度 R
样品 1-1						
样品 1-2						
样品 2-1						
样品 2-2						
样品 3-1						
样品 3-2						
混合样 1-1						
混合样 1-2						

判断混合物的组成,并用归一化法计算其百分含量

注 意 事 项

1. 高效液相色谱法中所用的溶剂需纯化处理,水为二次重蒸水,甲醇为色谱纯。

2. 流动相应严格脱气(有些仪器附有脱气装置,可不用事先脱气),可选用超声波、水泵脱气。

3. 严格防止气泡进入系统,以免气泡造成无法吸液或脉动过大。吸液软管必须充满流动相,吸液软管的不锈钢烧结过滤器必须始终浸在流动相内。

4. 取样时,先用样品溶液清洗微量注射器数次,然后吸取过量样品,将微量注射器针尖朝上,赶去可能存在的气泡。

5. 为了保证进样准确,进样时必须多吸取一些溶液,使溶液完全充满定量环。实验过程中,定量环容积为 20 μL,取约 3～4 倍于定量环体积的样品进样。

6. 更换样品进样前,需用甲醇清洗微量注射器至少 5 次,防止残留溶液干扰后续测定。

7. 实验结束后,用甲醇洗涤微量注射器 5 次。

思 考 题

1. 流动相在使用前为什么要脱气？

2. 高效液相色谱法采用归一化法定量有何优缺点？本实验为什么可以不用相对质量校正因子？

3. 在高效液相色谱法中，为什么可用保留值定性？这种定性方法你认为可靠吗？

4. 在本实验条件下进行对羟基苯甲酸甲酯、对羟基苯甲酸乙酯和对羟基苯甲酸丙酯分离时，哪个组分先流出色谱柱？哪个组分最后流出？为什么？

实验三十三 乙酸乙酯皂化反应速率常数的测定

一、实验目的

1. 掌握乙酸乙酯皂化反应速率常数的测定原理。

2. 熟悉用图解法求二级反应的速率常数，并计算该反应的活化能。

3. 熟悉电导率仪的使用方法。

二、实验原理

皂化反应通常指酯与强碱反应生成羧酸盐和醇的反应。以乙酸乙酯与氢氧化钠反应（二级反应）为例，其反应方程式为：

$$CH_3COOC_2H_5 + Na^+ + OH^- \longrightarrow CH_3COO^- + Na^+ + C_2H_5OH$$

由于乙醇和乙酸乙酯的电导较小，可忽略不计，在反应的过程中，导电能力强的 OH^- 逐渐减少，导电能力弱的 CH_3COO^- 逐渐增加，反应过程的总电导显著下降。

当乙酸乙酯溶液与氢氧化钠溶液的起始浓度相同时，设该浓度为 c，则反应速率为：

$$\frac{dx}{dt} = k(c-x)^2 \tag{6-7}$$

式中，x 为时间 t 内消耗掉的反应物浓度；k 为速率常数，积分得：

$$\frac{x}{c(c-x)} = kt \tag{6-8}$$

因此，以 $\dfrac{x}{c(c-x)}$ 对 t 作图，即可获得斜率 k 的相关信息。

通过监测反应过程中电导率的变化，可以间接获取反应物浓度的信息。设 G_0 为 $t=0$ 时 NaOH 溶液的电导，G_t 为时间 t 时混合溶液的电导，G_∞ 为 $t=\infty$（反应完毕）时 CH_3COONa 溶液的电导。在稀溶液中，电导值的减少量与 CH_3COO^- 浓度成正比，设 K 为比例常数，则 $x=K(G_0-G_t)$，反应终止时，x 近似为 c，$c=K(G_0-G_\infty)$，将其代入 $\dfrac{x}{c(c-x)}=kt$ 可得

$$G_t = \frac{1}{ck} \cdot \frac{G_0 - G_t}{t} + G_\infty \tag{6-9}$$

由 $G = \kappa \dfrac{A}{l}$，可得：

$$\kappa_t = \frac{1}{ck} \cdot \frac{\kappa_0 - \kappa_t}{t} + \kappa_\infty \tag{6-10}$$

以 κ_t 对 $\dfrac{\kappa_0 - \kappa_t}{t}$ 作图，实现通过电导率测定速率常数的目的。

此外，根据阿伦尼乌斯方程 $\ln \dfrac{k_2}{k_1} = \dfrac{E_a}{R}\left(\dfrac{1}{T_1} - \dfrac{1}{T_2}\right)$，可计算出该反应的活化能 E_a。

三、仪器与试剂

1. 仪器

电导率仪、碘量瓶（50 mL）、恒温槽、秒表、滴瓶、移液管（50 mL、1 mL）、容量瓶（250 mL）、磨口三角瓶（200 mL）。

2. 试剂

NaOH（0.020 0 mol·L^{-1}）、乙酸乙酯水溶液（0.020 0 mol·L^{-1}）、电导水。

四、实验步骤

1. 将恒温槽的温度调至（25.0±0.1）℃。

2. 溶液起始电导率 κ_0 的测定：在干燥的 250 mL 磨口三角瓶中，用移液管移取 50 mL 0.020 0 mol·L^{-1} 的 NaOH 溶液和同体积的电导水，混合均匀后，倒出少量溶液洗涤电导池和电极，然后将剩余溶液倒入碘量瓶（盖过电极上沿约 2 cm），恒温约 15 min，并轻轻摇动数次，然后将电极插入溶液，测定溶液电导率，直至不变为止，此数值即为 κ_0。

3. 反应时电导率 κ_t 的测定：分别在 2 个 200 mL 的碘量瓶中加入 50 mL 0.020 0 mol·L^{-1} 的 CH$_3$COOC$_2$H$_5$ 与 NaOH 溶液，在恒温槽中恒温 15 min。将 NaOH 倒入 CH$_3$COOC$_2$H$_5$ 中，使两种溶液迅速混合，NaOH 加入一半时开始计时，同时用少量的混合溶液洗涤电极。在第 3 min、5 min、8 min、10 min、15 min、20 min、25 min、30 min、40 min 与 50 min 时记录电导率的数值。

4. 在（35.0±0.1）℃的条件下重复上述步骤，计算此温度下的速率常数。

五、数据处理

1. 完成表 6-5 的填写。

表 6-5　数据记录与处理

实验温度：

时间	κ_t	$(\kappa_0 - \kappa_t)/t$
3 min		
5 min		

时间	κ_t	$(\kappa_0 - \kappa_t)/t$
8 min		
10 min		
15 min		
20 min		
25 min		
30 min		
40 min		
50 min		

2. 在 25 ℃和 35 ℃温度下,利用 OriginPro 2019b 软件,分别以 κ_t 对 $(\kappa_0 - \kappa_t)/t$ 作图,计算速率常数 k 与半衰期。

3. 根据阿伦尼乌斯方程,计算乙酸乙酯皂化反应的活化能 E_a。

注 意 事 项

1. 本实验所有溶液需用电导水配制,并避免接触空气及防止灰尘杂质落入。

2. 配好的 NaOH 溶液要防止空气中的 CO_2 气体进入。

3. 乙酸乙酯溶液和 NaOH 溶液浓度必须相同。

4. 乙酸乙酯溶液需临时配制,配制时动作要迅速,以减少挥发损失。

5. 实验过程中,要注意电导率仪玻璃电极的保护,防止摔坏。

思 考 题

如果乙酸乙酯溶液和 NaOH 溶液初始浓度不相等,该采用哪种速率方程式?

实验三十四　最大气泡压力法测定液体的表面张力

一、实验目的

1. 掌握最大气泡压力法测定液体表面张力的实验原理。
2. 掌握表面张力测量装置的使用方法。

二、实验原理

液体表层的分子受力与液体内部是完全不同的,存在一个垂直于液体表面并指向液体内部的合力。如果要克服液体对该分子的吸引力,将其拉入表面层,环境所付出的表面功定义为在一定的温度、压力条件下,在特定组成的液体中,可逆增加 dA 表面积时系统所做的功(见公式 6 - 11、公式 6 - 12)。从力学角度看,表面张力 σ 定义为作用于液面单位长度线段上的表面收缩力。影响表面张力的因素包括两相组成与温度。对于单组分系统,在温度与压力确定的条件下,表面张力即可确定。对于溶液而言,所加入的溶质不同会引起表面张力的不同改变。

$$\delta W' = \sigma dA \tag{6-11}$$

$$\sigma = \left(\frac{\partial G}{\partial A}\right)_{T,p,n_B} \tag{6-12}$$

在采用最大气泡法测定液体的表面张力的过程中,通过转动滴液瓶下方的旋塞使系统缓慢减压,毛细管上方的大气压力大于毛细管中液面的压力,所以液面下降,在管口处形成气泡,此时所记录的压力差 Δp 为待测液体在毛细管中所受的附加压力,实验装置如图6-8所示。

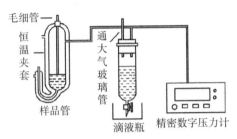

图6-8　表面张力测定装置

在气泡形成的初始过程中,曲率半径 r 最大。当气泡呈半球形时,曲率半径 r 最小,此时的 Δp 最大,其中 Δp 可以由数字压力计测出。根据杨-拉普拉斯公式(6-13)可知:

$$\Delta p_{max} = \frac{2\sigma}{r} \tag{6-13}$$

将(6-13)简单变形,可得:

$$\sigma = \frac{1}{2} r \Delta p_{max} = K \Delta p_{max} \tag{6-14}$$

式中,K 为仪器系数,可根据具体实验情况确定。

三、仪器与试剂

1. 仪器

表面张力测定仪器、数字压力计、恒温槽、容量瓶(250 mL)。

2. 试剂

正丁醇、蒸馏水。

四、实验步骤

1. 配制5%、10%、15%、30%、50%的标准正丁醇溶液。

2. 仔细清洗实验所用的表面张力测定仪器,向样品管中加入适量蒸馏水,使毛细管端面与液面相切,将样品管置于恒温槽[(25±0.1)℃]中。向滴液瓶中注满蒸馏水,打开活塞,产生气泡,控制气泡产生的间隔时间大于3 s,直接读取数字压力计读数,重复读取3次,计算平均值,确定仪器系数。

3. 依次将配制好的正丁醇溶液加入样品管,按步骤 2 依次测定 Δp_{max},测定结果记录入表 6-6。

表 6-6　液体的表面张力测定结果

项目	不加正丁醇	5%正丁醇	10%正丁醇	15%正丁醇	30%正丁醇	50%正丁醇
$c/(\text{mol} \cdot \text{L}^{-1})$						
$\Delta p_{max}(1)/\text{Pa}$						
$\Delta p_{max}(2)/\text{Pa}$						
$\Delta p_{max}(3)/\text{Pa}$						
$\Delta p_{max}(\text{平均})/\text{Pa}$						
$\sigma/(\text{N} \cdot \text{m}^{-1})$						

注 意 事 项

1. 测定用的毛细管务必洁净,否则将会对表面张力造成较大的影响。
2. 正丁醇与水务必混合均匀。
3. 毛细管务必与液面相切且垂直放置。

思 考 题

1. 实验过程中,样品为什么要置于恒温槽中?
2. 如果在实验的过程中毛细管没有与液面相切,对实验结果有何影响?
3. 气泡逸出速度过快,会对实验结果造成何种影响?

实验三十五　肉桂酸甲酯的绿色合成

一、实验目的

1. 掌握 Fischer 酯化机理。
2. 通过 TLC 监测反应完成,通过 IR 鉴别目标产物。
3. 熟悉酸碱萃取,并确定纯化产品的路径。

二、反应原理

反式肉桂酸是肉桂和蜂蜜中的天然产物,有一种特有的蜂蜜气味,可用作调味品和几种芳香酯的前体。本实验能够使学生掌握香料的概念、香味的变化、催化作用、绿色化学、薄层色谱(TLC)和酸碱提取等知识。本实验以反式肉桂酸和甲醇为反应物,在对甲基苯磺酸的催化下,合成具有可可香味的反式肉桂酸甲酯(图 6-9)。

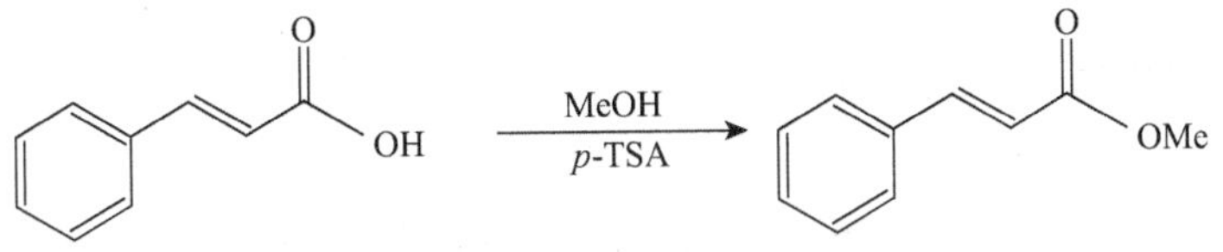

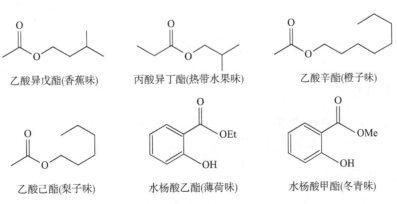

图 6 - 9　反式肉桂酸甲酯合成反应式

酸和醇成酯的反应通常有三种类型的机理:Fischer 酯化机理、碳正离子机理和酰基正离子机理。Fischer 酯化反应(Fischer esterification)又称 Fischer - Speier 酯化反应(Fischer - Speier esterification),是指羧酸和醇在 Lewis 或 Bronsted 酸催化下生成酯,是最经典的酯化反应。本实验采用对甲基苯磺酸作为催化剂,机理如图 6 - 10 所示。首先,对甲基苯磺酸的质子转移至羧酸的羰基氧上,从而增强了羰基碳的亲电性,醇的氧原子亲核进攻羧酸的羰基碳,生成四面体中间体,在质子转移(互变异构)之后,失去一分子的水,再进一步失去质子,得到目标化合物酯。

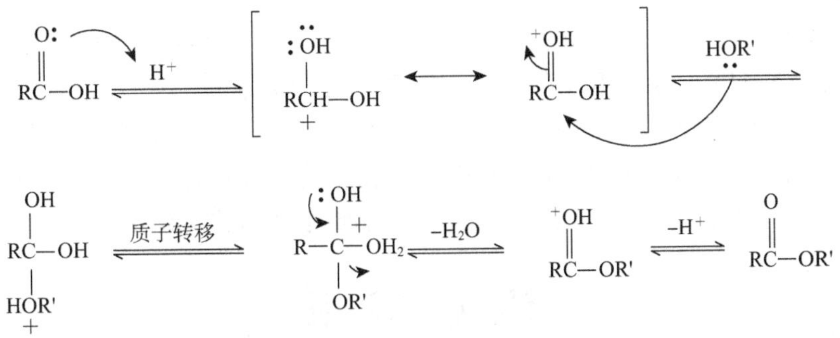

图 6 - 10　酸催化酯化机理

Fischer 酯化反应生成的水是反应中唯一的副产物。由于该反应是平衡可逆反应,所以想要得到较高的产率,就必须使平衡往生成产物方向移动。通常的方法是加入过量的其中一种原料,并且用 Dean - Stark 装置除水。

实验合成的反式肉桂酸甲酯外观为白色至微黄色结晶固体,主要用于日化和食品工业,是常用的定香剂或食用香料,同时也是重要的有机合成原料。Fischer 酯化反应还可以合成如图 6 - 11 所示的不同味道的香料,如乙酸异戊酯(香蕉味)、丙酸异丁酯(热带水果味)、乙酸辛酯(橙子味)、乙酸己酯(梨子味)、水杨酸乙酯(薄荷味)、水杨酸甲酯(冬青味)。

乙酸异戊酯(香蕉味)　　丙酸异丁酯(热带水果味)　　乙酸辛酯(橙子味)

乙酸己酯(梨子味)　　水杨酸乙酯(薄荷味)　　水杨酸甲酯(冬青味)

图 6 - 11　不同味道的香料

三、仪器与试剂

1. 仪器

三口烧瓶、球形冷凝管、分水器、150 mL 分液漏斗、烧杯、布氏漏斗、抽滤瓶、真空循环水泵、滤纸、玻璃棒、台秤、电加热搅拌器、量筒、紫外灯。

2. 试剂

反式肉桂酸、对甲基苯磺酸、无水甲醇、乙酸乙酯、石油醚、碳酸氢钠、硫酸镁、饱和食盐水。

四、实验过程

称量 2.5 g 反式肉桂酸加入 100 mL 带磁子的三口圆底烧瓶中,依次加入 60 mL 的无水甲醇、1.6 g 的对甲基苯磺酸,然后将反应体系加热搅拌回流 1 h,通过 TLC 和紫外灯观察反应是否完成。展开剂 $V_{乙酸乙酯} : V_{石油醚} = 1 : 5$,其中反式肉桂酸甲酯的比移值($R_f$)为 0.74,肉桂酸的比移值为 0.10。

反应完成后,待溶液自然冷却至室温,将反应溶液转移至分液漏斗中,然后向溶液中添加 10 mL 饱和 $NaHCO_3$ 溶液和 10 mL 乙酸乙酯。在分离漏斗中彻底混合各层,同时定期泄压,将水层与有机层分离盛放在两只烧杯中。再次用 10 mL 乙酸乙酯萃取水层 2 次,以确保产品从水层中回收完全。用 10 mL 饱和 $NaCl$ 溶液清洗合并的有机层,然后用 $MgSO_4$ 干燥。过滤干燥剂,用旋转蒸发仪除去溶剂,记录产品重量并测试其红外谱图。

注 意 事 项

1. 反应体系回流的温度不是甲醇的沸点。
2. 酸碱萃取的时候会产生明显的压力。
3. 无水甲醇反应可以获得较好的实验结果,甲醇中水含量的增加会降低反应收率。

思 考 题

1. Fischer 酯化的机理是什么?
2. 将碳酸氢钠溶液加入萃取体系中,会产生什么气体?

实验三十六 (±)1,1′-联-2-萘酚的拆分

一、实验目的

1. 掌握手性、手性化合物等概念,了解手性化合物的制备方法。
2. 掌握 1,1′-联-2-萘酚不同异构体分离的原理。

二、实验原理

手性分子 1,1′-联-2-萘酚(BINOL)有两个对映体,每个对映体都会把平面偏振光旋转

到一定的角度,其数值相同但方向相反,这种性质称为光学活性。当一对对映体不等量混合时,化合物样品的旋光异构体的量可用对映体过量(enantiomeric excess,ee)来描述,常写为 e. e. %。它表示一个对映体对另一个对映体的过量,通常用百分数表示。e. e. %值只表示光学纯度,数值高并不代实际物质的含量高。

$$e. e. \% = \frac{[R] - [S]}{[R] + [S]} \times 100\% \tag{6-15}$$

式中,R、S分别表示样品中R构型和S构型的量。

手性化合物具有独特的生理活性,因此制备高纯度的手性化合物是非常有意义的。获取手性化合物通常有三种方法,即天然产物中提取、外消旋化合物的拆分、手性合成。在本实验中,N-苄基氯化辛可宁丁与(±)1,1′-联-2-萘酚(BINOL)在乙腈溶液中反应,可以定量得到 N-苄基氯化辛可宁丁·(R)-BINOL 络合固体物。由于苄基的位阻,(S)-BINOL 溶解在乙腈溶液中。通过简单的过滤,可以将两种不同构型的1,1′-联-2-萘酚予以分开。N-苄基氯化辛可宁丁·(R)-BINOL 络合固体物再通过盐酸处理、萃取操作实现(R)-BINOL 和 N-苄基氯化辛可宁丁的分离纯化(图6-12)。

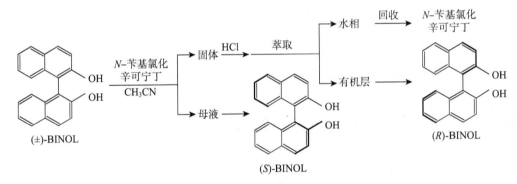

图6-12 (±)BINOL 的拆分

三、仪器与试剂

1. 仪器

单口烧瓶、球形冷凝管、分液漏斗(150 mL)、烧杯、布氏漏斗、抽滤瓶、真空循环水泵、滤纸、玻璃棒、台秤、电加热搅拌器、量筒。

2. 试剂

(±)1,1′-联-2-萘酚、N-苄基氯化辛可宁丁、乙腈、乙酸乙酯、盐酸、氯化钠、无水硫酸钠。

四、实验过程

在装有磁子、30 mL乙腈和球形回流冷凝管的100 mL烧瓶中加入2.30 g的(±)1,1′-联-2-萘酚和1.86 g的N-苄基氯化辛可宁丁,将所得悬浮液回流4 h后,自然冷却降温并在室温下搅拌过夜,然后将混合物冷却至0~5 ℃,并在该温度下保持2 h,过滤,分别收集滤饼和滤液。将滤液浓缩至干燥,用30 mL乙酸乙酯重新溶解,然后用1 mol·L⁻¹盐酸(2×

10 mL)和盐水(10 mL)清洗有机相。有机相用无水 Na_2SO_4 干燥,过滤,浓缩成浅棕色(S)-BINOL,计算收率,测试其熔点和旋光度,并通过 HPLC 测试目标化合物的 e.e.％值。

用 5 mL 乙腈洗涤固体络合物后,将其转移到 25 mL 烧瓶中,添加 10 mL 甲醇,回流 24 h 后,在空气中自然冷却至室温,过滤,用 2 mL 甲醇洗涤固体。把固体复合体加入 30 mL 乙酸乙酯和 15 mL 1 mol·L^{-1} HCl 的混合溶液中,并搅拌至固体物完全溶解,将溶液转移到分液漏斗中,分别用 15 mL 1 mol·L^{-1} HCl 和 15 mL 饱和食盐水洗涤有机相。有机层用无水 Na_2SO_4 干燥,过滤,浓缩得到(R)-BINOL 固体。计算收率,测试其熔点和旋光度,并通过 HPLC 测试目标化合物的 e.e.％值。

注 意 事 项

1. (±)1,1′-联-2-萘酚和 N-苄基氯化辛可宁丁形成的混合物在过滤时温度要保持 0～5 ℃,可以提高 e.e.％值。

2. 酸洗操作是为了除去体系中的 N-苄基氯化辛可宁丁。

思 考 题

1. 获得手性化合物的方法有哪些?

2. 实验中如何实现 R 构型和 S 构型 1,1′-联-2-萘酚的分离?

实验三十七　肉桂醛参与的羟醛缩合反应

一、实验目的

1. 熟悉绿色化学概念和应用。

2. 掌握羟醛缩合反应的机理。

二、实验原理

羟醛缩合(aldol condensation)反应是有机化学中一类重要的缩合反应,是指具有 α 氢原子的醛或酮在酸或碱的催化下,形成的烯醇负离子与另一分子羰基化合物发生加成反应形成 β-羟基羰基化合物,再脱水生成共轭烯酮的反应。不同羰基反应物之间的羟醛缩合称为交叉羟醛缩合反应(crossed aldol condensation),也叫作 Claisen-Schmidt 缩合。本实验通过肉桂醛和丙酮反应制备一种共轭烯酮产品(图 6-13)。反应底物中,肉桂醛不含 α-H,

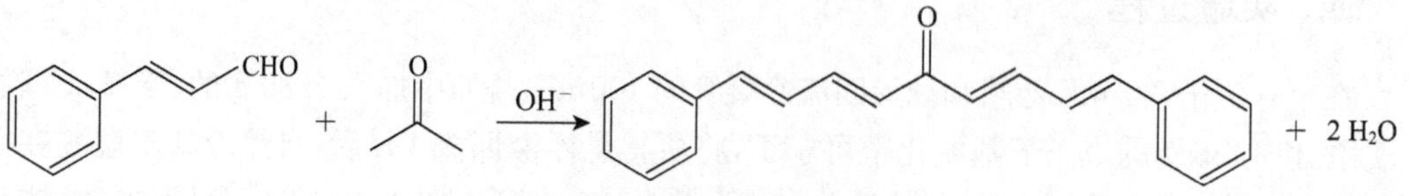

图 6-13　羟醛缩合反应通式

而丙酮含 α-H,是交叉羟醛缩合反应的典型例子。

当丙酮和肉桂醛在碱中一起反应时,会发生两次连续的羟醛缩合反应,丙酮充当亲核试剂,肉桂醛充当亲电试剂,机理详见图 6-14。丙酮在碱作用下失去一个 α-H 形成丙酮碳负离子,其与肉桂醛的醛基进行亲核加成,生成中间体 β-羟基酮(Ⅰ),Ⅰ失去一分子的水生成化合物(Ⅱ)。Ⅱ在碱的作用下失去一个 α-H 形成中间体碳负离子(Ⅲ),该中间体与肉桂醛发生亲和加成生成中间体(Ⅳ),最后,Ⅳ再失去一分子的水形成目标化合物。

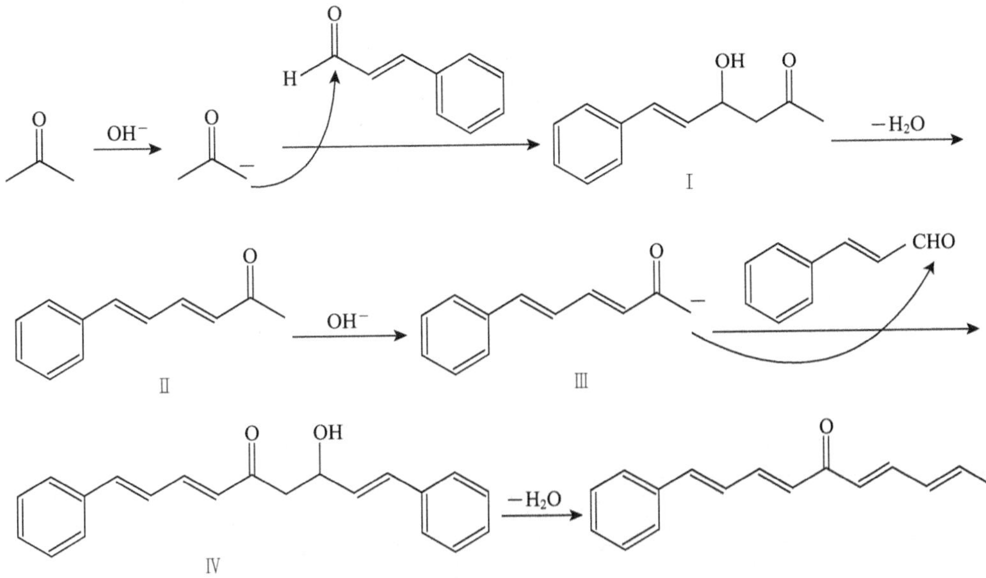

图 6-14　羟醛缩合反应机理

太阳发出三种紫外线:UVA(320~400 nm)、UVB(280~320 nm)和 UVC(100~280 nm)。能量最高的 UVC 紫外线因为被臭氧层吸收了,不能到达地球。UVA 和 UVB 紫外线可以透过大气层到达地球表面,它们可导致晒伤、皮肤癌等。使用防晒霜可以减少有害的紫外线对皮肤的伤害。防晒霜的工作原理是吸收、反射或散射紫外线。FDA 批准的常用的防紫外线物质见表 6-7。

表 6-7　常见的防紫外线物质结构

结构式	λ_{max}/nm
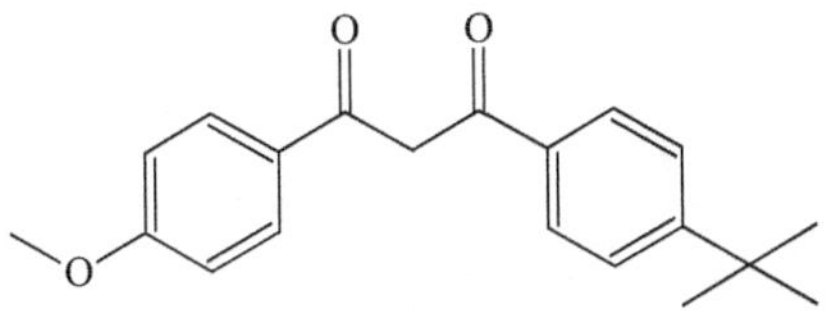	UVA 360
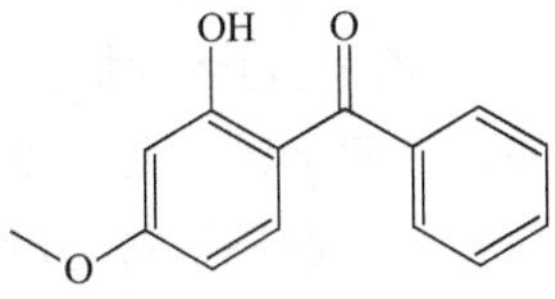	UVB+UVA 288+UVA 325

结构式	λ_{max}/nm
	UVB 307
	UVB+UVA 303
	UVB 311
	UVA 374

三、仪器与试剂

1. 仪器

100 mL 烧瓶、球形冷凝管、布氏漏斗、抽滤瓶、烧杯、真空循环水泵、滤纸、玻璃棒、台秤、电加热搅拌器、量筒。

2. 试剂

肉桂酸、丙酮、乙醇(95%)、氢氧化钠。

四、实验过程

在装有搅拌磁子的 100 mL 烧瓶中加入 20.0 mL 95% 的乙醇,再依次加入 3.0 g 肉桂醛和 12.0 mL 的 2 mol·L^{-1} 氢氧化钠溶液,室温搅拌。向肉桂醛溶液中加入 0.84 mL 丙酮并搅拌 15～30 min,反应体系中会出现明亮的黄色絮状沉淀物。减压过滤,分别用 10.0 mL 纯水、5.0 mL 的 95% 乙醇洗涤滤饼。将所得的黄色固体物用 95% 乙醇重结晶。测量产品重量并测定其熔点。

注 意 事 项

重结晶操作的时候,控制好重结晶溶剂的加入量,以保证获得较高的重结晶收率。

思 考 题

1. 写出丙酮与肉桂醛反应的机理。
2. 哪些反应底物参与羟醛缩合反应,总体产率会较高?

附　　录

附录一　相对原子质量

质子数	元素	相对原子质量	质子数	元素	相对原子质量
1	H	1.00794(7)	32	Ge	72.64(1)
2	He	4.002602(2)	33	As	74.92160(2)
3	Li	6.941(2)	34	Se	78.96(3)
4	Be	9.012182(3)	35	Br	79.904(1)
5	B	10.811(7)	36	Kr	83.798(2)
6	C	12.0107(8)	37	Rb	85.4678(3)
7	N	14.0067(2)	38	Sr	87.62(1)
8	O	15.9994(3)	39	Y	88.90585(2)
9	F	18.9984032(5)	40	Zr	91.224(2)
10	Ne	20.1797(6)	41	Nb	92.90638(2)
11	Na	22.989770(2)	42	Mo	95.94(2)
12	Mg	24.3050(6)	43	Tc	[97.9072]
13	Al	26.981538(2)	44	Ru	101.07(2)
14	Si	28.0855(3)	45	Rh	102.90550(2)
15	P	30.973761(2)	46	Pd	106.42(1)
16	S	32.065(5)	47	Ag	107.8682(2)
17	Cl	35.453(2)	48	Cd	112.411(8)
18	Ar	39.948(1)	49	In	114.818(3)
19	K	39.0983(1)	50	Sn	118.710(7)
20	Ca	40.078(4)	51	Sb	121.760(1)
21	Sc	44.955910(8)	52	Te	127.60(3)
22	Ti	47.867(1)	53	I	126.90447(3)
23	V	50.9415(1)	54	Xe	131.293(6)
24	Cr	51.9961(6)	55	Cs	132.90545(2)
25	Mn	54.938049(9)	56	Ba	137.327(7)
26	Fe	55.845(2)	57	La	138.9055(2)
27	Co	58.933200(9)	58	Ce	140.116(1)
28	Ni	58.6934(2)	59	Pr	140.90765
29	Cu	63.546(3)	60	Nd	144.24(3)
30	Zn	65.409(4)	61	Pm	[144.9127]
31	Ga	69.723(1)	62	Sm	150.36(3)

质子数	元素	相对原子质量	质子数	元素	相对原子质量
63	Eu	151.964(1)	90	Th	232.0381(1)
64	Gd	157.25(3)	91	Pa	231.03588
65	Tb	158.92534	92	U	238.02891
66	Dy	162.500(1)	93	Np	[237.0482]
67	Ho	164.93032	94	Pu	[244.0642]
68	Er	167.259(3)	95	Am	[243.0614]
69	Tm	168.93421	96	Cm	[247.0704]
70	Yb	173.04(3)	97	Bk	[247.0703]
71	Lu	174.967(1)	98	Cf	[251.0796]
72	Hf	178.49(2)	99	Es	[252.0830]
73	Ta	180.9479(1)	100	Fm	[257.0951]
74	W	183.84(1)	101	Md	[258.0984]
75	Re	186.207(1)	102	No	[259.1010]
76	Os	190.23(3)	103	Lr	[262.1097]
77	Ir	192.217(3)	104	Rf	[261.1088]
78	Pt	195.078(2)	105	Db	[262.1141]
79	Au	196.96655	106	Sg	[266.1219]
80	Hg	200.59(2)	107	Bh	[264.12]
81	Tl	204.3833(2)	108	Hs	[277]
82	Pb	207.2(1)	109	Mt	[268.1388]
83	Bi	208.98038	110	Ds	[271]
84	Po	[208.9824]	111	Rg	[272]
85	At	[209.9871]	112	Uub	[285]
86	Rn	[222.0176]	113	Uut	[286]
87	Fr	[223.0197]	114	Uuq	[289]
88	Ra	[226.0254]	115	Uup	[288]
89	Ac	[227.0277]	116	Uuh	[289]

附录二　元素的电子组态

质子数	元素	电子组态	质子数	元素	电子组态
1	H	$1s^1$	11	Na	$[Ne] 3s^1$
2	He	$1s^2$	12	Mg	$[Ne] 3s^2$
3	Li	$1s^2 2s^1$	13	Al	$[Ne] 3s^2 3p^1$
4	Be	$1s^2 2s^2$	14	Si	$[Ne] 3s^2 3p^2$
5	B	$1s^2 2s^2 2p^1$	15	P	$[Ne] 3s^2 3p^3$
6	C	$1s^2 2s^2 2p^2$	16	S	$[Ne] 3s^2 3p^4$
7	N	$1s^2 2s^2 2p^3$	17	Cl	$[Ne] 3s^2 3p^5$
8	O	$1s^2 2s^2 2p^4$	18	Ar	$[Ne] 3s^2 3p^6$
9	F	$1s^2 2s^2 2p^5$	19	K	$[Ar] 4s^1$
10	Ne	$1s^2 2s^2 2p^6$	20	Ca	$[Ar] 4s^2$

质子数	元素	电子组态	质子数	元素	电子组态
21	Sc	$[Ar]\,3d^1\,4s^2$	63	Eu	$[Xe]\,4f^7\,6s^2$
22	Ti	$[Ar]\,3d^2\,4s^2$	64	Gd	$[Xe]\,4f^7\,5d^1\,6s^2$
23	V	$[Ar]\,3d^3\,4s^2$	65	Tb	$[Xe]\,4f^9\,6s^2$
24	Cr	$[Ar]\,3d^5\,4s^1$	66	Dy	$[Xe]\,4f^{10}\,6s^2$
25	Mn	$[Ar]\,3d^5\,4s^2$	67	Ho	$[Xe]\,4f^{11}\,6s^2$
26	Fe	$[Ar]\,3d^6\,4s^2$	68	Er	$[Xe]\,4f^{12}\,6s^2$
27	Co	$[Ar]\,3d^7\,4s^2$	69	Tm	$[Xe]\,4f^{13}\,6s^2$
28	Ni	$[Ar]\,3d^8\,4s^2$	70	Yb	$[Xe]\,4f^{14}\,6s^2$
29	Cu	$[Ar]\,3d^{10}\,4s^1$	71	Lu	$[Xe]\,4f^{14}\,5d^1\,6s^2$
30	Zn	$[Ar]\,3d^{10}\,4s^2$	72	Hf	$[Xe]\,4f^{14}\,5d^2\,6s^2$
31	Ga	$[Ar]\,3d^{10}\,4s^2\,4p^1$	73	Ta	$[Xe]\,4f^{14}\,5d^3\,6s^2$
32	Ge	$[Ar]\,3d^{10}\,4s^2\,4p^2$	74	W	$[Xe]\,4f^{14}\,5d^4\,6s^2$
33	As	$[Ar]\,3d^{10}\,4s^2\,4p^3$	75	Re	$[Xe]\,4f^{14}\,5d^5\,6s^2$
34	Se	$[Ar]\,3d^{10}\,4s^2\,4p^4$	76	Os	$[Xe]\,4f^{14}\,5d^6\,6s^2$
35	Br	$[Ar]\,3d^{10}\,4s^2\,4p^5$	77	Ir	$[Xe]\,4f^{14}\,5d^7\,6s^2$
36	Kr	$[Ar]\,3d^{10}\,4s^2\,4p^6$	78	Pt	$[Xe]\,4f^{14}\,5d^9\,6s^1$
37	Rb	$[Kr]\,5s^1$	79	Au	$[Xe]\,4f^{14}\,5d^{10}\,6s^1$
38	Sr	$[Kr]\,5s^2$	80	Hg	$[Xe]\,4f^{14}\,5d^{10}\,6s^2$
39	Y	$[Kr]\,4d^1\,5s^2$	81	Tl	$[Xe]\,4f^{14}\,5d^{10}\,6s^2\,6p^1$
40	Zr	$[Kr]\,4d^2\,5s^2$	82	Pb	$[Xe]\,4f^{14}\,5d^{10}\,6s^2\,6p^2$
41	Nb	$[Kr]\,4d^4\,5s^1$	83	Bi	$[Xe]\,4f^{14}\,5d^{10}\,6s^2\,6p^3$
42	Mo	$[Kr]\,4d^5\,5s^1$	84	Po	$[Xe]\,4f^{14}\,5d^{10}\,6s^2\,6p^4$
43	Tc	$[Kr]\,4d^5\,5s^2$	85	At	$[Xe]\,4f^{14}\,5d^{10}\,6s^2\,6p^5$
44	Ru	$[Kr]\,4d^7\,5s^1$	86	Rn	$[Xe]\,4f^{14}\,5d^{10}\,6s^2\,6p^6$
45	Rh	$[Kr]\,4d^8\,5s^1$	87	Fr	$[Rn]\,7s^1$
46	Pd	$[Kr]\,4d^{10}$	88	Ra	$[Rn]\,7s^2$
47	Ag	$[Kr]\,4d^{10}\,5s^1$	89	Ac	$[Rn]\,6d^1\,7s^2$
48	Cd	$[Kr]\,4d^{10}\,5s^2$	90	Th	$[Rn]\,6d^2\,7s^2$
49	In	$[Kr]\,4d^{10}\,5s^2\,5p^1$	91	Pa	$[Rn]\,5f^2\,6d^1\,7s^2$
50	Sn	$[Kr]\,4d^{10}\,5s^2\,5p^2$	92	U	$[Rn]\,5f^3\,6d^1\,7s^2$
51	Sb	$[Kr]\,4d^{10}\,5s^2\,5p^3$	93	Np	$[Rn]\,5f^4\,6d^1\,7s^2$
52	Te	$[Kr]\,4d^{10}\,5s^2\,5p^4$	94	Pu	$[Rn]\,5f^6\,7s^2$
53	I	$[Kr]\,4d^{10}\,5s^2\,5p^5$	95	Am	$[Rn]\,5f^7\,7s^2$
54	Xe	$[Kr]\,4d^{10}\,5s^2\,5p^6$	96	Cm	$[Rn]\,5f^7\,6d^1\,7s^2$
55	Cs	$[Xe]\,6s^1$	97	Bk	$[Rn]\,5f^9\,7s^2$
56	Ba	$[Xe]\,6s^2$	98	Cf	$[Rn]\,5f^{10}\,7s^2$
57	La	$[Xe]\,5d^1\,6s^2$	99	Es	$[Rn]\,5f^{11}\,7s^2$
58	Ce	$[Xe]\,4f^1\,5d^1\,6s^2$	100	Fm	$[Rn]\,5f^{12}\,7s^2$
59	Pr	$[Xe]\,4f^3\,6s^2$	101	Md	$[Rn]\,5f^{13}\,7s^2$
60	Nd	$[Xe]\,4f^4\,6s^2$	102	No	$[Rn]\,5f^{14}\,7s^2$
61	Pm	$[Xe]\,4f^5\,6s^2$	103	Lr	$[Rn]\,5f^{14}\,7d^1\,7s^2$
62	Sm	$[Xe]\,4f^6\,6s^2$	104	Rf	$[Rn]\,5f^{14}\,6d^2\,7s^2$

附录三　实验室常用洗涤剂的配制

名称	配制方法	备　注
合成洗涤剂	把市售的合成洗涤剂用热水搅拌,配成浓溶液	用于常规洗涤
铬酸洗涤液	称取研细了的重铬酸钾 20 g 于 500 mL 烧杯中,加水 40 mL,加热使其溶解,待冷却后,再徐徐注入 350 mL 浓硫酸(边搅拌边加入),冷却至室温后贮于细口瓶中备用	用于洗涤油污和有机物,配好的洗液应为深褐色,经多次使用后至效力缺乏时,加入适量的高锰酸钾粉末即可再生,用时防止它被水稀释
氢氧化钠的高锰酸钾洗涤液	称取高锰酸钾 4 g,溶于少量水中,向该溶液中徐徐加入 100 mL 10%氢氧化钠溶液	用于洗涤油污和有机物,洗后玻璃器皿上附着的二氧化锰沉淀可用 Na_2SO_3 溶液洗去
硝酸洗涤液	常用浓度(1 mL 浓硝酸+9 mL 的纯水或 1 mL 浓硝酸+4 mL 的纯水)	适用于清洗含金属离子的器皿
氢氧化钠的乙醇溶液	称取 100 g 氢氧化钠,用 50 mL 水溶解后,加工业乙醇至 1 L	适用于洗涤油污、树脂、有机物
酸性草酸或酸性羟胺洗涤液	称取 10 g 草酸或 1 g 盐酸羟胺,溶于 10 mL 盐酸(2 mL 浓盐酸+8 mL 的纯水)中	适用于洗涤氧化性物质。对沾污器皿的氧化剂,酸性草酸作用较慢,酸性羟胺作用快且易洗净

附录四　基准物质标定条件及应用

物质	干燥条件	干燥后组成	摩尔质量/$(g \cdot mol^{-1})$	标定对象
碳酸氢钠	270~300 ℃	$NaHCO_3$	84.01	酸
碳酸钠	270~300 ℃	Na_2CO_3	105.99	酸
硼砂	放在盛有 NaCl 和蔗糖饱和溶液的干燥器中	$Na_2B_4O_7 \cdot 10H_2O$	381.37	酸
碳酸氢钾	270~300 ℃	$KHCO_3$	100.12	酸
草酸	室温,空气干燥	$H_2C_2O_4 \cdot 2H_2O$	90.04	碱或 $KMnO_4$
邻苯二甲酸氢钾	110~120 ℃	$KHC_8H_4O_4$	204.22	碱
重铬酸钾	140~150 ℃	$K_2Cr_2O_7$	294.18	还原剂
溴酸钾	130 ℃	$KBrO_3$	167.01	还原剂
碘酸钾	130 ℃	KIO_3	214.00	还原剂
铜	室温,干燥器中保存	Cu	63.55	还原剂

续表

物质	干燥条件	干燥后组成	摩尔质量/$(g \cdot mol^{-1})$	标定对象
三氧化二砷	室温,干燥器中保存	As_2O_3	197.82	氧化剂
草酸钠	130 ℃	$Na_2C_2O_4$	134.00	氧化剂
碳酸钙	110 ℃	$CaCO_3$	100.09	EDTA
锌	室温,干燥器中保存	Zn	65.38	EDTA
氧化锌	900~1 000 ℃	ZnO	81.39	EDTA
氯化钠	500~600 ℃	NaCl	58.44	$AgNO_3$
氯化钾	500~600 ℃	KCl	74.55	$AgNO_3$
硝酸银	220~250 ℃	$AgNO_3$	169.87	氯化物

附录五　碱溶液浓度与密度对应表

$c/(mol \cdot L^{-1})$	$\rho_{LiOH}/(g \cdot mL^{-1})$	$\rho_{NaOH}/(g \cdot mL^{-1})$	$\rho_{KOH}/(g \cdot mL^{-1})$	$\rho_{CsOH}/(g \cdot mL^{-1})$
0.5	1.012	1.019	1.022	1.063
1.0	1.025	1.040	1.045	1.128
1.5	1.038	1.059	1.068	1.193
2.0	1.050	1.078	1.090	1.257
3.0	1.072	1.115	1.133	1.383
4.0	1.093	1.149	1.174	1.508
5.0		1.182	1.214	1.632
6.0		1.213	1.253	1.755
7.0		1.243	1.290	1.876
8.0		1.271	1.326	1.997
9.0		1.299	1.362	2.117
10.0		1.325	1.396	2.236
11.0		1.350	1.429	2.354
12.0		1.374	1.462	2.471
13.0		1.397	1.494	2.587
14.0		1.419	1.524	2.703
15.0		1.441		
16.0		1.461		
17.0		1.481		
18.0		1.499		
19.0		1.517		

附录六　酸溶液浓度与密度对应表

质量分数/%	$\rho_{HCl}/(g \cdot mL^{-1})$	$\rho_{HNO_3}/(g \cdot mL^{-1})$	$\rho_{H_2SO_4}/(g \cdot mL^{-1})$	$\rho_{CH_3COOH}/(g \cdot mL^{-1})$
0.5	1.000 7	1.000 9	1.001 6	0.998 9
1.0	1.003 1	1.003 7	1.004 9	0.999 6
2.0	1.008 1	1.009 1	1.011 6	1.001 1
3.0	1.013 0	1.014 6	1.018 3	1.002 5
4.0	1.017 9	1.020 2	1.025 0	1.003 8
5.0	1.022 8	1.025 7	1.031 8	1.005 2
6.0	1.027 8	1.031 4	1.038 5	1.006 6
7.0	1.032 7	1.037 0	1.045 3	1.008 0
8.0	1.037 7	1.042 7	1.052 2	1.009 3
9.0	1.042 6	1.048 5	1.059 1	1.010 7
10.0	1.047 6	1.054 3	1.066 1	1.012 1
12.0	1.057 6	1.066 0	1.080 2	1.014 7
14.0	1.067 6	1.078 0	1.094 7	1.017 4
16.0	1.077 7	1.090 1	1.109 4	1.020 0
18.0	1.087 8	1.102 5	1.124 5	1.022 5
20.0	1.098 0	1.115 0	1.139 8	1.025 0
22.0	1.108 3	1.127 7	1.155 4	1.027 5
24.0	1.118 5	1.140 6	1.171 4	1.029 9
26.0	1.128 8	1.153 6	1.187 2	
28.0	1.139 1	1.166 8	1.203 1	
30.0	1.149 2	1.180 1	1.219 1	
32.0	1.159 4	1.193 4	1.235 3	
34.0	1.169 3	1.206 8	1.251 8	
36.0	1.179 1	1.220 2	1.268 5	
38.0	1.188 6	1.233 5	1.285 5	
40.0	1.197 7	1.246 6	1.302 8	

附录七 常用化合物的相对分子质量

化学式	相对分子质量	化学式	相对分子质量
$HC_2H_3O_2$	60.053 0	$H_2C_2O_4$	90.035 8
NH_3	17.030 6	$H_2C_2O_4 \cdot 2H_2O$	126.066 5
NH_4Cl	53.491 6	C_2O_3	72.020 5
$(NH_4)_2SO_4$	132.138 8	H_3PO_4	97.995 3
NH_4CNS	76.120 4	$KHCO_3$	100.119 3
$BaCO_3$	197.349 4	K_2CO_3	138.213 4
$BaCl_2 \cdot 2H_2O$	244.276 7	KCl	74.555 0
$Ba(OH)_2$	171.354 7	KCN	65.119 9
BaO	153.339 4	KOH	56.109 4
$CaCO_3$	100.089 4	K_2O	94.203 4
$CaCl_2$	110.986 0	$K_2H_4C_4O_6$	226.276 9
$CaCl_2 \cdot 6H_2O$	219.015 0	$AgNO_3$	169.874 9
$Ca(OH)_2$	74.094 7	$NaHCO_3$	84.007 1
CaO	56.079 4	Na_2CO_3	105.989 0
$C_6H_8O_7 \cdot H_2O$	210.141 8	$NaCl$	58.442 8
CuO	79.539 4	$NaOH$	39.997 2
$CuSO_4 \cdot 5H_2O$	249.678 3	Na_2O	61.979 0
HCl	36.461 0	Na_2S	78.043 6
HCN	27.025 8	$H_2C_4H_4O_4$	118.090 0
$C_3H_6O_3$	90.079 5	H_2SO_4	98.077 5
$C_4H_6O_5$	134.089 4	$C_4H_6O_6$	150.088 8
$MgCO_3$	84.321 4	$ZnSO_4 \cdot 7H_2O$	287.539 0
$MgCl_2$	95.218 0		
$MgCl_2 \cdot 6H_2O$	203.237 0		
MgO	40.311 4		
$MnSO_4$	150.999 6		
$HgCl_2$	271.496 0		
HNO_3	63.012 9		

附录八　部分离子和化合物的颜色

一、离子

1. 无色离子

Na^+、K^+、NH_4^+、Mg^{2+}、Ca^{2+}、Sr^{2+}、Ba^{2+}、Al^{3+}、Sn^{2+}、Sn^{4+}、Pb^{2+}、Bi^{3+}、Ag^+、Zn^{2+}、Cd^{2+}、Hg_2^{2+}、Hg^{2+} 等阳离子。

$B(OH)_4^-$、$B_4O_7^{2-}$、$C_2O_4^{2-}$、Ac^-、CO_3^{2-}、SiO_3^{2-}、NO_3^-、NO_2^-、PO_4^{3-}、AsO_3^{3-}、AsO_4^{3-}、$[SbCl_6]^{3-}$、$[SbCl_6]^-$、SO_3^{2-}、SO_4^{2-}、S^{2-}、$S_2O_3^{2-}$、F^-、Cl^-、ClO_3^-、Br^-、BrO_3^-、I^-、SCN^-、$[CuCl_2]^-$、TiO^{2+}、VO_3^-、VO_4^{3-}、MoO_4^{2-}、WO_4^{2-} 等阴离子。

2. 有色离子

有色离子	颜色	有色离子	颜色
$[Cu(H_2O)_4]^{2+}$	浅蓝色	CrO_2^-	绿色
$[CuCl_4]^{2-}$	黄色	CrO_4^{2-}	黄色
$[Cu(NH_3)_4]^{2+}$	深蓝色	$Cr_2O_7^{2-}$	橙色
$[Ti(H_2O)_6]^{3+}$	紫色	$[Mn(H_2O)_6]^{2+}$	肉色
$[TiCl(H_2O)_5]^{2+}$	绿色	MnO_4^{2-}	绿色
$[TiO(H_2O_2)]^{2+}$	橘黄色	MnO_4^-	紫红色
$[V(H_2O)_6]^{2+}$	紫色	$[Fe(H_2O)_6]^{2+}$	浅绿色
$[V(H_2O)_6]^{3+}$	绿色	$[Fe(H_2O)_6]^{3+}$	淡紫色[①]
VO^{2+}	蓝色	$[Fe(CN)_6]^{4-}$	黄色
VO_2^+	浅黄色	$[Fe(CN)_6]^{3-}$	浅橘黄色
$[VO_2(O_2)_2]^{3-}$	黄色	$[Fe(NCS)_n]^{3-n}\ (n\leqslant 6)$	血红色
$[V(O_2)]^{3+}$	深红色	$[Co(H_2O)_6]^{2+}$	粉红色
$[Cr(H_2O)_6]^{2+}$	蓝色	$[Co(NH_3)_6]^{2+}$	黄色
$[Cr(H_2O)_6]^{3+}$	紫色	$[Co(NH_3)_6]^{3+}$	橙黄色
$[Cr(H_2O)_5Cl]^{2+}$	浅绿色	$[CoCl(NH_3)_5]^{2+}$	红紫色
$[Cr(H_2O)_4Cl_2]^+$	暗绿色	$[Co(NH_3)_5(H_2O)]^{3+}$	粉红色
$[Cr(NH_3)_2(H_2O)_4]^{3+}$	紫红色	$[Co(NH_3)_4CO_3]^+$	紫红色
$[Cr(NH_3)_3(H_2O)_3]^{3+}$	浅红色	$[Co(CN)_6]^{3-}$	紫色
$[Cr(NH_3)_4(H_2O)_2]^{3+}$	橙红色	$[Co(SCN)_4]^{2-}$	蓝色
$[Cr(NH_3)_5H_2O]^{2+}$	橙黄色	$[Ni(H_2O)_6]^{2+}$	亮绿色
$[Cr(NH_3)_6]^{3+}$	黄色	$[Ni(NH_3)_6]^{2+}$	蓝色
I_3^-	浅棕黄色		

二、化合物

1. 氧化物

氧化物	颜色	氧化物	颜色
CuO	黑色	CrO_3	红色
Cu_2O	暗红色	MnO_2	棕褐色
Ag_2O	暗棕色	MoO_2	铅灰色
ZnO	白色	WO_2	棕红色
CdO	棕红色	FeO	黑色
Hg_2O	黑褐色	Fe_2O_3	砖红色
HgO	红色或黄色	Fe_3O_4	黑色
TiO_2	白色	CoO	灰绿色
VO	亮灰色	Co_2O_3	黑色
V_2O_3	黑色	NiO	暗绿色
VO_2	深蓝色	Ni_2O_3	黑色
V_2O_5	红棕色	PbO	黄色
Cr_2O_3	绿色	Pb_3O_4	红色

2. 氢氧化物

氢氧化物	颜色	氢氧化物	颜色
$Zn(OH)_2$	白色	$Bi(OH)_3$	白色
$Pb(OH)_2$	白色	$Sb(OH)_3$	白色
$Mg(OH)_2$	白色	$Cu(OH)_2$	浅蓝色
$Sn(OH)_2$	白色	$Cu(OH)$	黄色
$Sn(OH)_4$	白色	$Ni(OH)_2$	浅绿色
$Mn(OH)_2$	白色	$Ni(OH)_3$	黑色
$Fe(OH)_2$	白色或苍绿色	$Co(OH)_2$	粉红色
$Fe(OH)_3$	红棕色	$Co(OH)_3$	褐棕色
$Cd(OH)_2$	白色	$Cr(OH)_3$	灰绿色
$Al(OH)_3$	白色		

3. 氯化物

氯化物	颜色	氯化物	颜色
$AgCl$	白色	$CoCl_2$	蓝色
Hg_2Cl_2	白色	$CoCl_2 \cdot H_2O$	蓝紫色

氯化物	颜色	氯化物	颜色
$PbCl_2$	白色	$CoCl_2 \cdot 2H_2O$	紫红色
$CuCl$	白色	$CoCl_2 \cdot 6H_2O$	粉红色
$CuCl_2$	棕色	$FeCl_3 \cdot 6H_2O$	黄棕色
$CuCl_2 \cdot 2H_2O$	蓝色	$TiCl_3 \cdot 6H_2O$	紫色或绿色
$Hg(NH_2)Cl$	白色	$TiCl_2$	黑色

4. 溴化物

溴化物	颜色	溴化物	颜色
$AgBr$	淡黄色	$CuBr_2$	黑紫色
$AsBr$	浅黄色		

5. 碘化物

碘化物	颜色	碘化物	颜色
AgI	黄色	CuI	白色
Hg_2I_2	黄绿色	SbI_3	红黄色
HgI_2	红色	BiI_3	绿黑色
PbI_2	黄色	TiI_4	暗棕色

6. 卤酸盐

卤酸盐	颜色	卤酸盐	颜色
$Ba(IO_3)_2$	白色	$KClO_4$	白色
$AgIO_3$	白色	$AgBrO_3$	白色

7. 硫化物

硫化物	颜色	硫化物	颜色
Ag_2S	灰黑色	Bi_2S_3	黑褐色
HgS	红色或黑色	SnS	褐色
PbS	黑色	SnS_2	金黄色
CuS	黑色	CdS	黄色
Cu_2S	黑色	Sb_2S_3	橙色
FeS	棕黑色	Sb_2S_5	橙红色
Fe_2S_3	黑色	MnS	肉色

硫化物	颜色	硫化物	颜色
CoS	黑色	ZnS	白色
NiS	黑色	As_2S_3	黄色

8. 硫酸盐

硫酸盐	颜色	硫酸盐	颜色
Ag_2SO_4	白色	$Cu_2(OH)_2SO_4$	浅蓝色
Hg_2SO_4	白色	$CuSO_4 \cdot 5H_2O$	蓝色
$PbSO_4$	白色	$CoSO_4 \cdot 7H_2O$	红色
$CaSO_4 \cdot 2H_2O$	白色	$Cr_2(SO_4)_3 \cdot 6H_2O$	绿色
$SrSO_4$	白色	$Cr_2(SO_4)_3$	紫色或红色
$BaSO_4$	白色	$Cr_2(SO_4)_3 \cdot 18H_2O$	蓝紫色
$[Fe(NO)]SO_4$	深棕色	$KCr(SO_4)_2 \cdot 12H_2O$	紫色

9. 碳酸盐

碳酸盐	颜色	碳酸盐	颜色
Ag_2CO_3	白色	$Zn_2(OH)_2CO_3$	白色
$CaCO_3$	白色	$BiOHCO_3$	白色
$SrCO_3$	白色	$Hg_2(OH)_2CO_3$	红褐色
$BaCO_3$	白色	$Co_2(OH)_2CO_3$	红色
$MnCO_3$	白色	$Cu_2(OH)_2CO_3$	暗绿色[②]
$CdCO_3$	白色	$Ni_2(OH)_2CO_3$	浅绿色

10. 磷酸盐

磷酸盐	颜色	磷酸盐	颜色
Ca_3PO_4	白色	$FePO_4$	浅黄色
$CaHPO_3$	白色	Ag_3PO_4	黄色
$Ba_3(PO_4)_2$	白色	NH_4MgPO_4	白色

11. 铬酸盐

铬酸盐	颜色	铬酸盐	颜色
Ag_2CrO_4	砖红色	$BaCrO_4$	黄色
$PbCrO_4$	黄色	$FeCrO_4 \cdot 2H_2O$	黄色

12. 硅酸盐

硅酸盐	颜色	硅酸盐	颜色
$BaSiO_3$	白色	$MnSiO_3$	肉色
$CuSiO_3$	蓝色	$NiSiO_3$	翠绿色
$CoSiO_3$	紫色	$ZnSiO_3$	白色
$Fe_2(SiO_3)_3$	棕红色		

13. 草酸盐

草酸盐	颜色	草酸盐	颜色
CaC_2O_4	白色	$FeC_2O_4 \cdot 2H_2O$	黄色
$Ag_2C_2O_4$	白色		

14. 类卤化合物

类卤化合物	颜色	类卤化合物	颜色
$AgCN$	白色	$CuCN$	白色
$Ni(CN)_2$	浅绿色	$AgSCN$	白色
$Cu(CN)_2$	浅棕黄色	$Cu(SCN)_2$	黑绿色

15. 其他含氧酸盐

其他含氧酸盐	颜色	其他含氧酸盐	颜色
NH_4MgAsO_4	白色	$BaSO_3$	白色
$AgAsO_4$	红褐色	$SrSO_3$	白色
$Ag_2S_2O_3$	白色		

16. 其他化合物

其他化合物	颜色	其他化合物	颜色
$Fe_4^{III}[Fe^{II}(CN)_6]_3 \cdot xH_2O$	蓝色	$K_2Na[Co(NO_2)_6]$	黄色
$Cu_2[Fe(CN)_6]$	红褐色	$(NH_4)_2Na[Co(NO_2)_6]$	黄色
$Ag_3[Fe(CN)_6]$	橙色	$K_2[PtCl_6]$	黄色
$Zn_3[Fe(CN)_6]_2$	黄褐色	$KHC_4H_4O_6$	白色
$Co_2[Fe(CN)_6]$	绿色	$Na[Sb(OH)_6]$	白色
$Ag_4[Fe(CN)_6]$	白色	$Na_2[Fe(CN)_5NO] \cdot 2H_2O$	红色
$Zn_2[Fe(CN)_6]$	白色	$NaAc \cdot Zn(Ac)_2 \cdot 3[UO_2(Ac)_2] \cdot 9H_2O$	黄色
$K_3[Co(NO_2)_6]$	黄色	$(NH_4)_2MoS_4$	血红色

其他化合物	颜色	其他化合物	颜色
$\left[\begin{smallmatrix} & Hg & \\ O & & NH_2 \\ & Hg & \end{smallmatrix}\right]I$	红棕色	$\left[\begin{smallmatrix} I{-}Hg & \\ & NH_2 \\ I{-}Hg & \end{smallmatrix}\right]I$	深褐色或红棕色

① 由于水解生成$[Fe(H_2O)_5OH]^{2+}$、$[Fe(H_2O)_4(OH)_2]^+$等离子而使溶液呈黄棕色。未水解的$FeCl_3$溶液呈黄棕色,这是由于生成$[FeCl_4]^-$的缘故。

② 相同浓度硫酸铜和碳酸钠溶液的比例(体积)不同时生成的碱式碳酸铜颜色不同:

$V_{CuSO_4}:V_{Na_2CO_3}$	碱式碳酸铜颜色
2∶1.6	浅蓝绿色
1∶1	暗绿色

附录九　部分化合物溶液的活度系数(25 ℃)

化合物	溶液浓度/(mol·L^{-1})									
	0.1	0.2	0.3	0.4	0.5	0.6	0.7	0.8	0.9	1.0
$AgNO_3$	0.734	0.657	0.606	0.567	0.536	0.509	0.485	0.464	0.446	0.429
$AlCl_3$	0.337	0.305	0.302	0.313	0.331	0.356	0.388	0.429	0.479	0.539
$Al_2(SO_4)_3$	0.035	0.022 5	0.017 6	0.015 3	0.014 3	0.014	0.014 2	0.014 9	0.015 9	0.017 5
$BaCl_2$	0.500	0.444	0.419	0.405	0.397	0.391	0.391	0.391	0.392	0.395
$BeSO_4$	0.150	0.109	0.088 5	0.076 9	0.069 2	0.063 9	0.060 0	0.057 0	0.054 6	0.053 0
$CaCl_2$	0.518	0.472	0.455	0.448	0.448	0.453	0.460	0.470	0.484	0.500
$CdCl_2$	0.228 0	0.163 8	0.132 9	0.113 9	0.100 6	0.090 5	0.082 7	0.076 5	0.071 3	0.066 9
$Cd(NO_3)_2$	0.513	0.464	0.442	0.430	0.425	0.423	0.423	0.425	0.428	0.433
$CdSO_4$	0.150	0.103	0.082 2	0.069 9	0.061 5	0.055 3	0.050 5	0.046 8	0.043 8	0.041 5
$CoCl_2$	0.522	0.479	0.463	0.459	0.462	0.470	0.479	0.492	0.511	0.531
$CrCl_3$	0.331	0.298	0.294	0.300	0.314	0.335	0.362	0.397	0.436	0.481
$Cr(NO_3)_3$	0.319	0.285	0.279	0.281	0.291	0.304	0.322	0.344	0.371	0.401
$Cr_2(SO_4)_3$	0.045 8	0.030 0	0.023 8	0.020 7	0.019 0	0.018 2	0.018 1	0.018 5	0.019 4	0.020 8
$CsBr$	0.754	0.694	0.654	0.626	0.603	0.586	0.571	0.558	0.547	0.538
$CsCl$	0.756	0.694	0.656	0.628	0.606	0.589	0.575	0.563	0.553	0.544
CsI	0.754	0.692	0.651	0.621	0.599	0.581	0.567	0.554	0.543	0.533
$CsNO_3$	0.733	0.655	0.602	0.561	0.528	0.501	0.478	0.458	0.439	0.422
$CsOH$	0.795	0.761	0.744	0.739	0.739	0.742	0.748	0.754	0.762	0.771
$CsAc$	0.799	0.771	0.761	0.759	0.762	0.768	0.776	0.783	0.792	0.802
Cs_2SO_4	0.456	0.382	0.338	0.311	0.291	0.274	0.262	0.251	0.242	0.235

化合物	溶液浓度/(mol·L⁻¹)									
	0.1	0.2	0.3	0.4	0.5	0.6	0.7	0.8	0.9	1.0
$CuCl_2$	0.508	0.455	0.429	0.417	0.411	0.409	0.409	0.410	0.413	0.417
$Cu(NO_3)_2$	0.511	0.460	0.439	0.429	0.426	0.427	0.431	0.437	0.445	0.455
$CuSO_4$	0.150	0.104	0.082 9	0.070 4	0.062 0	0.055 9	0.051 2	0.047 5	0.044 6	0.042 3
$FeCl_2$	0.518 5	0.473	0.454	0.448	0.450	0.454	0.463	0.473	0.488	0.506
HBr	0.805	0.782	0.777	0.781	0.789	0.801	0.815	0.832	0.850	0.871
HCl	0.796	0.767	0.756	0.755	0.757	0.763	0.772	0.783	0.795	0.809
$HClO_4$	0.803	0.778	0.768	0.766	0.769	0.776	0.785	0.795	0.808	0.823
HI	0.818	0.807	0.811	0.823	0.839	0.860	0.883	0.908	0.935	0.963
HNO_3	0.791	0.754	0.735	0.725	0.720	0.717	0.717	0.718	0.721	0.724
H_2SO_4	0.265 5	0.209 0	0.182 6	—	0.155 7	—	0.141 7	—	—	0.131 6
KBr	0.772	0.722	0.693	0.673	0.657	0.646	0.636	0.629	0.622	0.617
KCl	0.770	0.718	0.688	0.666	0.649	0.637	0.626	0.618	0.610	0.604
$KClO_3$	0.749	0.681	0.635	0.599	0.568	0.541	0.518	—	—	—
K_2CrO_4	0.456	0.382	0.340	0.313	0.292	0.276	0.263	0.253	0.243	0.235
KF	0.775	0.727	0.700	0.682	0.670	0.661	0.654	0.650	0.646	0.645
$K_3Fe(CN)_6$	0.268	0.212	0.184	0.167	0.155	0.146	0.140	0.135	0.131	0.128
$K_4Fe(CN)_6$	0.139	0.099 3	0.080 8	0.069 3	0.061 4	0.055 6	0.051 2	0.047 9	0.045 4	—
KH_2PO_4	0.731	0.653	0.602	0.561	0.529	0.501	0.477	0.456	0.438	0.421
KI	0.778	0.733	0.707	0.689	0.676	0.667	0.660	0.654	0.649	0.645
KNO_3	0.739	0.663	0.614	0.576	0.545	0.519	0.496	0.476	0.459	0.443
KAc	0.796	0.766	0.754	0.750	0.751	0.754	0.759	0.766	0.774	0.783
KOH	0.798	0.760	0.742	0.734	0.732	0.733	0.736	0.742	0.749	0.756
KSCN	0.769	0.716	0.685	0.663	0.646	0.633	0.623	0.614	0.606	0.599
K_2SO_4	0.441	0.360	0.316	0.286	0.264	0.246	0.232	—	—	—
LiBr	0.796	0.766	0.756	0.752	0.753	0.758	0.767	0.777	0.789	0.803
LiCl	0.790	0.757	0.744	0.740	0.739	0.743	0.748	0.755	0.764	0.774
$LiClO_4$	0.812	0.794	0.792	0.798	0.808	0.820	0.834	0.852	0.869	0.887
LiI	0.815	0.802	0.804	0.813	0.824	0.838	0.852	0.870	0.888	0.910
$LiNO_3$	0.788	0.752	0.736	0.728	0.726	0.727	0.729	0.733	0.737	0.743
LiOH	0.760	0.702	0.665	0.638	0.617	0.599	0.585	0.573	0.563	0.554
LiOAc	0.784	0.742	0.721	0.709	0.700	0.691	0.689	0.688	0.688	0.689
Li_2SO_4	0.468	0.398	0.361	0.337	0.319	0.307	0.297	0.289	0.282	0.277
$MgCl_2$	0.529	0.489	0.477	0.475	0.481	0.491	0.506	0.522	0.544	0.570
$MgSO_4$	0.150	0.107	0.087 4	0.075 6	0.067 5	0.061 6	0.057 1	0.053 6	0.0508	0.0485

附录十 部分难溶化合物的溶度积常数(298.15 K)

化合物	$K_{sp}^{\ominus}$	$pK_{sp}^{\ominus}$
AgAc	1.94×10^{-3}	2.27
AgBr	5.35×10^{-13}	12.27
AgBrO_3	5.38×10^{-5}	4.27
AgCN	5.97×10^{-17}	16.22
AgCl	1.77×10^{-10}	9.75
AgI	8.52×10^{-17}	16.07
AgIO_3	3.17×10^{-8}	7.50
AgSCN	1.03×10^{-12}	11.99
Ag_2CO_3	8.46×10^{-12}	11.07
Ag_2C_2O_4	5.40×10^{-12}	11.27
Ag_2CrO_4	1.12×10^{-12}	11.95
Ag_2S	6.3×10^{-50}	49.20
Ag_2SO_3	1.50×10^{-14}	13.82
Ag_2SO_4	1.20×10^{-5}	4.92
Ag_3AsO_4	1.03×10^{-22}	21.99
Ag_3PO_4	8.89×10^{-17}	16.05
Al(OH)_3	1.1×10^{-33}	32.97
AlPO_4	9.84×10^{-21}	20.01
BaCO_3	2.58×10^{-9}	8.59
BaCrO_4	1.17×10^{-10}	9.93
BaF_2	1.84×10^{-7}	6.74
Ba(IO_3)_2	4.01×10^{-9}	8.40
BaSO_4	1.08×10^{-10}	9.97
BiAsO_4	4.43×10^{-10}	9.35
Bi_2S_3	1.0×10^{-97}	97.00
CaC_2O_4	2.32×10^{-9}	8.63
CaCO_3	3.36×10^{-9}	8.47
CaF_2	3.45×10^{-10}	9.46

化合物	$K_{sp}^{\ominus}$	$pK_{sp}^{\ominus}$
$Ca(IO_3)_2$	6.47×10^{-6}	5.19
$Ca(OH)_2$	5.02×10^{-6}	5.30
$CaSO_4$	4.93×10^{-5}	4.31
$Ca_3(PO_4)_2$	2.07×10^{-33}	32.68
$CdCO_3$	1.00×10^{-12}	12.00
CdF_2	6.44×10^{-3}	2.19
$Cd(IO_3)_2$	2.50×10^{-8}	7.60
$Cd(OH)_2$	7.20×10^{-15}	14.14
CdS	8.0×10^{-27}	26.10
$Cd_3(PO_4)_2$	2.53×10^{-33}	32.60
$Co_3(PO_4)_2$	2.05×10^{-35}	34.69
$CuBr$	6.27×10^{-9}	8.20
CuC_2O_4	4.43×10^{-10}	9.35
$CuCl$	1.72×10^{-7}	6.76
CuI	1.27×10^{-12}	11.90
CuS	6.3×10^{-36}	35.20
$CuSCN$	1.77×10^{-13}	12.75
Cu_2S	2.26×10^{-48}	47.64
$Cu_3(PO_4)_2$	1.40×10^{-37}	36.86
$FeCO_3$	3.13×10^{-11}	10.50
FeF_2	2.36×10^{-6}	5.63
$Fe(OH)_2$	4.87×10^{-17}	16.31
$Fe(OH)_3$	2.79×10^{-39}	38.55
FeS	6.3×10^{-18}	17.20
HgI_2	2.90×10^{-29}	28.54
$Hg(OH)_2$	3.13×10^{-26}	25.50
$HgS(黑)$	1.6×10^{-52}	51.80
Hg_2Br_2	6.40×10^{-23}	22.19
Hg_2CO_3	3.60×10^{-17}	16.44
$Hg_2C_2O_4$	1.75×10^{-13}	12.76
$HgCl_2$	1.43×10^{-18}	17.84

化合物	$K_{sp}^{\ominus}$	$pK_{sp}^{\ominus}$
HgF_2	3.10×10^{-6}	5.51
HgI_2	5.20×10^{-29}	28.28
Hg_2SO_4	6.50×10^{-7}	6.18
$KClO_4$	1.05×10^{-2}	1.98
$K_2[PtCl_6]$	7.48×10^{-6}	5.13
Li_2CO_3	8.15×10^{-4}	3.09
$MgCO_3$	6.82×10^{-6}	5.17
MgF_2	5.16×10^{-11}	10.29
$Mg(OH)_2$	5.61×10^{-12}	11.25
$Mg_3(PO_4)_2$	1.04×10^{-24}	23.98
$MnCO_3$	2.24×10^{-11}	10.65
$Mn(IO_3)_2$	4.37×10^{-7}	6.36
$Mn(OH)_2$	2.06×10^{-13}	12.69
MnS	2.5×10^{-13}	12.60
$NiCO_3$	1.42×10^{-7}	6.85
$Ni(IO_3)_2$	4.71×10^{-5}	4.33
$Ni(OH)_2$	5.48×10^{-16}	15.26
$\alpha - NiS$	3.2×10^{-19}	18.50
$Ni_3(PO_4)_2$	4.73×10^{-32}	31.33
$PbCO_3$	7.40×10^{-14}	13.13
$PbCl_2$	1.70×10^{-5}	4.77
PbF_2	3.30×10^{-8}	7.48
PbI_2	9.80×10^{-9}	8.01
$PbSO_4$	2.53×10^{-8}	7.60
PbS	8.0×10^{-8}	27.10
$Pb(OH)_2$	1.43×10^{-20}	19.84
$Sn(OH)_2$	5.45×10^{-27}	26.26
SnS	1.0×10^{-25}	25.00
$SrCO_3$	5.60×10^{-10}	9.25
SrF_2	4.33×10^{-9}	8.36
$Sr(IO_3)_2$	1.14×10^{-7}	6.94

化合物	$K_{sp}^{\ominus}$	$pK_{sp}^{\ominus}$
$SrSO_4$	3.44×10^{-7}	6.46
$Sr_3(AsO_4)_2$	4.29×10^{-19}	18.37
$ZnCO_3$	1.46×10^{-10}	9.83
$Zn(OH)_2$	3.10×10^{-17}	1.52
ZnF_2	3.04×10^{-2}	16.51
$Zn(IO_3)_2$	4.29×10^{-6}	5.37
$\alpha - ZnS$	1.6×10^{-24}	23.80

本表数据主要录自 LIDE D R. CRC handbook of chemistry and physics[M]. 90th ed. New York：CRC Press，2009.

硫化物的 $K_{sp}^{\ominus}$ 引自 SPEIGHT J G. Lange's handbook of chemistry[M]. 16th ed. New York：McGraw-Hill，2004：1.331—1.342.

附录十一　弱电解质在水中的解离常数（质子传递平衡常数）

酸	温度/℃	分步	$K_a^{\ominus}$	$pK_a^{\ominus}$
砷酸	25	1	5.5×10^{-3}	2.26
	25	2	1.74×10^{-7}	6.76
	25	3	5.13×10^{-12}	11.29
亚砷酸	25	—	5.1×10^{-10}	9.29
硼酸	20	1	5.37×10^{-10}	9.27
碳酸	25	1	4.47×10^{-7}	6.35
	25	2	4.68×10^{-11}	10.33
铬酸	25	1	1.8×10^{-1}	0.74
	25	2	3.2×10^{-7}	3.20
氢氟酸	25	—	6.31×10^{-4}	9.21
氢氰酸	25	—	6.16×10^{-10}	9.21
氢硫酸	25	1	8.91×10^{-8}	7.05
	25	2	1.20×10^{-13}	12.92
过氧化氢	25	—	2.4×10^{-12}	11.62
次溴酸	25	—	2.8×10^{-9}	8.55
次氯酸	25	—	4.0×10^{-8}	7.40
次碘酸	25	—	3.2×10^{-11}	10.50
碘酸	25	—	1.7×10^{-1}	0.78
亚硝酸	25	—	5.6×10^{-4}	3.25

续表

酸	温度/℃	分步	$K_a^\ominus$	$pK_a^\ominus$
高碘酸	25	—	2.3×10^{-2}	1.64
磷酸	25	1	6.92×10^{-3}	2.16
	25	2	6.23×10^{-8}	7.21
	25	3	4.79×10^{-13}	12.32
正硅酸	30	1	1.3×10^{-10}	9.90
	30	2	1.6×10^{-12}	11.80
	30	3	1.0×10^{-12}	12.00
硫酸	25	2	1.0×10^{-2}	1.99
亚硫酸	25	1	1.4×10^{-2}	1.85
	25	2	6.3×10^{-8}	7.20
铵离子	25	—	5.62×10^{-10}	9.25
甲酸	25	1	1.78×10^{-4}	3.75
乙(醋)酸	25	1	1.75×10^{-5}	4.756
丙酸	25	1	1.35×10^{-5}	4.87
一氯乙酸	25	1	1.35×10^{-3}	2.87
草酸	25	1	5.9×10^{-2}	1.23
	25	2	6.5×10^{-5}	4.19
柠檬酸	25	1	7.41×10^{-4}	3.13
	25	2	1.74×10^{-5}	4.76
	25	3	3.98×10^{-7}	6.40
巴比妥酸	25	1	9.8×10^{-5}	4.01
甲胺盐酸盐	25	1	2.3×10^{-11}	10.63
二甲胺盐酸盐	25	1	1.86×10^{-11}	10.73
乳酸	25	1	1.4×10^{-4}	3.86
乙胺盐酸盐	25	1	2.24×10^{-11}	10.65
苯甲酸	25	1	6.25×10^{-5}	4.204
苯酚	25	1	1.02×10^{-10}	9.99
邻苯二甲酸	25	1	1.14×10^{-3}	2.943
	25	2	3.70×10^{-6}	5.432
Tris-HCl	37	1	1.4×10^{-8}	7.85
氨基乙酸盐酸盐	25	1	4.5×10^{-3}	2.35
	25	2	1.7×10^{-10}	9.78

本表数据主要录自 LIDE D R. CRC handbook of chemistry and physics[M]. 90th ed. New York：CRC Press，2009.

氢硫酸的 K_{a1}、K_{a2} 引自 SPEIGHT J G. Lange's handbook of chemistry[M]. 16th ed. New York：McGraw-Hill, 2004：1.330.

附录十二　标准电极电位表

1. 在酸性溶液中

半反应	$\varphi_A^\ominus/V$
$Li^+ + e^- \rightleftharpoons Li$	$-3.040\ 1$
$K^+ + e^- \rightleftharpoons K$	-2.931
$Ba^{2+} + 2e^- \rightleftharpoons Ba$	-2.912
$Ca^{2+} + 2e^- \rightleftharpoons Ca$	-2.868
$Na^+ + e^- \rightleftharpoons Na$	-2.71
$Mg^{2+} + 2e^- \rightleftharpoons Mg$	-2.70
$Al^{3+} + 3e^- \rightleftharpoons Al$	-1.662
$Mn^{2+} + 2e^- \rightleftharpoons Mn$	-1.185
$2H_2O + 2e^- \rightleftharpoons H_2 + 2OH^-$	$-0.827\ 7$
$Zn^{2+} + 2e^- \rightleftharpoons Zn$	$-0.761\ 8$
$Cr^{3+} + 3e^- \rightleftharpoons Cr$	-0.744
$2CO_2 + 2H^+ + 2e^- \rightleftharpoons H_2C_2O_4$	-0.49
$S + 2e^- \rightleftharpoons S^{2-}$	$-0.476\ 27$
$Cr^{3+} + e^- \rightleftharpoons Cr^{2+}$	-0.407
$Fe^{2+} + 2e^- \rightleftharpoons Fe$	-0.447
$Cd^{2+} + 2e^- \rightleftharpoons Cd$	$-0.403\ 0$
$Tl^+ + e^- \rightleftharpoons Tl$	-0.336
$[Ag(CN)_2]^- + e^- \rightleftharpoons Ag + 2CN^-$	-0.31
$Co^{2+} + 2e^- \rightleftharpoons Co$	-0.28
$Ni^{2+} + 2e^- \rightleftharpoons Ni$	-0.257
$V^{3+} + e^- \rightleftharpoons V^{2+}$	-0.255
$AgI + e^- \rightleftharpoons Ag + I^-$	$-0.152\ 24$
$Sn^{2+} + 2e^- \rightleftharpoons Sn$	$-0.137\ 5$
$2IO_3^- + 12H^+ + 10e^- \rightleftharpoons I_2 + 6H_2O$	1.195
$O_2 + 4H^+ + 4e^- \rightleftharpoons 2H_2O$	1.229
$Cr_2O_7^{2-} + 14H^+ + 6e^- \rightleftharpoons 2Cr^{3+} + 7H_2O$	1.232
$Tl^{3+} + 2e^- \rightleftharpoons Tl^+$	1.252

半反应	$\varphi_A^\ominus/V$
$Cl_2(g) + 2e^- \rightleftharpoons 2Cl^-$	1.358 27
$MnO_4^- + 8H^+ + 5e^- \rightleftharpoons Mn^{2+} + 4H_2O$	1.507
$MnO_4^- + 4H^+ + 3e^- \rightleftharpoons MnO_2 + 2H_2O$	1.679
$Pb^{2+} + 2e^- \rightleftharpoons Pb$	-0.1262
$Fe^{3+} + 3e^- \rightleftharpoons Fe$	-0.037
$Ag_2S + 2H^+ + 2e^- \rightleftharpoons 2Ag + H_2S$	$-0.036\ 6$
$2H^+ + 2e^- \rightleftharpoons H_2$	0.000 00
$AgBr + e^- \rightleftharpoons Ag + Br^-$	0.071 33
$S_4O_6^{2-} + 2e^- \rightleftharpoons 2S_2O_3^{2-}$	0.08
$Sn^{4+} + 2e^- \rightleftharpoons Sn^{2+}$	0.151
$Cu^{2+} + e^- \rightleftharpoons Cu^+$	0.153
$SO_4^{2-} + 4H^+ + 2e^- \rightleftharpoons H_2SO_3 + H_2O$	0.172
$AgCl + e^- \rightleftharpoons Ag + Cl^-$	0.222 33
$Hg_2Cl_2 + 2e^- \rightleftharpoons 2Hg + 2Cl^-$	0.268 08
$Cu^{2+} + 2e^- \rightleftharpoons Cu$	0.341 9
$I_2 + 2e^- \rightleftharpoons 2I^-$	0.535 5
$MnO_4^- + e^- \rightleftharpoons MnO_4^{2-}$	0.558
$AsO_4^{3-} + 2H^+ + 2e^- \rightleftharpoons AsO_3^{2-} + H_2O$	0.559
$H_3AsO_4 + 2H^+ + 2e^- \rightleftharpoons HAsO_2 + 2H_2O$	0.560
$MnO_4^- + 2H_2O + 3e^- \rightleftharpoons MnO_2 + 4OH^-$	0.595
$O_2 + 2H^+ + 2e^- \rightleftharpoons H_2O_2$	0.695
$Fe^{3+} + e^- \rightleftharpoons Fe^{2+}$	0.771
$Ag^+ + e^- \rightleftharpoons Ag$	0.799 6
$Hg^{2+} + 2e^- \rightleftharpoons Hg$	0.851
$2Hg^{2+} + 2e^- \rightleftharpoons Hg_2^{2+}$	0.920
$Br_2(l) + 2e^- \rightleftharpoons 2Br^-$	1.066
$Au^+ + e^- \rightleftharpoons Au$	1.692
$Ce^{4+} + e^- \rightleftharpoons Ce^{3+}$	1.72
$H_2O_2 + 2H^+ + 2e^- \rightleftharpoons 2H_2O$	1.776
$Co^{3+} + e^- \rightleftharpoons Co^{2+}$	1.92
$S_2O_8^{2-} + 2e^- \rightleftharpoons 2SO_4^{2-}$	2.010
$F_2 + 2e^- \rightleftharpoons 2F^-$	2.866

2. 在碱性溶液中

半反应	$\varphi_A^\ominus/V$
$Ca(OH)_2 + 2e^- \rightleftharpoons Ca + 2OH^-$	-3.02
$Ba(OH)_2 + 2e^- \rightleftharpoons Ba + 2OH^-$	-2.99
$La(OH)_3 + 3e^- \rightleftharpoons La + 3OH^-$	-2.90
$Sr(OH)_2 \cdot 8H_2O + 2e^- \rightleftharpoons Sr + 2OH^- + 8H_2O$	-2.88
$Mg(OH)_2 + 2e^- \rightleftharpoons Mg + 2OH^-$	-2.690
$H_2AlO_3^- + H_2O + 3e^- \rightleftharpoons Al + OH^-$	-2.33
$H_2BO_3^- + H_2O + 3e^- \rightleftharpoons B + 4OH^-$	-1.79
$SiO_3^{2-} + 3H_2O + 4e^- \rightleftharpoons Si + 6OH^-$	-1.697
$HPO_3^{2-} + 2H_2O + 2e^- \rightleftharpoons H_2PO_2^- + 3OH^-$	-1.65
$Mn(OH)_2 + 2e^- \rightleftharpoons Mn + 2OH^-$	-1.56
$Cr(OH)_3 + 3e^- \rightleftharpoons Cr + 3OH^-$	-1.48
$[Zn(CN)_4]^{2-} + 2e^- \rightleftharpoons Zn + 4CN^-$	-1.26
$Zn(OH)_2 + 2e^- \rightleftharpoons Zn + 2OH^-$	-1.249
$CrO_2^- + 2H_2O + 3e^- \rightleftharpoons Cr + 4OH^-$	-1.2
$Te + 2e^- \rightleftharpoons Te^{2-}$	-1.143
$PO_4^{3-} + 2H_2O + 2e^- \rightleftharpoons HPO_3^{2-} + 3OH^-$	-1.05
$[Zn(NH_3)_4]^{2+} + 2e^- \rightleftharpoons Zn + 4NH_3$	-1.04
$SO_4^{2-} + H_2O + 2e^- \rightleftharpoons SO_3^{2-} + 2OH^-$	-0.93
$Se + 2e^- \rightleftharpoons Se^{2-}$	-0.924
$2H_2O + 2e^- \rightleftharpoons H_2 + 2OH^-$	-0.8277
$Co(OH)_2 + 2e^- \rightleftharpoons Co + 2OH^-$	-0.73
$Ni(OH)_2 + 2e^- \rightleftharpoons Ni + 2OH^-$	-0.72
$IO_3^- + 3H_2O + 6e^- \rightleftharpoons I^- + 6OH^-$	0.26
$ClO_3^- + H_2O + 2e^- \rightleftharpoons ClO_2^- + 2OH^-$	0.33
$Ag_2O + H_2O + 2e^- \rightleftharpoons 2Ag + 2OH^-$	0.342
$[Fe(CN)_6]^{3-} + e^- \rightleftharpoons [Fe(CN)_6]^{4-}$	0.358
$ClO_4^- + H_2O + 2e^- \rightleftharpoons ClO_3^- + 2OH^-$	0.36
$[Ag(NH_3)_2]^+ + e^- \rightleftharpoons Ag + 2NH_3$	0.373
$O_2 + 2H_2O + 4e^- \rightleftharpoons 4OH^-$	0.401
$AsO_4^{3-} + 2H_2O + 2e^- \rightleftharpoons AsO_2^- + 4OH^-$	-0.71

半反应	$\varphi_A^\ominus/V$
$Ag_2S + 2e^- \rightleftharpoons 2Ag + S^{2-}$	-0.691
$2SO_3^{2-} + 3H_2O + 4e^- \rightleftharpoons S_2O_3^{2-} + 6OH^-$	-0.58
$Fe(OH)_3 + e^- \rightleftharpoons Fe(OH)_2 + OH^-$	-0.56
$S + 2e^- \rightleftharpoons S^{2-}$	$-0.476\ 27$
$Bi_2O_3 + 3H_2O + 6e^- \rightleftharpoons 2Bi + 6OH^-$	-0.46
$NO_2^- + H_2O + e^- \rightleftharpoons NO + 2OH^-$	-0.46
$[Co(NH_3)_6]^{2+} + 2e^- \rightleftharpoons Co + 6NH_3$	-0.422
$Cu_2O + H_2O + 2e^- \rightleftharpoons 2Cu + 2OH^-$	-0.360
$Tl(OH) + e^- \rightleftharpoons Tl + OH^-$	-0.34
$[Ag(CN)_2]^- + e^- \rightleftharpoons Ag + 2CN^-$	-0.31
$Cu(OH)_2 + 2e^- \rightleftharpoons Cu + 2OH^-$	-0.222
$CrO_4^{2-} + 4H_2O + 3e^- \rightleftharpoons Cr(OH)_3 + 5OH^-$	-0.13
$[Cu(NH_3)_2]^+ + e^- \rightleftharpoons Cu + 2NH_3$	-0.12
$O_2 + H_2O + 2e^- \rightleftharpoons HO_2^- + OH^-$	-0.076
$AgCN + e^- \rightleftharpoons Ag + CN^-$	-0.017
$NO_3^- + H_2O + 2e^- \rightleftharpoons NO_2^- + 2OH^-$	0.01
$S_4O_6^{2-} + 2e^- \rightleftharpoons 2S_2O_3^{2-}$	0.08
$[Co(NH_3)_6]^{3+} + e^- \rightleftharpoons [Co(NH_3)_6]^{2+}$	0.108
$Pt(OH)_2 + 2e^- \rightleftharpoons Pt + 2OH^-$	0.14
$Co(OH)_3 + e^- \rightleftharpoons Co(OH)_2 + OH^-$	0.17
$PbO_2 + H_2O + 2e^- \rightleftharpoons PbO + 2OH^-$	0.247
$MnO_4^- + e^- \rightleftharpoons MnO_4^{2-}$	0.558
$MnO_4^- + 2H_2O + 3e^- \rightleftharpoons MnO_2 + 4OH^-$	0.595
$2AgO + H_2O + 2e^- \rightleftharpoons Ag_2O + 2OH^-$	0.607
$BrO_3^- + 3H_2O + 6e^- \rightleftharpoons Br^- + 6OH^-$	0.61
$ClO_3^- + 3H_2O + 6e^- \rightleftharpoons Cl^- + 6OH^-$	0.62
$BrO^- + H_2O + 2e^- \rightleftharpoons Br^- + 2OH^-$	0.761
$ClO^- + H_2O + 2e^- \rightleftharpoons Cl^- + 2OH^-$	0.841

本表数据主要录自 LIDE D R. CRC handbook of chemistry and physics[M]. 90th ed. New York：CRC Press，2009.

附录十三　校准液 KCl 的电导率

单位:$10^{-4} \cdot S \cdot m^{-1}$

温度/℃	0.01 mol·kg^{-1} 的 KCl	0.1 mol·kg^{-1} 的 KCl	1.0 mol·kg^{-1} 的 KCl
0	772.92	7 116.85	63 488
5	890.96	8 183.70	72 030
10	1 013.95	9 291.72	80 844
15	1 141.45	10 437.1	89 900
18	1 219.93	11 140.6	—
20	1 273.03	11 615.9	99 170
25	1 408.23	12 824.6	108 620
30	1 546.63	14 059.2	118 240
35	1 687.79	15 316.0	127 970
40	1 831.27	16 591.0	137 810
45	1 976.62	17 880.6	147 720
50	2 123.43	19 180.9	157 670

附录十四　常用缓冲溶液的配制

缓冲溶液的组成	pK_a	pH	缓冲溶液的配制
氨基乙酸(甘氨酸)- HCl	2.35 (pK_{a1})	2.3	150 g H_2NCH_2COOH + 500 mL H_2O + 80 mL HCl + H_2O → 1 L
H_3PO_4 -枸橼酸盐		2.5	113 g $Na_2HPO_4 \cdot 12H_2O$ + 200 mL H_2O + 387 g 枸橼酸 + H_2O → 1 L
一氯乙酸- NaOH	2.86	2.8	200 g 一氯乙酸 + 200 mL H_2O + 40 g NaOH(solv.) + H_2O → 1 L
邻苯二甲酸氢钾- HCl	2.95 (pK_{a1})	2.9	500 g 邻苯二甲酸氢钾 + 500 mL H_2O + 80 mL HCl + H_2O → 1 L
NH_4Ac - HAc	4.76	4.5	77 g NH_4Ac + 200 mL H_2O + 59 mL HAc + H_2O → 1 L
NaAc - HAc	4.76	4.7	83 g 无水 NaAc + H_2O + 60 mL HAc + H_2O → 1 L
NaAc - HAc	4.76	5.0	160 g 无水 NaAc + H_2O + 60 mL HAc + H_2O → 1 L
NH_4Ac - HAc	4.76	5.0	250 g NH_4Ac + H_2O + 25 mL HAc + H_2O → 1 L

续表

缓冲溶液的组成	pK_a	pH	缓冲溶液的配制
六亚甲基四胺- HCl	5.15	5.4	40 g 六亚甲基四胺+200 mL H_2O+10 mL HCl+H_2O → 1 L
NH_4Ac – HAc	4.76	6.0	600 g NH_4Ac+H_2O +20 mL 冰醋酸+H_2O → 1 L
$NaAc$ – Na_2HPO_4 盐		8.0	50 g 无水 $NaAc$+50 g $Na_2HPO_4 \cdot 12H_2O$+H_2O →1 L
Tris – HCl	8.21	8.2	25 g Tris+H_2O+8 mL HCl+H_2O → 1 L
NH_3 – NH_4Cl	9.25	9.2	54 g NH_4Cl+H_2O+63 mL 浓氨水 →1 L
NH_3 – NH_4Cl	9.25	9.5	54 g NH_4Cl 溶于水中+126 mL $NH_3 \cdot H_2O$+H_2O → 1 L
NH_3 – NH_4Cl	9.25	10	54 g NH_4Cl + H_2O+350 mL $NH_3 \cdot H_2O$+H_2O → 1 L

附录十五　标准缓冲溶液在不同温度下的 pH

温度/℃	0.05 mol·L^{-1} 草酸三氢钾	25 ℃ 饱和酒石酸氢钾	0.05 mol·L^{-1} 邻苯二甲酸氢钾	0.025 mol·L^{-1} KH_2PO_4+ 0.025 mol·L^{-1} K_2HPO_4	0.01 mol·L^{-1} 硼砂	25 ℃饱和 氢氧化钙
0	1.668	—	4.003	6.984	9.464	13.423
5	1.668	—	3.999	6.951	9.395	13.207
10	1.67	—	3.998	6.923	9.332	13.003
15	1.672	—	3.999	6.900	9.276	12.81
20	1.675	—	4.002	6.881	9.225	12.627
25	1.679	3.557	4.008	6.865	9.18	12.454
30	1.683	3.552	4.015	6.853	9.139	12.289
35	1.688	3.549	4.024	6.844	9.102	12.133
38	1.691	3.548	4.03	6.84	9.081	12.043
40	1.694	3.547	4.035	6.838	9.068	11.984
45	1.7	3.547	4.047	6.834	9.038	11.841
50	1.707	3.549	4.06	6.833	9.011	11.705
55	1.715	3.554	4.075	6.834	8.985	11.574
60	1.723	3.56	4.091	6.836	8.962	11.449

附录十六　常用酸碱溶液的配制

名称（分子式）	密度(ρ)/（g·mL^{-1}）	质量分数(w)/%	近似物质的量浓度/（mol·L^{-1}）	欲配制溶液的物质的量浓度/（mol·L^{-1}）			
				6	3	2	1
				配制 1 L 溶液所用的体积(mL)［或质量(g)］			
盐酸（HCl）	1.18～1.19	36～38	12	500	250	167	83
硝酸（HNO$_3$）	1.39～1.40	65～68	15	381	191	128	64
硫酸（H$_2$SO$_4$）	1.83～1.84	95～98	18	84	42	28	14
冰醋酸（HAc）	1.05	99.9	17	253	177	118	59
磷酸（H$_3$PO$_4$）	1.69	85	15	39	19	12	6
氨水（NH$_3$·H$_2$O）	0.90～0.91	28	15	400	200	134	77
氢氧化钠（NaOH）				(240)	(120)	(120)	(400)
氢氧化钾（KOH）				(330)	(170)	(113)	(565)

附录十七　常用的指示剂及其配制

（1）酸碱滴定常用指示剂及其配制

指示剂名称	变色 pH 范围	颜色变化	溶液配制方法
甲基紫（第一变色范围）	0.13～0.5	黄→绿	0.1%或 0.05%水溶液
甲基紫（第二变色范围）	1.0～1.5	绿→蓝	0.1%水溶液
甲基紫（第三变色范围）	2.0～3.0	蓝→紫	0.1%水溶液
百里酚蓝（第一变色范围）	1.2～2.8	红→黄	0.1 g 指示剂溶于 100 mL 20%乙醇中
百里酚蓝（第二变色范围）	8.9～9.0	黄→蓝	0.1 g 指示剂溶于 100 mL 20%乙醇中
甲基红	4.4～6.2	红→黄	0.1 g 或 0.2 g 指示剂溶于 100 mL 60%乙醇中
甲基橙	3.1～4.4	红→橙黄	0.1 g 指示剂溶于 100 mL 20%乙醇中
溴甲酚绿	3.8～5.4	黄→蓝	0.05 g 指示剂溶于 100 mL 20%乙醇中
溴百里酚蓝	6.0～7.6	黄→蓝	0.1 g 指示剂溶于 100 mL 60%乙醇中

续表

指示剂名称	变色 pH 范围	颜色变化	溶液配制方法
酚酞	8.2~10.0	无色→紫红	3 份 0.1％溴甲酚绿乙醇溶液 2 份 0.2％甲基红乙醇溶液
甲基红-溴甲酚绿	5.1	酒红→绿	0.1％中性红、次甲基蓝乙醇溶液各 1 份
中性红-次甲基蓝	7.0	紫蓝→绿	1 份 0.1％甲酚红水溶液
甲酚红-百里酚蓝	8.3	黄→紫	3 份 0.1％百里酚蓝水溶液

（2）沉淀滴定常用指示剂及其配制

指示剂名称	被测离子和滴定条件	终点颜色变化	溶液配制方法
铬酸钾	Cl^-、Br^-，中性或弱碱性	黄色→砖红色	5％水溶液
铁铵矾 （硫酸铁铵）	Br^-、I^-、SCN^-，酸性	无色→红色	8％水溶液
荧光黄	Cl^-、Br^-、I^-、SCN^-，中性	黄绿→玫瑰红 黄绿→橙	0.1％乙醇溶液
曙红	Br^-、I^-、SCN^-，pH 1~2	橙→深红	0.1％乙醇溶液（或 0.5％ 钠盐水溶液）

（3）指示剂配制方法

指示剂名称	适用 pH 范围	直接滴定的离子	终点颜色变化	配制方法
铬黑 T（EBT）	8~11	Mg^{2+}、Zn^{2+}、Cd^{2+}、Pb^{2+} 等	酒红→蓝	0.1 g 铬黑 T 和 10 g 氯化钠研磨均匀
二甲酚橙（XO）	<6.3	Bi^{3+}、Zn^{2+}、Cd^{2+}、Pb^{2+} 及稀土等	紫红→亮黄	0.2％水溶液
钙指示剂	12~12.5	Ca^{2+}	酒红→蓝	0.05 g 钙指示剂和 10 g 氯化钠研磨均匀
吡啶偶氮萘酚（PAN）	1.9~12.2	Bi^{3+}、Cu^{2+}、Ni^{2+}、Th^{4+} 等	紫红→黄	0.1％乙醇溶液

附录十八　某些氢氧化物沉淀和溶解时所需的 pH

氢氧化物	开始沉淀		沉淀完全	沉淀开始溶解	沉淀完全溶解
	原始浓度 1 mol·L^{-1}	原始浓度 0.01 mol·L^{-1}			
$Sn(OH)_4$	0	0.5	1.0	13	>14
$TiO(OH)_2$	0	0.5	2.0	—	—

氢氧化物	pH				
	开始沉淀		沉淀完全	沉淀开始溶解	沉淀完全溶解
	原始浓度 $1\ mol \cdot L^{-1}$	原始浓度 $0.01\ mol \cdot L^{-1}$			
$Sn(OH)_2$	0.9	2.1	4.7	10	13.5
$ZrO(OH)_2$	1.3	2.3	3.8	—	—
$Fe(OH)_3$	1.5	2.3	4.1	14	—
HgO	1.3	2.4	5.0	—	—
$Al(OH)_3$	3.3	4.0	5.2	7.8	10.8
$Cr(OH)_3$	4.0	4.9	6.8	12	>14
$Be(OH)_2$	5.2	6.2	8.8	—	—
$Zn(OH)_2$	5.4	6.4	8.0	10.5	12~13
$Fe(OH)_2$	6.5	7.5	9.7	13.5	—
$Co(OH)_2$	6.6	7.6	9.2	14	—
* $Ni(OH)_2$	6.7	7.7	9.5	—	—
$Cd(OH)_2$	7.2	8.2	9.7	—	—
Ag_2O	6.2	8.2	11.2	12.7	—
* $Mn(OH)_2$	7.8	8.8	10.4	14	—
$Mg(OH)_2$	9.4	10.4	12.4	—	—
$Pb(OH)_2$	—	7.2	8.7	10	13

注：＊析出氢氧化物沉淀之前，先形成碱式盐沉淀。

参 考 资 料

［1］刘岩峰. 无机化学实验［M］. 2 版. 哈尔滨：哈尔滨工程大学出版社，2018.

［2］吴美芳，李琳，等. 有机化学实验［M］. 北京：科学出版社，2013.

［3］厉廷有. 一种菊花形滤纸的折叠方法［J］. 大学化学，2011，26(4)：65 - 66.

［4］北京师范大学无机化学教研室，等. 无机化学实验［M］. 3 版. 北京：高等教育出版社，2001.

［5］孙文东，陆嘉星. 物理化学实验［M］. 3 版. 北京：高等教育出版社，2014.

［6］东北师范大学等校. 物理化学实验［M］. 2 版. 北京：高等教育出版社，2004.

［7］CAI D W，HUGHES D L，VERHOEVEN T R，et al. Resolution of 1,1′- bi - 2 - naphthol［J］. Organic Syntheses，1999，76：1 - 5.

［8］ABRAHAM L，STACHOW L，DU H C. Cinnamon oil：An alternate and inexpensive resource for green chemistry experiments in organic chemistry laboratory［J］. Journal of Chemical Education，2020，97(10)：3797 - 3805.

［9］STEELE J H，BOZOR M X，BOYCE G R. Transmutation of scent：An evaluation of the synthesis of methyl cinnamate, a commercial fragrance, via a Fischer esterification for the second-year organic laboratory［J］. Journal of Chemical Education，2020，97(11)：4127 - 4132.

［10］SPEIGHT J G. Lange's handbook of chemistry［M］. 16th ed. New York：McGraw-Hill Professional Publishing，2004.

［11］LIDE D R. CRC handbook of chemistry and physics［M］. 90th ed. New York：CRC Press，2009.